网络工程专业职教师资培养系列教材

计算机网络原理与实验

叶阿勇　主编

科学出版社

北京

内 容 简 介

本书内容包括计算机网络原理知识和网络仿真实验两部分。理论篇包括计算机网络概述、数据通信基础、直连网络、互联网络、端到端传输、网络应用协议等知识内容。实践篇包括数据链路层实验、网络层实验、运输层实验和应用层实验等内容。本书的编写采用自顶向下的问题分析方法来阐述计算机网络的工作原理与设计思想，即采用“提出总问题（设计目标）—子问题的分解与解决—具体实现”的三层架构来组织知识内容，这种分层分析的方法有助于对复杂系统的理解。另外，本书还采用了实验引领的机制，通过仿真模拟实验来引导学生实现“从具体到抽象”的学习过程。

本书可以作为高等院校计算机相关专业的计算机网络教材，也可以作为信息技术从业人员的参考资料。

图书在版编目（CIP）数据

计算机网络原理与实验/ 叶阿勇主编. —北京：科学出版社，2016.8
网络工程专业职教师资培养系列教材
ISBN 978-7-03-049737-6

Ⅰ. ①计… Ⅱ. ①叶… Ⅲ. ①计算机网络－师资培养－教材 Ⅳ. ①TP393

中国版本图书馆 CIP 数据核字（2016）第 200304 号

责任编辑：邹 杰 / 责任校对：郭瑞芝
责任印制：徐晓晨 / 封面设计：迷底书装

科学出版社 出版
北京东黄城根北街 16 号
邮政编码：100717
http://www.sciencep.com

北京教图印刷有限公司 印刷

科学出版社发行 各地新华书店经销

*

2016 年 8 月第 一 版 开本：787×1092 1/16
2017 年 1 月第二次印刷 印张：15
字数：377 000

定价：45.00 元

（如有印装质量问题，我社负责调换）

前　　言

为加快建设现代职业教育体系、全面提高技能型人才培养质量，教育部和财政部在“职业院校教师素质提高计划”框架内专门设置了培养资源开发项目，系统开发用于职教师资本科培养专业的培养标准、培养方案、核心课程和特色教材等资源。本书是在该计划中网络工程专业开发项目（项目编号：VTNE035）的指导和资助下完成。

“计算机网络”是信息技术相关专业的重要基础课程之一。通过该课程的学习，学生不仅可以掌握计算机网络系统的基本知识、原理技术和主要协议标准，为后续的相关课程学习奠定基础；而且还可以窥探和理解计算机网络系统的设计方法和思想。这有助于提高分析与设计大规模分布式信息系统问题的能力。

长期以来，“计算机网络”一直是大家公认的困难课程之一。一方面，计算机网络本身就是一个复杂系统，计算机网络已发展成遍布全球各地的因特网，网络规模与主机数量都非常庞大。而且计算机网络的上层应用技术与底层组网技术各自蓬勃发展，这对系统的可扩展性和可靠性都提出了很高的要求。另一方面，计算机网络涉及的技术往往都封装在系统底层，无法直接观察与理解。针对上述问题，本书采用了自顶向下的问题分析方法来阐述计算机网络的工作原理与设计思想，即采用“提出总问题（设计目标）—子问题的分解与解决—具体实现”的三层架构来组织知识内容，这种分层分析方法有助于对复杂系统的理解。另外，本书还采用了实验引领的机制，通过模拟实验来引导学生实现“从特殊到一般，从具体到抽象”的学习过程。我们采用 Packet tracer 网络模拟系统设计了各层协议的验证实验，通过直观观察协议的工作过程和数据封装方法，加深对网络系统的理解程度。实验内容覆盖数据链路层、网络层、传输层和应用层等层的主要协议。

参与本书编写的人员主要是福建师范大学数学与计算机科学学院从事计算机网络教学、科研和实验教学的相关老师，包括叶阿勇、张桢萍、赖会霞、许力、郑永星、陈秋玲。本书第 1、3、4、8 章由叶阿勇编写，第 2、5、6、9、10 章由张桢萍编写，第 7 章由赖会霞编写；全书最后由叶阿勇统稿，许力教授负责全书的审稿。本书在写作过程中，得到了郭功德教授的多方帮助和指导，并提出许多宝贵的修改意见。

本书可以作为网络工程专业的计算机网络本科教材，也可以作为信息技术研发人员的参考资料。在教学过程中，可根据教学时间适当介绍一些最新的技术、当前研究热点问题等；也可以引导学生利用网络资源采取自学的方式去搜集、学习一些相关的知识。

由于作者水平有限，书中难免存在不足和疏漏之处，恳请广大读者和同行批评指正。作者的电子邮箱：yay@fjnu.edu.cn。

作　者

2016 年 4 月于福建师范大学长安山

目　　录

理　论　篇

实 践 篇

理　论　篇

第 1 章　计算机网络概述

本章主要以因特网为代表，概述计算机网络系统的全貌。首先介绍计算机网络的基本术语、重要概念和基础知识；然后分析因特网的组成，并分别讨论因特网的核心部分和边缘部分的工作机制和原理；接着讨论评价分组交换网的各项指标，包括时延、速率、RTT 和利用率等；最后讨论计算机网络系统的体系结构。

1.1　计算机网络的基本概念

1.1.1　计算机网络的由来

计算机网络(下简称网络)是 20 世纪 60 年代美苏冷战时期的产物。当时，美国国防部下属的远景研究规划局(Defence Advanced Research Project Agency，DARPA)提出要研制一种生存性(survivability)很强的通信网络，用于替代脆弱的电信网络，目的是提高其军事指挥网络系统在核战争环境下的可生存性。

传统的电信网络是采用面向连接的电路交换和具有中心结构的星型拓扑。一方面，星型拓扑存在脆弱性，一旦中心节点出故障或者被攻击，则可能导致整个网络系统瘫痪；另一方面，在面向连接的通信中，如果电路中有一个交换机或一条链路出故障或被攻击，则整个通信就要中断。为此，兰德公司的 Paul Baran 提出了一种分布式数字分组交换设计方案，如图 1-1 所示。与传统网络相比，该方案的主要特征是采用面向无连接的分组交换和无中心的网状拓扑，克服了传统电信网络的缺陷，大大提高了网络的可生存性。

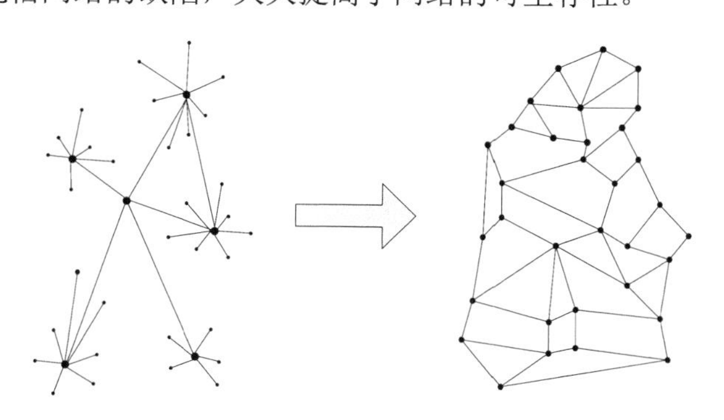

图 1-1　传统电信网和分布式网络的拓扑模型对比

1969 年，DARPA 又资助建立了一个名为 ARPANET 的网络实验平台，该网络把位于洛杉矶的加利福尼亚大学、位于圣巴巴拉的加利福尼亚大学、斯坦福大学，以及位于盐湖城的犹他州州立大学的计算机主机连接起来，如图 1-2 所示。在 ARPANET 中，位于各个节点的大型计算机采用分组交换技术，并通过专门的通信交换机和专门的通信线路相互连接。最初，ARPANET 主要是用于军事研究目的，它的指导思想是：网络必须经受得住故障和攻击的考验，当网络的某一部分因遭受攻击而失去工作能力时，网络的其他部分应能维持正常的通信工作。ARPANET 的另一个重大贡献是 TCP/IP 协议簇的开发和利用。作为 Internet 的早期骨干网，ARPANET 的试验并奠定了 Internet 存在和发展的基础，较好地解决了异构网络互联的技术问题。现代计算机网络正是在 ARPANET 的基础上逐渐发展起来的。

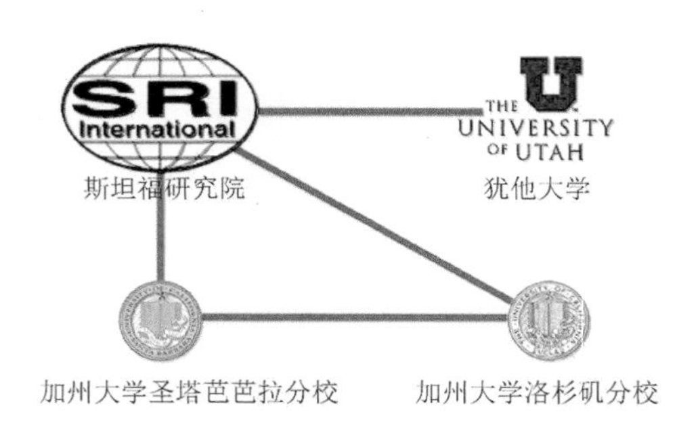

图 1-2　ARPANET 网络拓扑

1.1.2　计算机网络的定义

计算机网络是计算机技术与通信技术密切结合的必然产物，是随着人类社会对信息服务日益增强的需求而发展起来的。计算机网络的最简单定义是：一些相互连接的、以共享资源为目的、自治的计算机系统的集合，如图 1-3 所示。其实质是利用通信设备和线路将地理位置不同的、功能独立的多个计算机系统互连起来，以功能完善的网络软件(即网络通信协议、信息交换方式和网络操作系统等)实现网络中资源共享和信息传递的系统。

网络与其他计算机系统的最主要区别在于：计算机网络中的互联设备都是独立自治的，其互连的基础是通信协议(或称网络协议)，以便双方能理解对方发来的信息。因此，一个由计算机主机和外设(如打印机)组成的计算机系统不能算是计算机网络，因为这些外设是在计算机指令控制下运行，不是独立自主的。

将计算机连接成一个计算机网络的目的，主要可以归纳成以下三点。

(1) 资源共享：在网络环境中，用户能够访问位于其他主机上的各种资源，包括硬件资源、软件资源和数据资源等。

(2) 通信服务：计算机网络能够提供各种便利的通信服务，包括电子邮件、即时通信、聊天室和视频会议等。

(3) 协同计算：在网络环境中，各个主机可以协同计算，共同完成特定的计算任务。

尽管网络的物理结构和网络设备可能复杂多样，但从逻辑上看，网络实体可以抽象成两种基本构件：节点(node，也称结点)和链路(link)。网络中的节点可以是 PC 机、服务器和智能终端等端系统(也称主机)，也可以是集线器、交换机和路由器等中间节点(只负责转发数据)。而链路就是光纤、电缆和无线信道等物理媒体。这些实体组建成计算机网络的方式主要有两种：直连网络和互联网。直连网络是指采用某种链路将所有端系统连接起来，其具体的连接方式可以是星型、树型、环型、总线型或者网状型。直连网络一般采用共享链路的方式组网，仅能适用于数量有限的本地端系统联网。随着节点数量和网络覆盖范围变大，网络需要间接的连通技术。如图 1-4 所示，可以将多个计算机网络通过路由器互连成一个更大规模的网络，从而组成互联网，即“网络的网络”。在互联网中，主机之间不是直连的，因此需要解决数据报转发的路由问题。我们所述的因特网(Internet)就是一个特定的互联网，起源于美国的因特网，现已发展成为世界上最大的国际性计算机互联网。

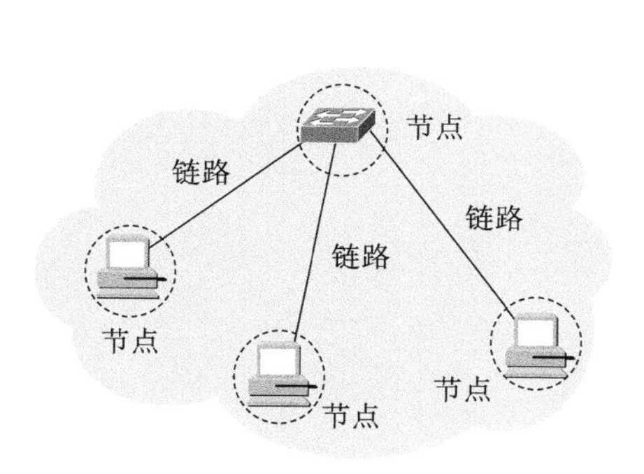

图 1-3　计算机网络示意图

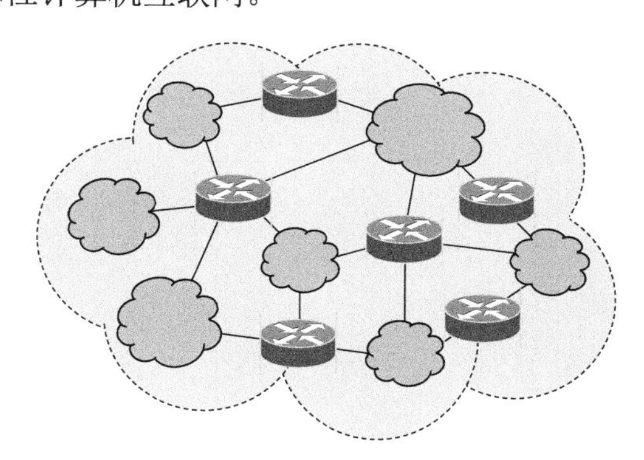

图 1-4　互联网示意图

1.1.3　网络协议

网络协议(network protocol)是计算机网络不可或缺的重要组成部分，它是为计算机网络进行数据交换而建立的规则或约定的集合，简称协议。在计算机网络中，两个相互通信的实体(进程)处在不同的地理位置，彼此之间也可能不熟悉(异构系统)，因此它们之间的信息交换必须严格按照一定的数据编码和通信规则进行。例如，双方要约定好“如何封装数据”，接收失败“如何处理”等问题。网络协议要涵盖数据交换所需的方方面面规则，从内涵来看，一个网络协议至少包括三方面的要素：

(1)语法：涉及数据与控制信息的格式、编码和信号电平等。

(2)语义：涉及用于协调与差错处理的控制信息。

(3)时序(定时)：涉及事件实现顺序的详细说明。

由于物理设备、通信链路和整个网络都有可能出现各种差错或故障，因此网络协议要考虑数据传输的可靠性问题，这也是网络设计的重点和难点问题。因此，对于大规模的计算机网络而言，其网络协议往往是非常复杂的。ARPANET 的成功经验表明网络协议应该采用分层设计方法，既在制定协议时通常把复杂协议分解成一些简单协议，然后再将它们复合起来。最常用的复合技术就是层次方式。但是，网络协议并不是万能的。从理论上讲，在通信信道不是完全可靠的情况下，是不可能设计出完全可靠的通信协议。但从工程的角度，只要通信信道的差错率足够小，就认为网络是可靠的，能够设计出可靠工作的协议。计算机网络课程中各章节的学习内容就包含了各种常用的、已经成为标准的网络协议，如 TCP 协议、IP 协议等。

1.1.4　计算机网络分类

从不同角度看，计算机网络有许多不同的分类方法，具体如下。

1. 按网络的覆盖范围分类

(1)广域网(WAN)：其分布范围可达数百至数千千米，可覆盖一个国家或者几个洲，形成国际性的远程网络。广域网的通信子网可以采用公用分组交换网、卫星通信网和无线分组交换网。

(2) 局域网(LAN)：局域网一般由微型计算机或工作站通过高速通信线路相连而成(速率通常在 10Mbit/s 以上)，但地理上则局限在较小的范围内(1km 左右)。例如，校园网和企业网都属于局域网。

(3) 城域网(MAN)：是分布范围介于局域网和广域网之间的一种高速网络，满足几十千米范围内的大量企业、机关、公司的多个局域网互联需求。其目的是在一个较大的地理区域内提供数据、图像、音频和视频的传输。

由于网络规模的大小决定着该网络应采用何种通信技术和设备，因此按覆盖范围的分类是目前计算机网络中最主要的分类方法。

2. 按拓扑类型分类

网络拓扑是指网络形状，或者是它在物理上的连通性。网络拓扑结构主要有如下几种。

(1) 星型网络：由中央节点和通过点到点通信链路接到中央节点的各个站点组成，中央节点通常是一个集线器。中央节点执行集中式通信控制策略，因此中央节点相当复杂，而各个站点的通信处理负担都很小。星型结构的优点是故障诊断和隔离容易，适合综合布线。其缺点是电缆长度和安装工作量可观，中央节点的负担较重，各站点的分布处理能力较低。

(2) 总线网络：采用一个广播信道作为传输介质，所有站点都通过相应的硬件接口直接连到这一公共传输介质上，该公共传输介质称为总线。任何一个站点发送的信号都沿着传输介质传播，而且能被所有其他站点所接收。因为所有站点共享一条公用的传输信道，所以一次只能由一个设备传输信号。通常采用分布式控制策略来确定哪个站点可以发送。总线结构的优点是所需电缆数量少、结构简单、易于扩充。其缺点是传输距离有限，故障诊断和隔离较为困难。

(3) 环型网络：由站点和连接站点的链路组成一个闭合环。每个站点能够接收从一条链路传来的数据，并以同样的速率串行地把该数据沿环送到另一条链路上。这种链路可以是单向的，也可以是双向的。数据以分组形式发送。由于多个设备连接在一个环上，因此需要用分布式控制策略来进行控制。环型结构的优点是电缆长度短，所有计算机都能公平地访问网络的其他部分，网络性能稳定。其缺点是节点的故障会引起全网故障，环节点的加入和撤出过程较复杂，环型拓扑结构的介质访问控制协议都采用令牌传递的方式，在负载很轻时，信道利用率相对来说就比较低。

(4) 树型网络：可以看成是总线和星型拓扑的扩展，形状像一棵倒置的树，顶端是树根，树根以下带分支，每个分支还可再带子分支。树根接收各站点发送的数据，然后再用广播发送到全网。树型结构的优点是易于扩展，故障隔离较容易。其缺点是各个节点对根的依赖性太大，如果根发生故障，则全网不能正常工作。

(5) 网状网络：这种结构在广域网中得到了广泛的应用，优点是不受瓶颈问题和失效问题的影响。由于节点之间有许多条路径相连，可以为数据流的传输选择适当的路由，从而绕过失效的部件或过忙的节点。这种结构虽然比较复杂，成本比较高，提供上述功能的网络协议也较复杂，但由于它的可靠性，仍然受到用户的喜欢。

3. 按通信介质分类

(1)有线网：采用如同轴电缆、双绞线、光纤等物理介质来传输数据的网络。

(2)无线网：采用卫星、微波等无线形式来传输数据的网络。

与有线网相比，无线网组网便利，用户可以随时随地接入网络，因此更受欢迎。

1.2　因特网的组成

因特网是一个连入千家万户、遍及全球各地的巨大网络。人们甚至无法确切地知道它的物理拓扑和节点数量。从物理结构上来看，因特网通过路由器将世界各地的计算机网络互连起来，构成一个范围巨大的互联网。但若从逻辑上进行划分(工作方式)，可以将因特网简单地划分为两部分：边缘部分和核心部分。图 1-5 给出了这两部分相互关系的示意图。

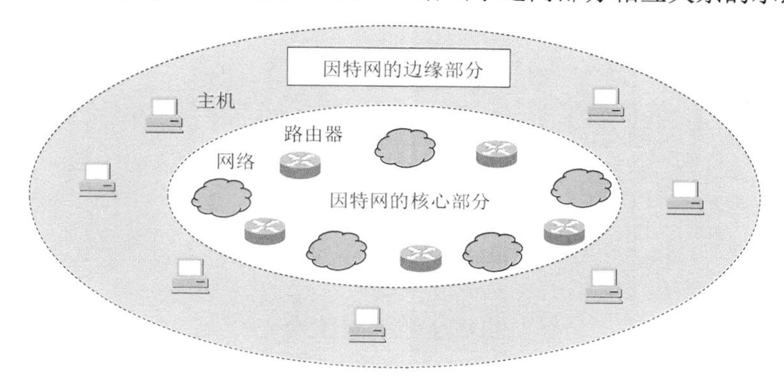

图 1-5　因特网的逻辑组成

因特网的设计遵循一个著名的“端到端原则”，即将复杂的网络处理功能(如差错控制、拥塞控制和安全保障等)尽量安置在因特网的边缘部分，以便网络的核心部分能只专注于分组交付处理。下面分别讨论这两部分的作用和工作方式。

1.2.1　因特网的边缘部分

因特网的边缘部分由端系统和运行在其上的应用程序所组成。这部分是用户直接使用的，用来进行通信(传送数据、音频或视频)和资源共享。因特网成功的因素在于：网络信息服务是由位于网络边缘的应用软件通过协作完成，可以方便地增加新的网络应用功能。从工作模式来看，边缘部分中进程之间的协作方式主要分两种：客户/服务器方式(C/S 方式)和对等方式(P2P)。

1. 客户/服务器方式

客户(Client)和服务器(Server)是指通信中所涉及的两个应用进程。客户/服务器方式(简称 C/S 模式)所描述的是进程之间服务和被服务的关系。客户是网络服务的请求方，而服务器是服务的提供方。在 C/S 模式中，服务器负责提供网络服务，用户通过客户端向服务器请求服务。如图 1-6 所示，客户机 A 和 B 都运行客户端程序，而服务器运行服务端程序。在这种情况下，A 和 B 都可以向服务器请求网络信息服务。

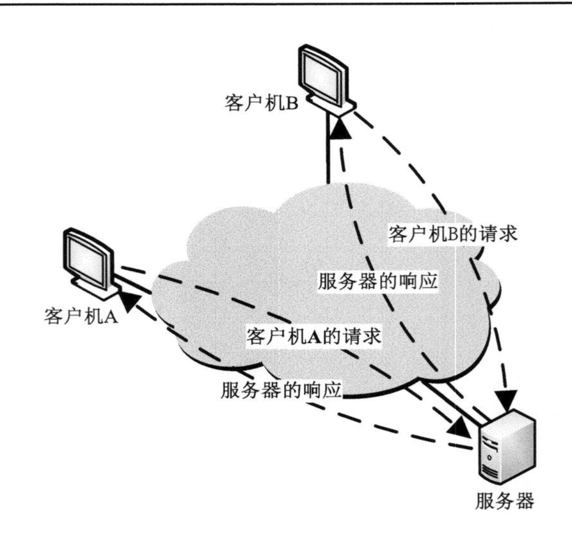

图 1-6 客户/服务器方式

在 C/S 模式中，服务器是网络服务的提供方，需要配置永久的 IP 地址和固定的端口号，并且总是开机运行；另外，由于服务器往往要同时为多个客户端提供服务，需要处理大量的并发请求服务，因此一般需要强大的硬件和高级的操作系统支持。而客户机要求相对简单，可以配置动态 IP 地址和随机的端口号。C/S 结构的技术优点是：资源集中，便于实现、管理和控制；而缺点是服务端可能出现性能瓶颈问题。

事实上，Web 应用就是一个典型的 C/S 体系结构的应用程序，其体系结构成为浏览器/服务器体系结构(B/S 体系结构)。其中总在运行的 Web 服务器主机具有固定的、已知的地址，服务于来自运行在客户机主机上的浏览器请求。Web 服务器当接收到来自某客户机对某对象的请求时，通过向该客户机发送所请求的对象来进行相应。同时，客户机之间不能直接通信，例如在 Web 应用中的两个浏览器之间不能直接通信。因特网中传统的应用程序(如 DNS、Web、FTP、Telnet 和电子邮件等)都具有这类体系结构。

2. P2P 方式

对等连接(Peer-to-Peer，P2P)是指任何一个主机既可充当服务请求方(服务器)，也可充当服务提供方(客户端)。这种模式无需设置专门的服务器，只要每个主机都运行相同的对等连接软件(P2P 软件)，它们就可以进行平等的、对等的连接通信。在对等通信中，一个端系统可以同时与其他几个端系统通信，而且它们仍然使用客户/服务器方式，只是对等连接中的端系统在充当客户机的同时也充当服务器。当一个主机请求网络服务时，其他主机均可以充当服务器提供服务。

如图 1-7 所示，主机 A、B、C、D 等都运行相同的 P2P 应用程序，它们彼此之间都可以进行对等服务。当主机 C 需要网络服务时，可同时向主机 A、B 和 D 请求服务。同理，其他对等方也可以向主机 C 请求提供服务。此时的 C 充当了双重角色，它既是客户机也是服务器。

P2P 结构特点：

(1) P2P 体系结构能够解决 C/S 结构服务器负载瓶颈问题，将服务器的负载均衡到各个客户端。

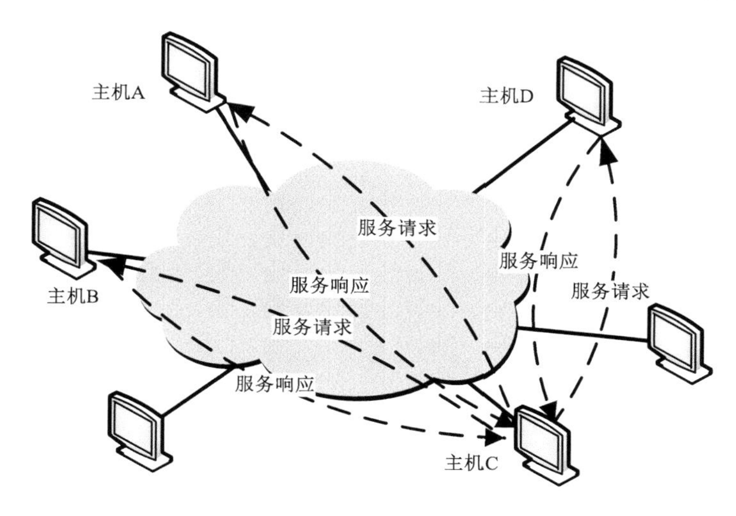

图 1-7 P2P 体系结构

(2) P2P 体系结构通常能够借助对等方的空闲资源而不需要庞大的服务器基础设施的支持，大大降低了服务提供商的成本。

(3) P2P 应用通常具有群组性、高度分布性和动态性的特点，使系统的效率、安全和服务质量都面临着技术挑战。

(4) P2P 体系结构具有自扩展性，即一个对等方在因请求而增加系统负荷的同时，也会增加向其他对等方提供服务的能力。

1.2.2 因特网的核心部分

如图 1-8 所示，网络核心部分是由大量网络和连接这些网络的路由器组成，是因特网中最复杂的部分。核心部分负责向网络边缘中的大量主机提供连通性，使边缘部分中的任何一个主机都能够向其他主机通信。由于因特网规模庞大，其边缘部分中的主机数量巨大，而且种类繁多，这要求核心部分必须具有很强的可扩展性和鲁棒性。在网络核心部分中起关键作用的是路由器(router)。路由器采用分组交换技术(packet switching)来传递端系统的数据，这是网络核心部分最重要的功能。为了弄清分组交换，首先对网络交换技术进行介绍。

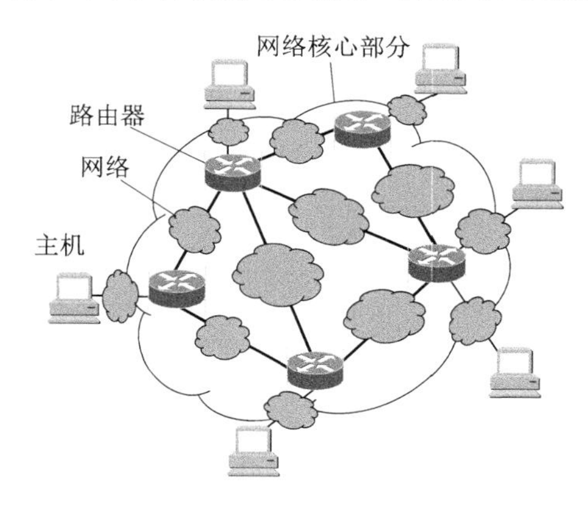

图 1-8 因特网的核心部分

1. 电路交换

在数据通信网发展初期，人们根据电话交换原理发展了电路交换方式。公共电话交换网(PSTN)和移动网采用的都是电路交换技术。电路交换的基本特点是采用面向连接的方式，在双方进行通信之前，需要为通信双方建立一条具有固定带宽的通信电路，通信双方在通信过程中将一直占用该电路，直到通信结束。如图 1-9 所示，电话 A 和 B 进行通话前，必须通过程控交换机在两者间建立一条临时的专用电路，通话后再释放该电路。在这里，“交换”(switching)的含义就是转接——把一条电话线转接到另一条电话线，使它们连通起来。从通信资源的分配角度来看，“交换”就是按照某种方式动态地分配传输线路的资源。

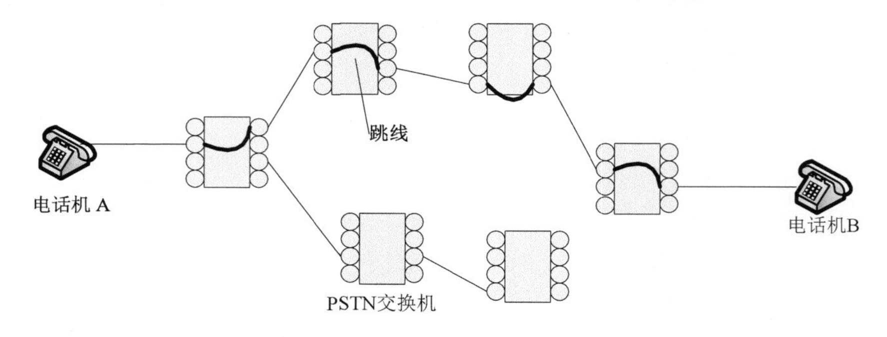

图 1-9　电路交换示例

基于电路交换的通信需要经历三个阶段：通信前建立连接、数据传递、通信后释放连接。由于电路交换采用独占物理电路，带宽有保障且实时性强，适合传输要求时延抖动小的实时数据。但是，使用电路交换来传输计算机数据的效率非常低。由于计算机需要与用户进行交互，其数据通信往往是突发性的，即线路上真正进行传输数据的时间往往不到 10%，其余时间都是空闲的，而电路交换是独占信道，即使空闲时也不能供其他用户使用，因此信道利用很低，通信费用也相应大大提高。

2. 报文交换

报文交换技术采用存储—转发机制，源主机把要发送的信息封装成一个数据包(称为报文)，该报文中含有目标节点的地址；报文在网络中通过中间节点的接力传递。每一个中间节点接收到完整报文后，首先存储该报文，然后目标节点的地址，再根据网络的路由选择情况转发给下一个节点。报文经过多次的存储—转发，最后到达目标。这样的网络也叫存储—转发网络。

与电路交换不同，报文交换不要求在两个通信主机之间建立专用通路，网络带宽是根据用户的需求动态分配，每个主机可以通过分时共享通信线路，因此，明显提高了线路的利用率。但由于报文交换是以用户的完整信息作为传送单元，这些报文的长度差异很大，这对每个节点来说缓冲区的分配也比较困难，并且长报文的传递和存储都比较慢，因此网络时延比较大，实时性差。

3. 分组交换

分组交换技术是针对计算机数据通信业务的特点而提出的一种数据交换方式。所谓分组就是对完整的数据进行分段传输。如图 1-10 所示，源主机将需要传送的数据按照固定的长度分割成许多小段数据，并在每个数据段前增加一个首部后，构成一个分组(packet)。分组是因特网核心部分的传递单元，其首部也称包头。首部主要携带指示分组如何传递的各种重要控制信息，如目标地址和源地址用于指明分组的传输路径。

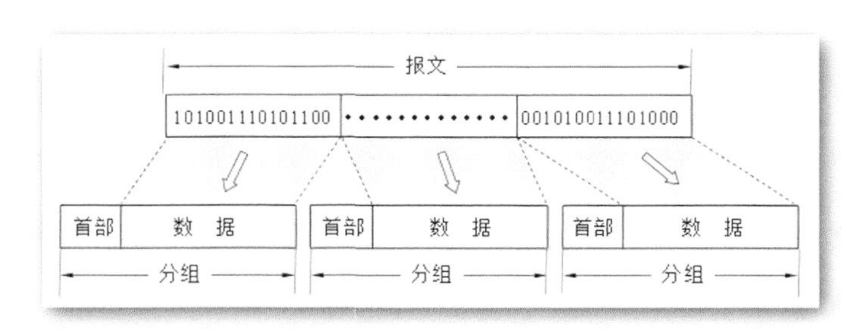

图 1-10　分组交换的概念

因特网核心部分中负责分组转发的设备是路由器。与报文交换类似，路由器也是基于存储—转发机制。路由器收到分组时，先存储下来，然后逐一转发这些分组。转发分组时，路由器先检查每个分组首部中的地址信息，然后查询路由表，找到合适的接口转发出去。就这样，分组通过多个路由器的存储转发，最终到达目的主机。

如图 1-11 所示，源主机将需要发送的数据分割成多个分组；每个分组在网络中被独立传递，最终到达目标主机；目标主机收到所有分组后，剥去首部再组合还原出完整数据。由于分组交换是采用存储转发，网络的利用率比较高。而且，由于分组的长度是固定的，并且较小，因此转发和存储比报文交换更快。更重要的是，采用分组交换后，网络中路由器可以并行进行传递工作，大大提高数据的转发速率，明显降低时延。

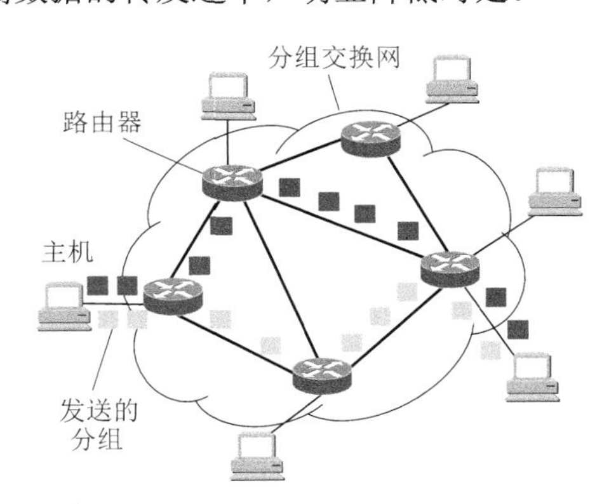

图 1-11　分组在网络中的传输示意图

为了能正确转发每个分组，网络中的路由器需要不断交换彼此掌握的路由信息，以便能创建和维护在路由器中的路由信息表(简称路由表)。该路由表应该涵盖全网的路由信息，并且在网络拓扑发生变化时能及时更新。

三种交换方式在数据传送阶段的主要特点可以归结如下：

(1) 电路交换：整个报文的比特流连续地从源节点直达目标节点，好像在一个管道中传送。

(2) 报文交换：整个报文先传送到相邻节点，全部存储下来后查找转发表，转发到下一个节点。

(3)分组交换：单个分组(这只是整个报文的一部分)传送到相邻节点，存储下来后查找转发表，转发到下一个节点。

图 1-12 是三种交换技术的工作情况对比示例，其中 A 和 B 分别是源节点和目标节点，而 B 和 C 是负责转发的中间节点。由图 1-12 可以看出，若要连续传送大量的数据，且其传送时间远大于连接建立时间，则电路交换的传输速率较快。报文交换和分组交换不需要预先分配传输带宽，在传送突发数据时可提高整个网络的利用率。由于一个分组的长度往往远小于整个报文的长度，因此分组交换比报文交换的时延小，同时也具有更好的灵活性。

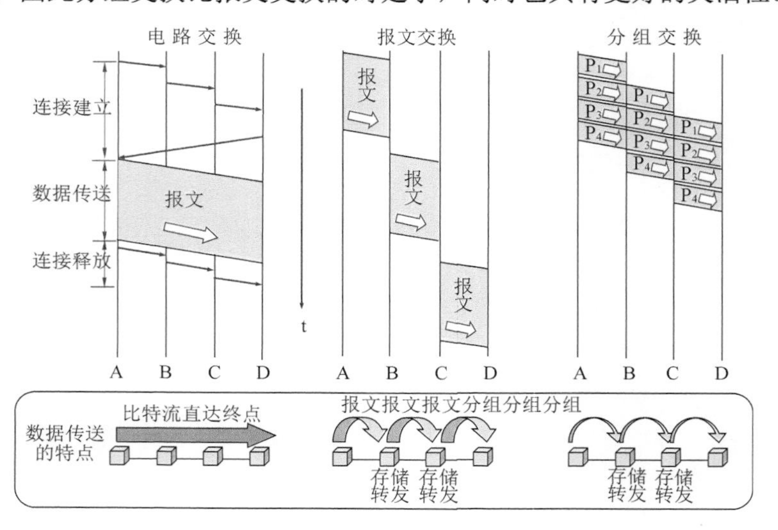

图 1-12　三种交换方式数据传输过程

1.3　计算机网络的性能指标

本节介绍度量计算机网络性能的主要性能指标。所谓性能指标是指能够被测量或量化分析的指标参数。

1. 速率

网络技术中的速率指的是连接在网络上的主机在数字信道上发送数据的速率，又称为数据率(data rate)或比特率(bit rate)，它是计算机网络中最基本的一个性能指标。速率的度量单位是 b/s(位/秒)，即每秒能传输几位。单位还有 kb/s、Mb/s、Gb/s 等。注：1kb/s=1000b/s，以此类推。

2. 带宽

带宽本来是指信号具有的频带宽度，基本单位是 Hz(赫兹)。由于通信信道的带宽决定了其最大传输速率，因此带宽现在都被用来表示网络线路的数据传送能力，网络带宽表示在单位时间内从网络中的某一点到另一点所能通过的“最高数据率”。其基本单位是“比特每秒”，记为 b/s。更常用的带宽单位是：千比每秒，即 kb/s(10^3 b/s)；兆比每秒，即 Mb/s(10^6 b/s)；

吉比每秒，即 Gb/s（10^9 b/s）；太比每秒，即 Tb/s（10^{12} b/s）。

3. 时延

时延是指数据从网络边缘的一端传送到另一端所需的时间，有时称为延迟或迟延。在互联网环境中，当一个分组从源主机出发，沿途要经历多个路由器的存储—转发，以及在多条通信信道的传播，因此，该分组完成整个传输过程的时间是由多个不同部分组成，包括：

(1) 发送时延：发送数据时，数据帧从节点进入到传输媒体所需要的时间。也就是从发送数据帧的第一个比特算起，到该帧的最后一个比特发送完毕所需的时间。

$$\text{发送时延}=\frac{\text{数据帧长度（b）}}{\text{发送速率（b/s）}}$$

例如假设要发送的数据长度为 10^7bits，数据发送速率为 100kbit/s，则数据的发送时延为 100s。

(2) 传播时延：电磁波在通信信道中需要传播一定的距离而花费的时间。因此传播时延取决于传输分组的物理信道长度：

$$\text{传播时延}=\frac{\text{信道长度（m）}}{\text{信号在信道上的传播速率（m/s）}}$$

电磁波在自由空间的传播速率是光速，即 3.0×10^5 km/s。电磁波在网络传输媒体中传播速率比在自由空间要略低一些：在铜线中的传播速率约为 2.3×10^5 km/s，在光纤中的传播速率约为 2.0×10^5 km/s。例如，1000km 长的光纤线路产生的传播时延大约为 5ms。值得注意的是，信号发送速率和信号在信道上的传播速率是完全不同的概念。

(3) 处理时延：交换节点为存储—转发而进行一些必要的处理所花费的时间，通常几微秒或更少。例如，路由器在转发分组时需要进行解析包头、数据校验、查询转发表等处理。

(4) 排队时延：对于转发设备而言，如果分组到达的速率超过输出能力将导致分组排队。排队时延是指节点缓存队列中分组排队所经历的时延。排队时延的长短往往取决于网络中当时的通信量，即取决于拥塞情况，如果排队过多甚至导致丢包。

如图 1-13 所示，主机 A 和主机 B 均通过 R1 来转发分组，如果 R1 转发的速率不够快，则 A 和 B 发送的分组需要在 R1 的缓存中排队等待。如果缓存没有空闲，则新到达的分组将丢失。

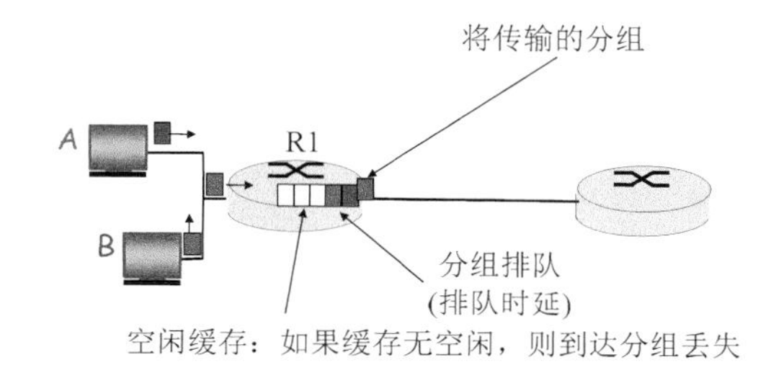

图 1-13　排队时延示意图

综上所述，数据经历的总时延就是发送时延、传播时延、处理时延和排队时延之和：

$$\text{总时延} = \text{发送时延}+\text{传播时延}+\text{处理时延}+\text{排队时延}$$

四种时延产生的位置如图 1-14 所示，从节点 A 向节点 B 发送数据，在节点 A 中会产生处理时延和排队时延。在发送器里产生发送时延，在链路上传输时，将会产生传播时延。

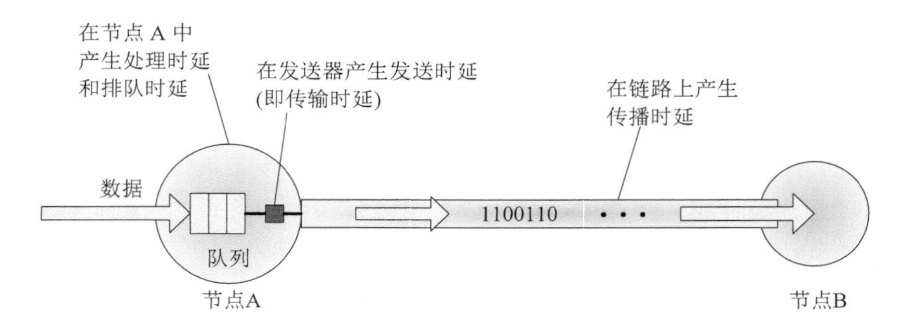

图 1-14　四种时延产生的位置

在总时延中，究竟是哪一种时延占主导地位，必须具体分析。例如 50MB 数据块通过 1Mbit/s 信道传输，其传输时延为 $50\times2^{20}\times8/10^{6}=419.45\text{s}$(近 7min)；如果用光纤传送到 1000km 远，其传播时延=5ms，因此传输时延占主导；但若采用 100Gbit/s 高速信道，其传输时延 50×220×8/1011=4.1945ms，则传输时延和传播时延相当。

4. 往返时间 RTT

往返时间(Round-Trip Time，RTT)表示从发送方发送数据开始，到发送方收到接收方的确认消息，总共经历的时间。在互联网中，往返时间并不总是等于两倍的单向时延，因为网络中两个不同方向的单向时延并不相等。RTT 是用于判定数据分组是否丢失的重要依据。

5. 利用率

利用率有信道利用率和网络利用率两种。

(1)信道利用率：指出某信道有百分之几的时间是被利用的(有数据通过)，完全空闲的信道的利用率是零。

(2)网络利用率：指的是网络中所有信道利用率的加权平均值。

网络利用率并非越高越好。时延和网络利用率的关系如图 1-15 所示。根据排队论的理论，当某信道的利用率增大时，该信道引起的时延也就迅速增加。若令 D_0 表示网络空闲时的时延，D 表示网络当前的时延，则在适当的假定条件下，可以用下面的简单公式表示 D 和 D_0 之间的关系：

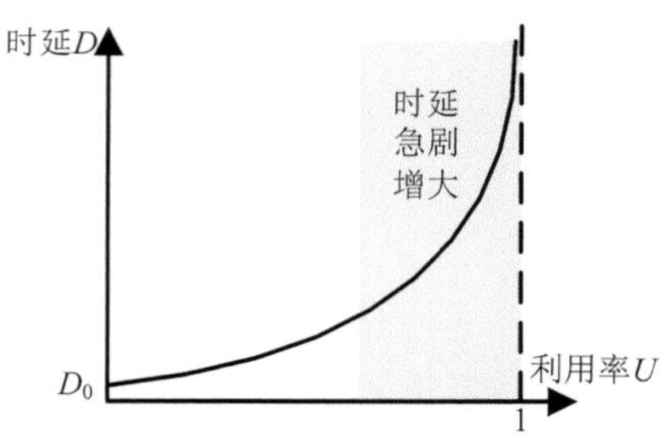

图 1-15　时延与利用率关系

$$D=\frac{D_0}{1-U}$$

其中，U 是网络的利用率，数值在 0 到 1 之间。当网络的利用率达到其容量的 1/2 时，延迟就要加倍。当网络的利用率接近最大值 1 时，网络的时延就趋于无穷大。所以，信道或网络利用率过高会产生非常大的时延。

6. 丢包率

丢包率指在一定的时段内在两节点间传输过程丢失分组数量与总的分组发送数量的比率。分组交换网丢包主要原因是：路由器没有空闲的缓冲空间，无法容纳新到达的分组，只能丢弃到达的分组。一般情况下，丢包率在无拥塞时为 0，轻度拥塞为 1%～4%，严重拥塞为 5%～15%。丢包率高的网络无法使网络应用正常工作，丢包率指标非常重要。

1.4　计算机网络的体系结构

计算机网络的体系结构(architecture)是计算机网络的各层及其协议的集合，体系结构就是这个计算机网络及其部件所应完成功能的精确定义。通俗讲，体系结构是指如何安排系统的设计与实现。计算机网络能互连成因特网这样大规模的系统，其设计要求和内容是非常复杂的，主要体现在以下两方面：① 网络互连需要解决很多技术问题，包括异构网的互联问题、路由问题、可靠性问题、具体应用涉及的问题、实现与标准问题等。② 信息技术在高速发展，底层的物理网络技术和上层的信息服务应用都在快速发展，因此要求计算机网络系统必须具备非常好的可扩展性。面对这个复杂问题，ARPANET 的成功经验表明网络系统应该采用分层设计方法。

1.4.1　分层的含义和必要性

1. 分层的含义

所谓分层设计是指按数据处理流程，将网络功能划分到具有垂直关系的不同模块中。每一层完成一个独立的功能任务，所有层一起协调完成整个系统所要求的功能。

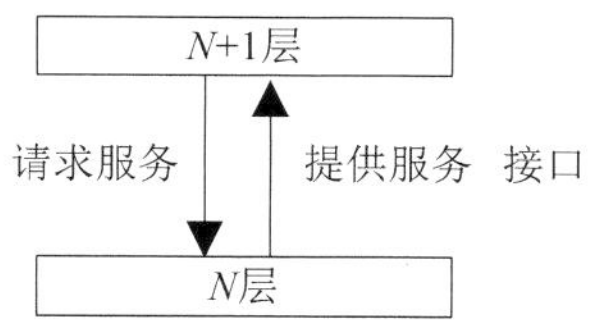

图 1-16　层次结构

在图 1-16 所示的层次结构中，两层之间存在接口，N+1 层通过接口要求 N 层提供服务，N 层通过接口向 N+1 层回送服务结果，请求服务的过程必须是单向的，即只允许上层向下层请求服务。在层次系统中，实现 N+1 层的功能是建立在 N 层提供服务的基础上，而实现 N 层功能还需要 N−1 层所提供的服务，同理类推，直至最底层。

2. 分层的必要性

1) 分而治之

一个分层的体系结构允许通过定义良好的接口，将大而复杂的系统划分为不同层次。各个层次之间相对独立，某一层并不需要知道其下一层是如何实现的，而仅仅需要知道该层通过层间接口(即界面)所提供的服务。由于每一层只实现一种相对独立的功能，因而可以将一个难以处理的复杂问题分解为若干个较容易理解的更小一些的问题。这样，整个问题的复杂程度就下降了。

分而治之的方法在计算机网络这个复杂系统的设计与实现过程中的运用可归结如下。首先，计算机网络应当具有相对独立的功能，例如位于不同端系统上的网络应用交互、报文的可靠传输、报文从源主机经过网络到达目标主机、报文从一个节点传输到另一个节点，以及报文信号经过通信网络实际传输等。其次，梳理这些功能之间的关系，使一个功能可以为实现另一个功能提供必要的服务，从而形成了系统的层次结构。第三，为了提高系统的工作效率，相同或相近的功能仅在一个层次中实现，而且尽可能在较高的层次中实现。

2) 便于网络系统的扩展

如图 1-17 所示，对于未引入中间层的体系结构中，当新增一种物理网络技术时，则需要为该物理网络重新实现每一种应用；同样，当增加一个应用时，则需要针对每种网络进行分别实现。而在引入中间层的体系结构中，每增加一个物理网络技术或者网络应用，则只需针对中间层进行实现即可。此外，对某一层提供的服务还可以进行修改。当某层提供的服务不再需要时，甚至可以将这层取消。

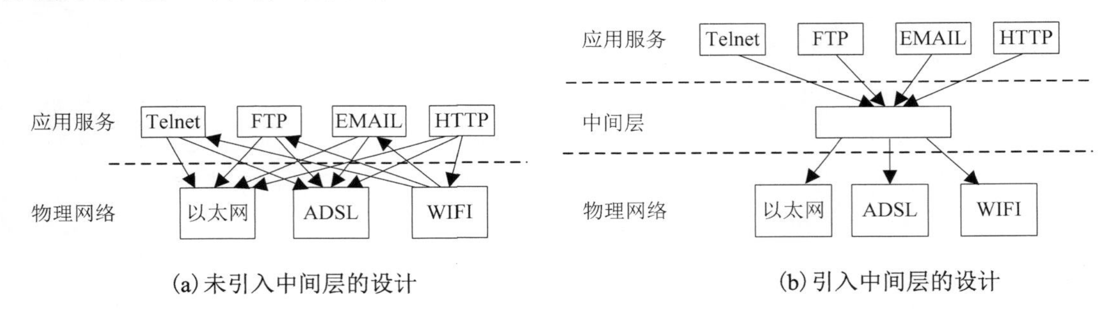

图 1-17　分层体系结构的好处

1.4.2　OSI 模型

国际标准化组织 ISO 于 1977 年成立了专门机构研究不同体系结构的计算机网络互连问题。不久后，其提出一个试图使各种计算机在世界范围内互联成网的标准框架，即著名的开放系统互连基本参考模型(Open System Interconnection Reference Model，OSI/RM)，简称为 OSI。在 1983 年形成了开放系统互连基本参考模型的正式文件，即著名的 ISO 7498 国际标准，也就是所谓的七层协议的体系结构。如图 1-18 所示，OSI 七层模型由下而上将网络功能分为物理层、数据链路层、网络层、传输层、会话层、表示层和应用层。其中每层的功能定义如下：

- 物理层：提供为建立、维护和拆除物理链路所需要的机械的、电气的、功能的和规程的特性；有关的物理链路上传输非结构的位流以及故障检测指示。
- 数据链路层：在网络层实体间提供数据发送和接收的功能和过程；提供数据链路的流控。
- 网络层：控制分组传送系统的操作、路由选择、拥护控制、网络互连等功能，它的作用是将具体的物理传送对高层透明。
- 传输层：提供建立、维护和拆除传送连接的功能；选择网络层提供最合适的服务；在系统之间提供可靠的透明的数据传送，提供端到端的错误恢复和流量控制。
- 会话层：提供两进程之间建立、维护和结束会话连接的功能；提供交互会话的管理功能，如三种数据流方向的控制，即一路交互、两路交替和两路同时会话模式 。

- 表示层：代表应用进程协商数据表示；完成数据转换、格式化和文本压缩。
- 应用层：提供 OSI 用户服务，例如事务处理程序、文件传送协议和网络管理等。

并不是每个网络节点都需要完整的七层功能，位于边缘部分的端系统需要七层功能，而中间的通信设备(如交换机，路由器)一般只涉及底下若干层。

OSI 七层模型只获得了一些理论研究的成果，但在市场化方面由于种种原因则事与愿违地失败了，因此 OSI 也被称为法律上的国际标准。OSI/RM 体系结构的最大好处是清楚定义了网络中每一层的功能，层与层之间接口和下层为上层提供的服务。无论对网络设计者，还是对网络学习者都提供了清晰的思路。

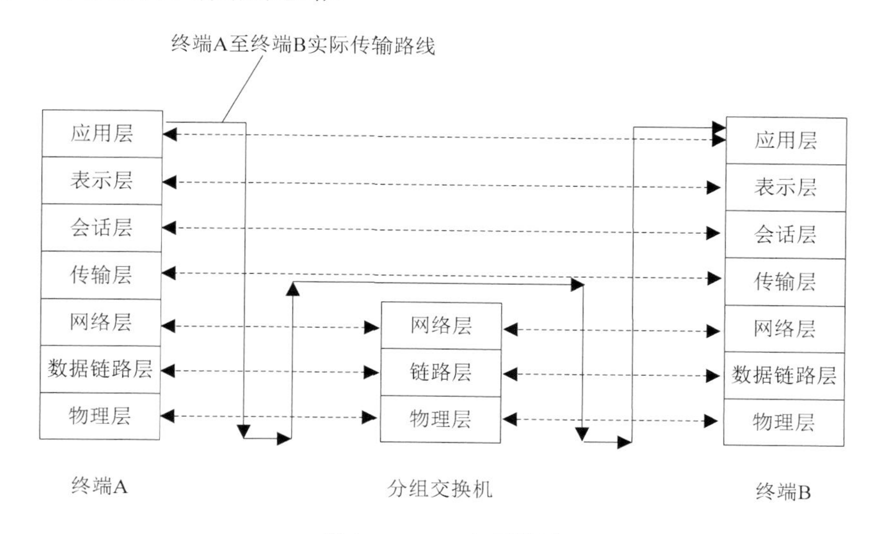

图 1-18　OSI 七层模型

1.4.3　TCP/IP 模型

TCP/IP 协议(Transmission Control Protocol/Internet Protocol，传输控制协议/互联网络协议)是 Internet 最基本的协议。在 Internet 没有形成之前，世界各地已经建立了很多小型网络，但这些网络存在不同的网络结构和数据传输规则，要将它们连接起来互相通信，就好比要让使用不同语言的人们交流一样，需要建立一种大家都听得懂的语言，而 TCP/IP 就能实现这个功能，它就好比 Internet 上的“世界语”。

TCP/IP 协议被组织成四个概念层，其中有三层对应于 ISO 参考模型中的相应层。TCP/IP 协议族并不包含物理层和数据链路层，因此它不能独立完成整个计算机网络系统的功能，必须与许多其他的协议协同工作。TCP/IP 协议族如图 1-19 所示，特点是上下大而中间小：应用层和网络接口层都有很多协议，而中间的 IP 层很小，上层的各种协议都向下汇聚到一个 IP 协议中。这种很像沙漏计时器形状的 TCP/IP 协议族表明 TCP/IP 协议可以为各式各样的应用提供服务(所谓的 everything over IP)，同时，TCP/IP 协议也允许 IP 协议在各式各样的由网络构成的互联网上运行(所谓的 IP over everything)。“IP over everything”是已被实践证明的，也正是 IP 的精髓，即通过统一的 IP 层对上层协议屏蔽各种物理网络技术的差异性实现异种网互联。而“everything over IP”的“everything”是指所有业务，包括数据、图像和声音，实时和非实时的。这对于目前的 IP 技术来说仍是心有余而力不足，需要新技术来帮助解决。目前，因特网是采用 TCP/IP 模型，因此，TCP/IP 模型也被称为事实上标准。

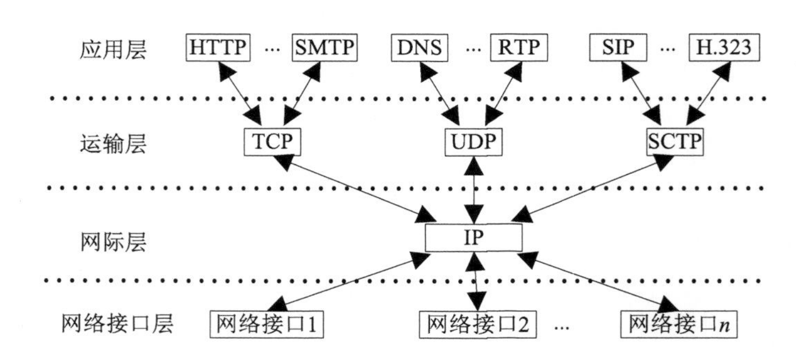

图 1-19 沙漏计时器形状的 TCP/IP 协议族示意图

1.4.4 五层模型

OSI 的七层协议体系结构的概念清楚，理论也较完整，但它既复杂又不实用。TCP/IP 体系结构则不同，但它现在却得到了非常广泛的应用。不过从实质上来讲，TCP/IP 只有最上面的三层，因为最下面的网络接口层并没有什么具体内容。因此在学习计算机网络原理时往往采取折中的办法，即综合 OSI 和 TCP/IP 的优点，采用一种有五层协议的体系结构(图 1-20)，这样既简洁又能将概念阐述清楚。

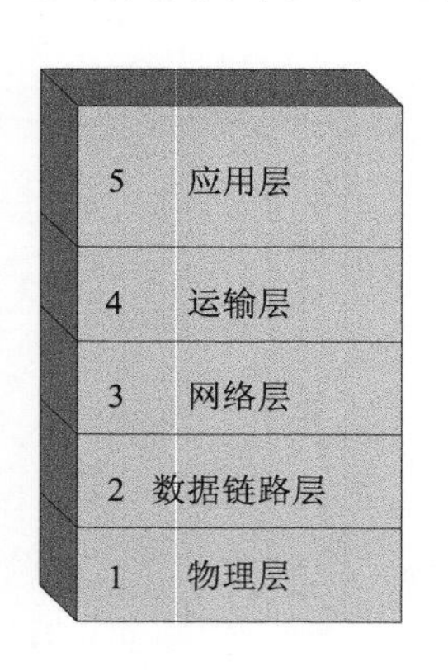

图 1-20 五层结构

现自上而下地、简要地介绍一下各层的主要功能。

(1) 应用层(application layer)：应用层是各种服务应用程序和网络之间的接口，其功能是直接向用户程序提供服务，完成用户程序希望在网络上完成的各种工作。它在其他四层工作的基础上，负责完成网络中应用程序与网络操作系统之间的联系，建立与结束使用者之间的联系，并完成网络用户提出的各种网络服务及应用所需的监督、管理和服务等各种协议。此外，该层还负责协调各个应用程序间的工作。

(2) 运输层(transport layer)：运输层的任务是负责向两个主机中进程之间的通信提供服务。由于一个主机同时可运行多个进程，因此运输层应具有复用和分用的功能。复用就是多个应用层进程可以同时使用下面运输层的服务，分用则是运输层把收到的信息分别交付给上面应用层中的响应的进程。

运输层主要使用以下两种协议：① 传输控制协议 TCP(Transmission Control Protocol)——面向连接的，数据传输的单位是报文段(segment)，能够提供可靠的交付。② 用户数据报协议 UDP(User Datagram Protocol)——无连接的，数据传输的单位是用户数据报，不保证提供可靠的交付，只能提供“尽最大努力交付(best-effort delivery)”。

(3) 网络层(network layer)：网络层主要解决物理网络的互联问题，实现主机到主机的通信。在发送数据时，网络层把运输层产生的报文段或用户数据报封装成分组或包进行传送。在实现网络层功能时，需要解决的主要问题如下：① 寻址：数据链路层中使用的物理地址(如 MAC 地址)仅能解决同一个网络内部的寻址问题。在不同子网之间通信时，为了识别和找到网络中的设备，每一子网中的设备都会被分配一个唯一的地址。由于各子网使用的物理技术可能不同，因此这个地址应当是逻辑地址(如 IP 地址)。② 交换：规定不同的信息交换方式。常见的交换技术有线路交换技术和存储转发技术，后者又包括报文交换技术和分组交换技术。③ 路由算法：当源节点和目标节点之间存在多条路径时，本层可以根据路由算法，通过网络为数据分组选择最佳路径，并将信息从最合适的路径由发送端传送到接收端。④ 连接服务：与数据链路层流量控制不同的是，前者控制的是网络相邻节点间的流量，后者控制的是从源节点到目标节点间的流量。其目的在于防止阻塞，并进行差错检测。

(4) 数据链路层(data link layer)：常简称为链路层，主要负责建立和管理节点间的链路。数据链路层通过各种控制协议，将有差错的物理信道变为差错可控的逻辑链路。

在计算机网络中由于各种干扰的存在，物理链路是不可靠的。因此，这一层的主要功能是在物理层提供的比特流的基础上，通过差错控制、流量控制方法，使有差错的物理线路变为无差错的数据链路，即提供可靠的通过物理介质传输数据的方法。

(5) 物理层(physical layer)：物理层上传输的数据位为比特，物理层的任务就是透明地传输比特流。物理层的作用是实现相邻计算机节点之间比特流的透明传送，尽可能屏蔽掉具体传输介质和物理设备的差异，使其上面的数据链路层不必考虑网络的具体传输介质是什么。“透明传送比特流”表示经实际电路传送后的比特流没有发生变化，对传送的比特流来说，这个电路好像是看不见的。

1.4.5　TCP/IP 模型的数据封装过程

数据封装是指将协议数据单元(PDU)封装在一组协议头和尾中的过程。数据沿着协议栈向下传输时，每一层都添加一个报头，并将封装后的内容作为数据传递给下一层，直接到达物理层，数据被转换为比特，通过介质进行传输。下面详细介绍 TCP/IP 体系结构数据封装过程。

如图 1-21 所示，应用进程将数据提交给应用层时，应用层加上必要的控制信息(应用层首部)就变成了应用层的数据单元。传输层收到该数据单元后，再加上本层的控制信息，形成传输层报文；由于传输层主要解决进程间通信问题，因此，传输层首部主要标识发送和接收进程的信息。报文提交给网际层时又被封装成 IP 分组，IP 分组是在传输层报文的基础上，加上一个 IP 首部，由于网际层主要解决终端之间端到端的通信问题，因此 IP 首部主要是标识发送和接收终端的地址信息。当 IP 分组提交给数据链路层，IP 分组又被加上一个帧首部，封装成适合传输网络的帧。由于传输网络主要解决两个直连节点之间的通信问题，因此，帧首部主要是用标识主机的物理地址信息。接收端的处理过程是封装的逆过程，链路层必须具有从比特流或字节流中分离出每一帧的功能。同样，每一层都必须具有从下层结构中正确分离出本层结构的功能。

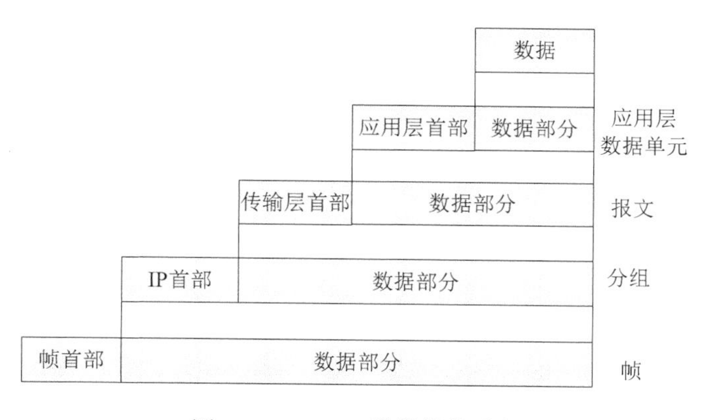

图 1-21　TCP/IP 数据封装过程

1.5 计算机网络的标准化

全球经济的发展使得不同网络体系结构的用户迫切要求能够互相交换信息。为了使不同体系结构的计算机网络能够互连，需要促进计算机网络的标准化工作。标准化工作的好坏对一种技术的发展有着很大的影响，缺乏国际标准将会使技术的发展处于比较混乱的状态，而盲目自由竞争的结果很可能形成多种技术体质并存，并且其互不兼容的状态，给用户带来较大的不方便。

目前，计算机网络标准主要由若干有影响的国际标准化组织制定，主要包括以下几个标准化组织。

1. 国际标准化组织(ISO)

ISO 中的 JTC1 技术委员会专门负责制定有关信息处理的标准。其中，SC25 以“开放系统互连”为目标，进行有关标准的研究和制定，负责七层模型中高四层及整个参考模型的研究。SC6 负责低三层的标准及与数据通信有关的标准制定。ISO 发布的最著名的网络标准是 ISO/IEC 7498《信息技术开放系统互连参考模型》，即 OSI 模型。该体系结构标准定义了网络互连的七层框架，在这一框架下进一步详细规定了每一层的功能，以实现开放系统环境中的互连性、互操作性和应用的可移植性。

2. 电气与电子工程师协会(IEEE)

IEEE 建于 1963 年，由从事电气工程、电子和计算机等有关领域的专业人员组成，是世界上最大的专业技术团体。IEEE 也是 ANSI 成员，主要研究最低两层和局域网的有关标准。IEEE 下设许多专业委员会，其定义或开发的标准在工业界有极大的影响和作用力。例如，1980 年成立的 IEEE802 委员会负责有关局域网标准的制定事宜，制定了著名的 IEEE802 系列标准，如 IEEE 802.3 以太网标准、IEEE 802.4 令牌总线网标准和 IEEE 802.5 令牌环网标准等。

3. 国际电信联盟电信标准化部门(ITU-T)

ITU-T 负责制定电信网络的标准化工作。由于电信网络是目前分布最广的信息传输网络，因此被 Internet 用来实现远距离传输，如 PSTN、SDH，都是电信网络，但都作为传输网络，在 Internet 中承担远距离数据传输任务。

4. Internet 协会(ISOC)

ISOC 成立于 1992 年，是一个非政府的全球合作性国际组织，主要就有关 Internet 的发展、可用性和相关技术的发展组织活动。ISOC 下设 Internet 体系结构研究委员会 IAB(Internet Architecture Board)，负责管理 Internet 有关协议的开发。IAB 下设两个工程部：①IETF(Internet Engineering Task Force)，研究某一特定的短期和中期的工程问题，主要是协议的开发和标准化工作，具体工作由 Internet 工程指导小组 IESG(Internet Engineering Steering Group)管理。② Internet 研究部 IRTF(Internet Research Task Force)，主要进行长期发展规划和理论研究，由 Internet 研究指导小组 IRSG(Internet Research Steering Group)管理。

课 后 习 题

1-1　除了带宽和延时等性能参数外，在以下网络应用中，还需要考虑哪些参数？

(1) 视频点播；

(2) 金融业务服务。

1-2　简述端到端原则的内涵，并讨论该设计原则对因特网的设计产生哪些影响？

1-3　试对比电路交换、报文交换和分组交换的主要优缺点。

1-4　计算机网络可分为哪些类别？简述各类网络的特点。

1-5　数据在网络中传播的时延由哪些组成？

1-6　如下图所示，主机 A 和 B 都通过一条 100Mbit/s 的链路连接交换机 S，假设每条链路的传输时延是 10us，交换机 S 采用存储转发方式工作，并且在收到一个包后需要 35us 延时才能开始转发，请分别计算以下情形中，A 发送一个大小为 10000bits 的文件给 B 的总时延？

(1) 该文件封装成一个数据报；

(2) 该文件被拆分成两个 5000bits 的数据报。

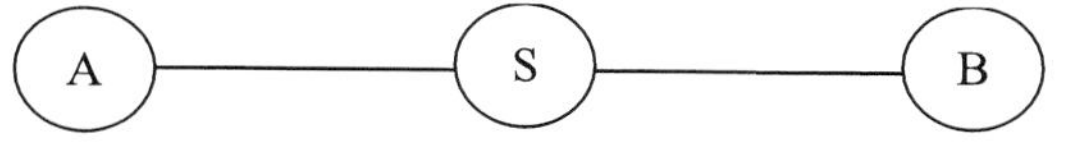

1-7　什么是分层结构？网络系统为何采用分层设计结构？

1-8　试述具有五层协议的网络体系结构的要点，包括各层的主要功能。

1-9　TCP/IP 取代 OSI，成为事实上的标准的原因是什么？

1-10　网络协议的三要素是什么？试描述它们的具体含义。

1-11　试解释 IP over everthing 和 everything over IP 的含义。

1-12　试分析网络协议的标准化工作有何实际意义？

1-13　试分析由传输层来负责数据传输的可靠性问题有什么科学依据？

第 2 章　数据通信基础

计算机网络的“物理层”位于计算机网络体系结构的底层，负责为数据链路层提供一个用于传输原始比特流的物理连接。因此，物理层解决的就是数据通信的问题，即通过传输介质及相关的通信协议和标准建立起一条物理线路以便传输比特流。其主要任务就是定义与传输介质、连接器及其接口相关的机械特性、电气特性、功能特性和规程特性这四个方面。只有规定了统一的标准，各设备的生产厂家才能以相同的标准来设计、生产、制作这些传输介质、连接器及接口，并使用对应的通信协议实现彼此互连。

计算机网络的各种应用最终还是离不开物理层的各种数据通信技术，如通信系统的基本模型(包括源系统、传输系统和目标系统)、数据通信方式(串并行通信方式；单工、半双工、全双工通信方式等)、信号调制技术(包括基带调制的归零码 RZ、不归零码 NRZ、不归零反转 NRZI、曼彻斯特编码和差分曼彻斯特编码等，以及带通调制中的振幅键控 ASK、频率键控 FSK 和相位键控 PSK 等)、信道复用技术(频分复用 FDM、时分复用 TDM、波分复用 WDM 和码分复用 CDM)以及网络接入技术(电话拨号接入、xDSL 接入、光纤同轴混合网接入、光纤接入、以太网接入及无线接入等)等。也正是上述各种通信技术为计算机网络数据通信能够按照用户的要求有序进行提供了技术上的保障。

本章主要介绍数据通信系统的基本知识，它对应的是计算机网络体系结构中的最底层——“物理层”。物理层是所有计算机网络通信的必经之路，因为计算机网络设备之间的连接必须依靠物理层的传输介质和相关协议才能进行。

本章围绕数据通信系统模型中的各个组成部分进行展开介绍，主要包括数据通信方式、数据传输速率与信道带宽、信号调制技术、传输介质、信道复用技术和接入技术等。

2.1　数据通信基础知识

2.1.1　通信系统的模型

通信系统的目的是将信息从一方发送到另一方，信息的发送方通常称为信源或是源站，而信息的接收方则称为信宿或是目的站。图 2-1 所示的是一个通信系统的一般模型，它包含了通信的三要素：信源、信道和信宿。

信源：产生需要传输的数据的设备，将各种信息转换为原始电信号。信源可产生模拟信号和数字信号。模拟信号是连续的，而数字信号则是离散的。模拟信号可通过采样、量化、编码等一系列的数字化处理后转换为数字信号。

发送器：通常信源产生的原始电信号并不适合在传输系统中进行传输，因此需要发送器对其进行编码。典型的发送器是调制器。若信源产生的是数字信号，调制器的功能是将其转换成模拟信号；若信源产生的是模拟信号，则调制器的功能是将其调制到某个频段以便进行远距离传输或是多路复用。

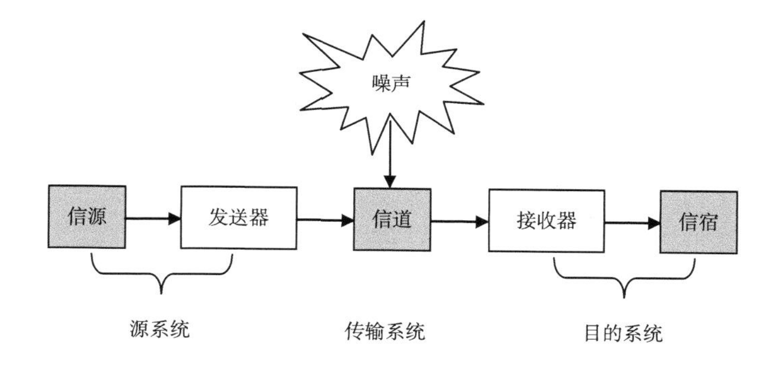

图 2-1　通信系统的一般模型

信道：即物理传输媒体，负责将信源产生的信号传送到信宿。信道可分为有线信道和无线信道。如果信源和信宿距离比较近，信道可能是简单的传输线；如果信源和信宿距离比较远，信道通常包含复杂的交换网络。信道中的噪声是无法避免的，它会对传输的各种信号产生不同程度的影响。

接收器：将从信道上接收到的信号进行解码，恢复出原始的电信号。典型的接收器是解调器，实现的是调制器功能的逆变换。

信宿：信息传输的目的地，将原始电信号还原为相应的信息。

2.1.2　信息、数据与信号

1. 信息

信息(Information)指音讯、消息、通信系统传输和处理的对象，泛指人类社会传播的一切内容。

20 世纪 40 年代，信息的奠基人香农(C.E. Shannon)给出了信息的明确定义，他认为“信息是用来消除随机不确定性的东西”，这一定义被人们看做是经典性定义并加以引用。

现代科学领域中，信息指的是事物发出的消息、指令、数据、符号等所包含的内容。信息的载体可以是文字、语音、图形、图像或视频。人们通过获得、识别自然界和社会的不同信息来区别不同的事物，得以认识和改造世界。

2. 数据

数据(Data)是信息的具体表现形式，它是信息的载体，是载荷或记录信息的按一定规则排列组合的物理符号。可以是数字、文字、图像、声音，也可以是计算机代码。对信息的接收始于对数据的接收，对信息的获取只能通过对数据背景的解读。

数据背景是接收者针对特定数据的信息准备，即当接收者了解物理符号序列的规律，并知道每个符号和符号组合的指向性目标或含义时，便可以获得一组数据所载荷的信息。

数据可分为模拟数据和数字数据。模拟数据的取值范围是连续的，如语音信号等，常存储在磁带或是胶带中。而数字数据则是对模拟数据进行采样并量化之后得到数据，如计算机磁盘中存储的文本、图片等。

3. 信号

信号(Signal)是数据在传输过程中的电气或电磁的表现，是能够反映或表示数据的传输载体。从广义上讲，它包含光信号、声信号和电信号等。

和数据一样，信号也分为模拟信号和数字信号。

(1)模拟信号。指电信号的参量是连续取值的，其特点是幅度连续。常见的模拟信号有电话、传真和电视信号等。其波形如图 2-2 所示。

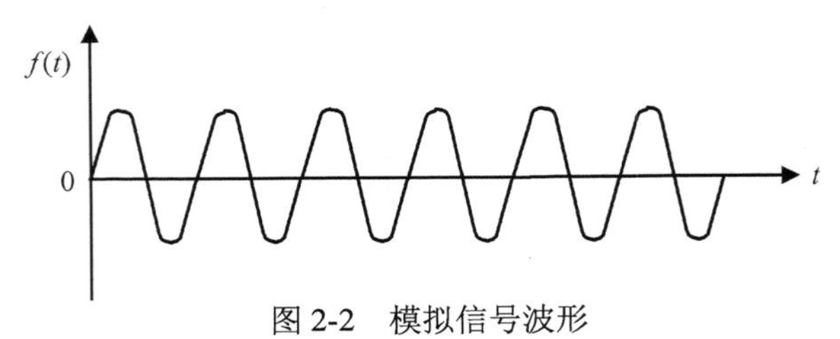

图 2-2　模拟信号波形

图 2-2 的模拟信号波形是正弦波，正弦波是按周期出现的。

(2)数字信号。电信号的参量是离散的，从一个值到另一个值的改变是瞬时的，就像开启和关闭电源一样。数字信号的特点是幅度被限制在有限数量的数值之内。常见的数字信号有电报符号、数字数据等。其波形如图 2-3 所示。

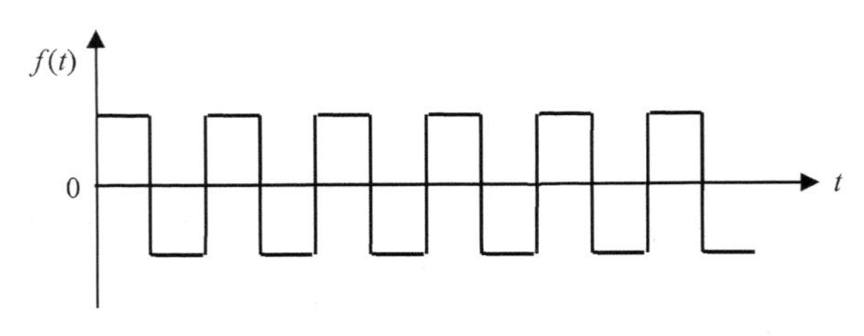

图 2-3　数字信号波形

在数字信号波形中，二进制的信号 0 和信号 1 所对应的电压脉冲是离散的，分别用两种不同的电平表示。一个高电平或是一个低电平表示一个脉冲周期，而一个脉冲周期对应于一个“码元”。

2.1.3　数据通信方式

计算机网络中传输的信息都是数字数据，计算机之间的通信就是数据通信，数据通信是计算机和通信线路结合的通信方式。由于数据分为模拟数据和数字数据，相应地，数据通信也就有模拟数据通信与数字数据通信之分。

数据通信方式的分类方式有几种，若按照每次传送的数据位数划分，可分为串行通信与并行通信两种；若按照数据在线路上的传输方向划分，可分为单工通信、半双工通信与全双工通信三种。另外，数据通信过程中不能不考虑时序问题。以下就各种分类方式对数据通信方式进行介绍，并对同步问题加以阐述。

1. 串行通信与并行通信

串行通信指的是数据流以串行的方式逐位地在信道上传输，这种通信方式只需要在发送方和接收方之间建立一条通信信道。而并行通信指的是数据流以一组(多个二进制位)的方式在多条并行信道上同时传输。

计算机中的字符通常是用一个 8 位二进制数据表示的，串行通信就是将这 8 位二进制数据按照从低位到高位的顺序依次传输，如图 2-4 所示。而并行通信则是一次性地将这 8 位二进制数据同时通过 8 条并行的通信信道上传输，如图 2-5 所示。

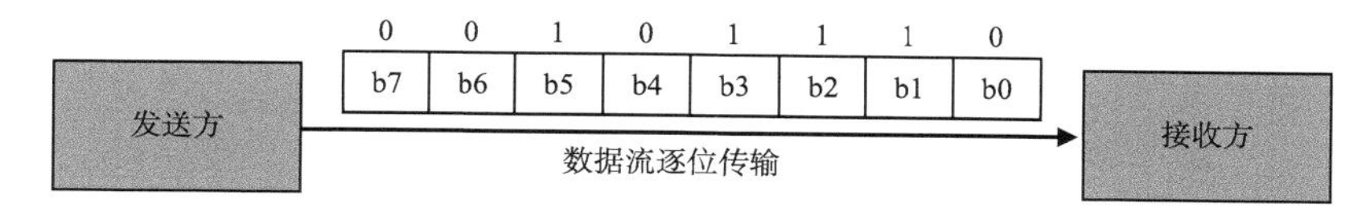

图 2-4　串行通信的工作原理

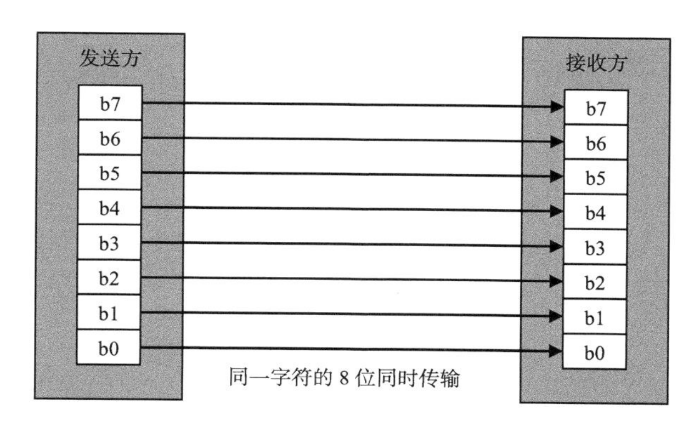

图 2-5　并行通信的工作原理

串行通信和并行通信各有其优缺点：

(1) 串行通信比较简单、易于实现，而且费用较低，因此目前的数据通信主要采用的是串行通信方式，尤其在远程通信中一般采用串行通信方式。但是它的传输速率比并行通信要慢，而且由于数据是逐位传输的，因此需要在发送方和接收方之间需要解决同步问题，这样接收方才能从接收到的数据流中正确的区分出每个不同的字符。

(2) 并行通信在多条信道上同时传送了整个字符的所有比特位，因此不存在同步问题，传输速率也比串行通信快。但是它要求具备并行信道，造价比较高，这一点限制了它的应用，一般适用于计算机与其他高速数据系统之间的近距离传输。

采用串行通信方式的有：计算机的串行接口(也可简称为串口)、磁盘的 SATA(串行 ATA)接口以及 USB 接口等；采用并行通信方式的有：计算机内部的 I/O 总线、磁盘 ATA(或 IDE)接口、连接打印机的并口等。

2. 单工通信、半双工通信与全双工通信

(1) 单工通信。又称为单向通信，它仅支持数据在一个方向上传输，数据的发送方和接收方是固定的，任何时候都不能改变信号的传输方向，如图 2-6(a)所示。这种通信方式效率最低，因此仅在少量场合使用，如无线电广播和电视广播都是单工通信。

(2) 半双工通信。又称为双向交替通信，它允许数据在两个方向上传输，但在同一时刻，只允许数据在一个方向上传输。它实际上是一种可切换方向的单工通信，通信双方都可以发

送信息，但不能双方同时发送(当然也不能同时接受)，如图 2-6(b)所示。这种通信方式是目前网络设备所支持的最主要的数据传输模式，一般用于计算机网络的非主干线路中。

(3)全双工通信。又称为双向同时通信，它允许数据同时在两个方向上传输，通信的双方可以同时发送和接收数据，因此它要求至少存在两条信道，分别用于不同方向的通信。如现代电话通信提供了全双工传送，如图 2-6(c)所示。这种通信方式的数据传输速率比半双工通信方式高，主要用于计算机与计算机之间的通信。

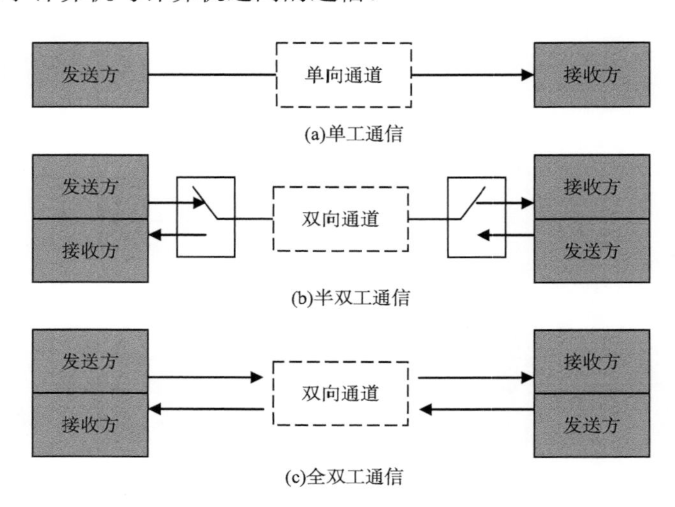

图 2-6　单工、半双工与全双工通信

3. 同步问题

同步是数字通信中必须解决的一个重要问题，要求通信双方在时间基准上保持一致，包括在开始时间、位边界、重复频率等上的一致。若数据通信中收发双方没有解决同步问题，则会造成通信质量下降甚至导致整个系统无法正常通信。

数据通信中的同步问题包括两种类型：位同步和字符同步。

1)位同步

数据通信双方的计算机尽管具有相同的时钟频率，但它们之间存在一定程度的差异是很正常的，而这种差异将导致不同的计算机的时钟周期的微小误差。尽管这种差异是微小的，但在大量的数据传输过程中，这种微小误差的积累足以造成传输的错误。因此，在数据通信中，首先要解决的是收发双方计算机的时钟频率的一致性问题。一般方法是，要求接收方根据发送方发送数据的起止时间和时钟频率，来校正自己接收数据的起止时间和时钟频率，这个过程就叫位同步。可见，位同步的目的是使接收方接收的每一位信息都与发送方保持同步。

目前实现位同步的方法主要有外同步法和自同步法两种。在外同步法中，发送端发送数据之前先发送同步时钟信号，接收方用这一同步信号来锁定自己的时钟脉冲频率，以此来达到收发双方位同步的目的；在自同步法中，接收方利用包含有同步信号的特殊编码(如曼彻斯特编码)从信号自身提取同步信号来锁定自己的时钟脉冲频率，达到同步目的。

2)字符同步

在前面介绍串行通信与并行通信时已提到串行通信的同步问题，因为串行通信是逐个比特传输的，接收方需要从收到的比特流中正确地区分出一个一个字符，即字符同步问题。标准的

ASCII 字符是由 8 位二进制的 0、1 组成的，发送方以 8 位为一个字符单位来发送，接收方也按照 8 位的字符为 0 单位来接收。字符同步是保证收发双方正确传输字符的过程。字符同步按其实现的方式不同，可分为同步传输(Synchronous Transmission)和异步传输(Asynchronous Transmission)两种。

(1)同步传输

同步传输是以同步的时钟节拍来发送数据信号的，因此在一个串行的数据流中，各信号码元之间的相对位置都是固定的(即同步的)。同步传输是一种以数据块为传输单位、以相同的时钟参考进行数据传输的模式，因此又称为区块传输。它不是独立地发送包含开始位和停止位的每个字符，而是把它们组合起来一起发送。这些组合称为数据帧，或简称为帧。同步传输模式中的数据帧格式如图 2-7 所示。

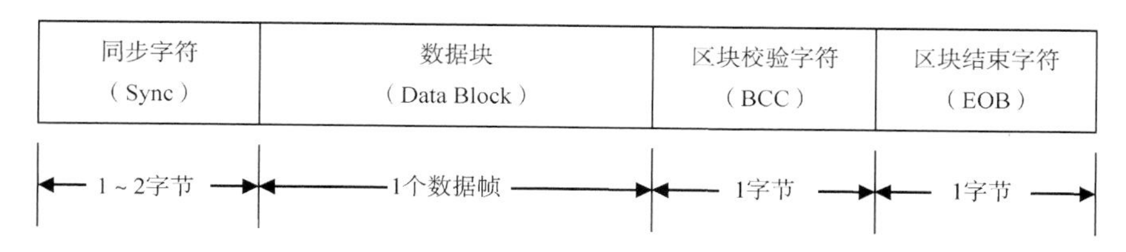

图 2-7　同步传输数据帧格式

同步字符：一般为 1～2 个字符，它是一个独特的比特组合，类似于前面提到的起始位，用于通知接收方一个帧已经到达；但它同时还能确保接收方的采样速度和比特的到达速度保持一致，使收发双方进入同步。

数据块：需要传输的一组数据，长度不等。

区块校验字符：一般为 1 字节，用于对数据块进行差错检测。

区块结束字符：一般为 1 字节，与同步字符一样，它也是一个独特的比特串，类似于前面提到的停止位，用于表示在下一帧开始之前没有别的即将到达的数据了。

采用同步传输技术的有 SDH(Synchronous Digital Hierarchy，同步数字系列)、STM(Synchronous Transfer Module，同步传输模块)和 HDLC(High-level Data Link Control，高级数据链路控制)等。

(2)异步传输

异步传输将需要传输的比特流按字符为单位(也可以更长)进行传送，每个字符作为一个独立的整体进行发送，字符之间的时间间隔可以是任意的(即为异步)，但字符内的每一位仍然是同步的。由于发送方可以在任意时刻开始发送字符，因此必须在每一个字符的开始和结束的地方加上标志，即加上开始位和停止位，以便使接收方能够正确地将每一个字符接收下来。因此在异步传输中，字符作为比特串编码，由起始位(Start bit)、数据位(Data bit)、奇偶校验位(Parity)和停止位(Stop bit)组成。这种用起始位开始，停止位结束所构成的一串信息称为帧(Frame)。帧的格式如图 2-8 所示。

起始位：占 1 位，通常为“0”，用于标识一个字符的开始。

数据位：占 5～8 位。

停止位：占 1～2 位，如 1 位的“1”，用于标识一个字符的结束。

奇偶校验位：可选项，如果有，则占 1 位，用于检错和纠错。

传输的“起始-停止”模式意味着对于每个新字符，传输都重新从头开始，而消除在上次传输过程中可能出现的任意计时差异。当差异确实出现时，检错和纠错机制能够请求重传。

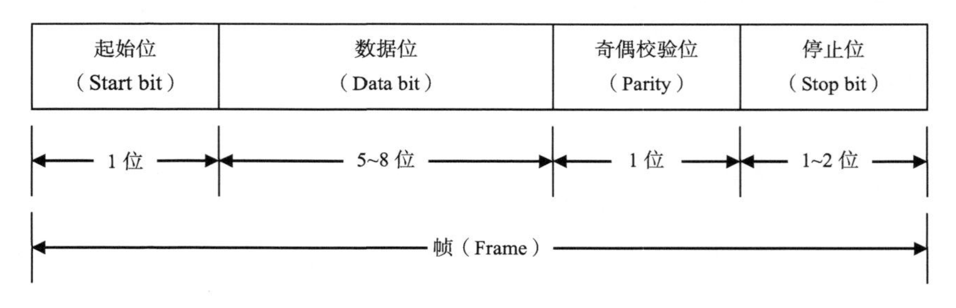

图 2-8　异步传输数据帧格式

异步传输的典型代表为 ATM(Asynchronous Transmission Mode，异步传输模式)，它目前仍然是城域网和广域网中的主流交换技术之一。

2.1.4　数据传输速率与信道带宽

数据传输速率与信道带宽都是描述数据传输系统的重要技术指标，两者不完全等同，但又有着必然的联系。

1．数据传输速率

数据传输速率又称为数据率，指的是单位时间内信道中传输的信息量。如前所述，数据有数字数据和模拟数据之分，数字数据的信息量是以比特为单位的，而模拟数据的信息量则是以码元为单位的。通常一个码元可以携带多个比特的信息量，我们把每秒传输的比特数称为比特率(bit rate)，而每秒传输的码元数则称为波特率(Baud rate)。因此，数据传输速率可分为比特率和波特率两种表示方法。

1) 比特率

比特率指的是单位时间内信道中传输的二进制比特数，用 R_b 表示，单位是比特/秒，记为 bit/s、b/s 或 bps。对于二进制数据，数据传输速率 R_b 可用如下公式计算：

$$R_b = \frac{1}{T} \ \text{bit/s} \tag{2-1}$$

其中，T 为发送每个比特所需要的时间，单位为秒(s)。例如，若发送二进制比特 0 或 1 所需的时间是 0.2ms，即 T=0.2ms =0.2×10^{-3}s，则利用式(2-1)可计算出 R_b 的值为 5000bit/s。

在实际应用中，除了 bit/s 外，常用的数据传输速率的单位还有 kbit/s(千比特每秒)、Mbit/s(兆比特每秒)、Gbit/s(吉比特每秒)与 Tbit/s(太比特每秒)等。其中：

1kbit/s=1×10^3 bit/s

1Mbit/s=1×10^6 bit/s

1Gbit/s=1×10^9 bit/s

1Tbit/s=1×10^{12}bit/s

例如上例中得出的 R_b=5000bit/s，通常简化为 5kbit/s。

需要特别指出的是，此处表示速率单位中的 k、M、G、T 不能和表示数据量单位中的 K、

M、G、T 混淆。数据量的单位一般是以 B(Byte，字节)为单位的，1Byte=8bit。与速率的单位类似，其常用的单位也有 KB(千字节)、MB(兆字节)、GB(吉字节)和 TB(太字节)等，其中：

$1KB=1\times 2^{10}B=8\times 2^{10}b$

$1MB=1\times 2^{20}B=8\times 2^{20}b$

$1GB=1\times 2^{30}B=8\times 2^{30}b$

$1TB=1\times 2^{40}B=8\times 2^{40}b$

例如我们经常说某个文件大小为 1K，实际上这是一种简化的说法，这里的 1K 严格意义上指的是 1KB(1K 字节)，若要以比特计，则为 8×2^{10}bit=8×1024bit=8192bit。

2) 波特率

波特率也称为调制速率或码元速率，指的是一个数字信号被调制以后，单位时间内载波参数的变化次数。载波参数一般指振幅、频率或相位，取决于模拟载波调制中所使用的技术(如调幅、调频或调相)，这点将在第 2.2 节中加以阐述。通俗地说，波特率就是单位时间内传输的码元数。波特率记为 R_B，单位是 Baud(波特)，可简写成 B 或 Bd，但由于数据量中的字节 Byte 也可简写成 B，因此为了加以区分，我们一般选用 Bd 来表示波特率的单位。

若 1 秒内传输的码元数为 3000，则波特率为 3000 码元/秒，简称为 3000Bd。

3) 比特率与波特率的关系

如前所述，波特率是单位时间内传输的码元数，而一个码元可以携带一个到多个比特的信息量。设数字信号被调制后，脉冲信号的有效状态数为 N，则比特率 R_b 与波特率 R_B 有如下关系：

$$R_b = R_B \cdot \log_2 N \quad \text{(bit/s)} \tag{2-2}$$

例如，设数字信号被调制后，波特率为 3000Bd，脉冲信号的有效状态数 N=8。则这 8 种互不相同的状态我们需要用不同的数来表示，如十进制的 0、1、2、3、4、5、6、7，计算机使用的是二进制，因此把这 8 个数转换为二进制后为：000、001、010、011、100、101、110、111。不难看出，8 个不同的数表示成二进制需要用 3 位的二进制位来表示，即式(2-2)中的 $\log_2 N = \log_2 8 = 3$。换句话说，此时一个码元携带的比特数为 3，因此得出比特率 R_b=R_B • 3=9000bit/s。

从上面的例子可以看出，脉冲信号的有效状态数 N 其实就是进制数，当只有两种有效状态时，这两种状态分别用 0 和 1 表示，使用的是二进制，每个码元携带 1 比特的信息量；当有四种有效状态时，这四种状态分别用 00、01、10、11 表示，使用的就是四进制，每个码元携带 2 比特的信息……

对应到调制技术中，以调相为例，若采用两相调制，有两种有效相位，分别用 0 和 1 表示，每种有效相位对应 1 个二进制位，此时比特率的值与波特率的值相等；若采用四相调制，共有四种有效相位，分别用 00、01、10、11 表示，每种相位对应的是两个二进制位，此时比特率的数值是波特率数值的两倍……

2. 信道带宽

“带宽”(Bandwidth)一词包含两种意义：

(1) 它在模拟信号系统中也可称为频宽，即频带宽度。此时信道的带宽指的是在该信道中传输的各信号所包含的各种不同的频率成分共占据的频率范围。基本单位是赫兹(Hz)，常用的还有千赫(kHz)、兆赫(MHz)、吉赫(GHz)等，这里的k、M、G分别为10^3、10^6及10^9。

(2)它在数字设备中常表示网络的通信线路传送数据的能力，单位为“比特/秒”(b/s或bit/s)。此时的信道带宽指的是信道中每秒传输的最大信息量，也就是一个信道的最大数据传输速率。带宽是一种理想状态下的信道传输速率，由于噪声的干扰、信号的衰减及误码率等因素，实际上所能获得的数据传输速率永远比信道带宽值要小。

3. 信道的极限传输速率

任何通信信道都是不理想的，所能通过的频率范围总是有限的。正是由于信道带宽的限制以及信道噪声干扰的存在，信道的数据传输速率也就不可能没有上限。在分析数字信道中的最大传输速率方面，有以下两个非常重要的准则和公式：奈奎斯特准则(简称奈氏准则)和香农公式。

1)奈奎斯特准则

数字信道中传输的信号是矩形脉冲信号，在传输过程中由于受到带宽的限制及噪声的干扰，到达接收方时信号就有可能失真，失去了码元之间的清晰界限，这种现象称为码间串扰。当码间串扰过于严重时会导致接收方无法识别不同的码元。为了解决码间串扰这一问题，1924年，美国著名物理学家奈奎斯特(Nyquist)进过多次实验证明，为了确保数字信号不失真，在理想低通信道(即传输原始电信号的信道)下实际的码元传输速率的上限值受以下公式的限制：

$$\mathrm{Max}R_B=2W \tag{2-3}$$

其中，W是理想低通信道的带宽，单位是赫兹(Hz)；$\mathrm{Max}R_B$为码元传输速率的上限值，单位为波特(Baud)。若码元传输速率超过这个上限值，则有可能出现码间串扰而导致接收方无法还原原始信号。当理想低通信道的带宽为1500Hz，由式(2-3)可计算出码元传输速率的上限值为3000Baud(即3000码元/秒)，相当于理想低通信道中每赫兹带宽所能承受的最高码元传输速率为2Baud(即2码元/秒)。若要得出相应的比特率，则还要考虑每个码元所携带的比特数。

2)香农公式

以上的奈奎斯特准则仅考虑了带宽这一因素，描述的是有限带宽条件下码元传输速率的上限值与信道带宽的关系，却并未考虑噪声等因素对其造成的影响。美国的另一位著名物理学家克劳德·香农(Claude Elwood Shannon)推导出了著名的香农公式，该公式描述了带宽受限、含随机热噪声的信道中最大数据传输速率与信道带宽、信噪比之间的关系：

$$\mathrm{Max}R_b=W\cdot\log_2(1+S/N) \tag{2-4}$$

其中，$\mathrm{Max}R_b$为最大数据传输速率，单位为比特/秒(b/s)；W为信道带宽，单位为赫兹(Hz)；S/N为信噪比，即信号的平均功率与高斯白噪声功率之比。

需要注意的是，式(2-4)中的S/N是没有单位的。我们常说的信噪比是多少分贝(dB)，是因为我们将S/N进行了变换之后附加给它的单位。信噪比的分贝数和S/N之间可以通过下面的公式进行换算：

$$\text{信噪比(dB)}=10\cdot\lg(S/N) \tag{2-5}$$

【例 2-1】　假设信道带宽 W 为 64kHz，信噪比为 30dB，求最大数据传输速率 $\text{Max}R_b$。

分析：信噪比为 30dB，由式(2-5)可以得出 S/N=1000。而带宽 W=64kHz，再由式(2-4)可计算 $\text{Max}R_b = 64\text{kHz} \cdot \log_2(1+1000) = (64 \cdot \log_2 1001)\text{kbit/s} \approx 640\text{kbit/s}$。

2.2　信号调制技术

如前所说，信源将各种信息转换为原始电信号，这种原始电信号称为基本频带信号，简称为基带信号。基带信号中可能含有的低频成分甚至是直流成分无法在信道中传输，因此需要对基带信号进行调制。

信号的调制方法有两类，如图 2-9 所示。一类是基带调制，也称为编码。基带调制仅仅对基带信号的波形进行变换，将原来的数字信号转换成另一种形式的数字信号，且仍然为基带信号，只是转换后的基带信号和原先的基带信号比，更适合于在信道中传输。另一类是带通调制。带通调制使用的是载波调制，它将基带信号的频率范围搬到一个较高的频段，并将其转换为模拟信号。转换后的模拟信号称为带通信号，它能在模拟信道中更好地传输。

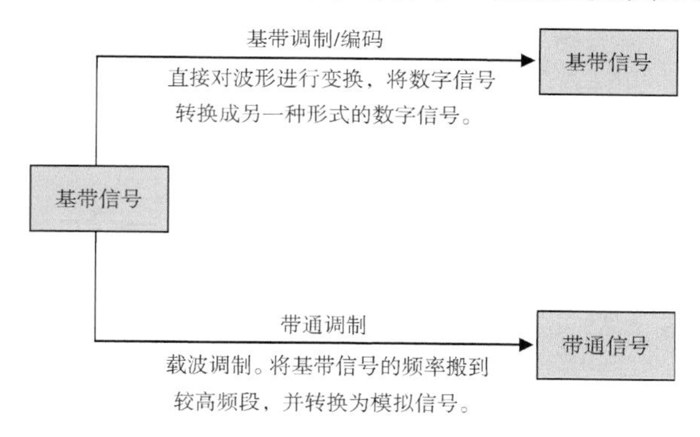

图 2-9　两种信号与两种调制

2.2.1　基带调制(编码)

编码是信息从一种形式或格式转换为另一种形式的过程。编码可以将信息、数据转换成规定的电脉冲信号。

1. 常用的编码方式

目前常用的编码方式如图 2-10 所示。

(1) RZ(Return to Zero，归零码)：正脉冲代表 1，负脉冲代表 0，正负脉冲前后都是零电平。

(2) NRZ(Non- Return to Zero，不归零码)：持续正电平代表 1，持续负电平代表 0。

(3) NRZI(Non- Return to Zero Inverted，不归零反转)：将当前电平的一个跳变代表 1，保持当前电平代表 0。

(4) 曼彻斯特编码：每一位的中心均有跳变，高电平向低电平的跳变代表 1，低电平向高电平的跳变代表 0。

(5)差分曼彻斯特编码：每一位的中心仍然有跳变，与前一次跳变相反代表 1，与前一次跳变相同代表 0。

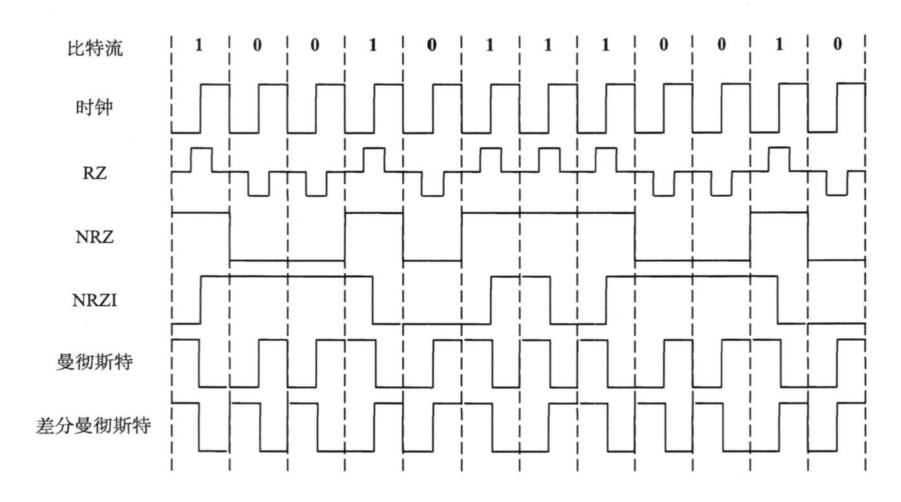

图 2-10　常用的编码方式(基带调制方式)

在 NRZ 编码方法中，当比特流出现多个连续的 0 或 1 时有可能出现两个问题：① 连续无电平跳转状态使得接收方难以检测出信号变化；② 连续无电平跳转状态使得接收方无法恢复时钟重新进行同步。

因此出现了改进的 NRZI 编码方法。NRZI 即使在传送连续的比特 1 时，每一个比特位的中心都有一个电平的跳变。但在传送连续的比特 0 时，仍然会出现 NRZ 中的连续无电平跳转状态。因此 NRZI 只解决了连续传送比特 1 的问题，无法解决连续传送比特 0 的问题。

曼彻斯特编码方法将 NRZ 编码的数据与时钟进行异或运算，不管传送比特 0 还是比特 1，在每一个比特位的中心均有跳变，很好地解决了传送多个连续的 0 或 1 的问题。

2. 时钟同步问题

在双绞线出现之前，人们见到的以太网就是采用同轴电缆作为总线的总线形以太网结构。以太网物理层采用基带传输方式，所谓基带传输就是直接在同轴电缆上传输表示二进制数 0、1 的数字信号。这种传输方式下，以太网必须解决基带信号的同步问题，即确定二进制数 0 和 1 的表达方式及每一位二进制数的时间间隔。而每一位二进制数的时间间隔由传输速率确定，实际上它就是传输速率的倒数。发送数据的计算机用时钟精确控制每一位二进制数的时间间隔。图 2-11 给出了发送端用时钟控制每一位二进制数时间间隔的过程。

接收端的时钟必须与发送端同步，即接收端时钟和数据中体现的发送端时钟同频同相。为了提高数据接收的可靠性，接收端在每一位数据的中间用时钟的正跳变来锁存数据。在接收端和发送端时钟同步的情况下，这种传输过程可以正确进行。如图 2-11 中同步接收时钟和正确接收数据这部分内容。但要使两块网卡上的时钟严格一致是不可能的，它们之前存在一定的误差，图 2-11 中不同步接收时钟的波形表明接收端时钟周期小于发送端时钟周期。当然，两个时钟虽有误差，肯定不会出现像图 2-11 那么严重，但时钟误差如果累积，出现图 2-11 中错误接收数据这样的情况是早晚的事。实际上两块网卡的时钟误差还是比较小的，只要这种误差不累积，就不会出现图 2-11 错误接收数据这样的情况，但必须经常重新使接收时钟和发送时钟同步。重新同步是指即使接收时钟和发送时钟的频率不同，也强迫接收时钟的下降沿或上升沿和数据中体现的发送时钟的下降沿或上升沿一致的过程，这样的时钟同步过程可以发生在每一个时钟周期，在保证累积时钟误差不会导致发生数据接收错误的情况下，也可以间隔若干个时钟周期发生一次。图 2-11 中重新同步的接收时钟是每一个时钟周期都重新同步接收时钟的情况。

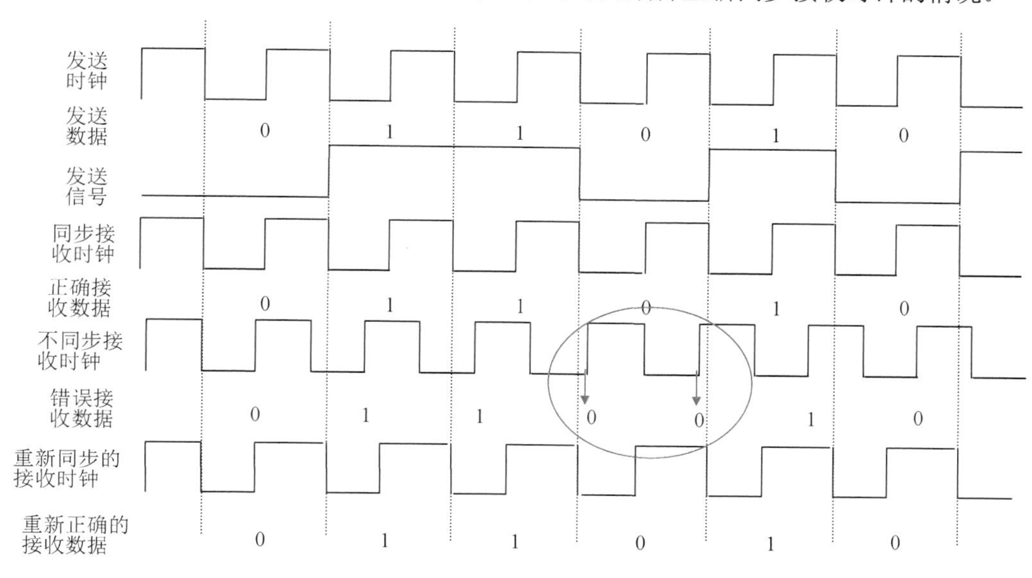

图 2-11　发送和接收数据过程

3. 曼彻斯特编码的时钟同步

由于发送端只发送数据给接收端，接收端为了使自己的时钟和发送端同步，必须能够从接收到的数据中提取发送端的时钟信息。接收端可以利用信号从 0 到 1 跳变或从 1 到 0 跳变来同步自己的时钟，但如果基带信号中出现连续多位 0 或 1 的情况，接收时钟就很难和发送时钟同步了。另外，多台计算机争用同一条总线，意味着任何时候只有一台计算机可以经过总线传输数据，在已经有计算机经过总线传输数据的情况下，如何让别的计算机通过判断总线的状态来确定总线是闲还是忙。

为了解决在数据中提取出发送端时钟信息的问题，另外也为了能够找到一种表示总线空闲的总线状态，以太网标准提出了曼彻斯特编码。

曼彻斯特编码将每一位二进制数的时间间隔分成两部分，对于二进制数 0，前半部分为高电平，而后半部分为低电平。对于二进制数 1，恰好相反，前半部分为低电平，后半部分为高电平(也可以采用相反约定，即 1 是先高后低，0 是先低后高)。一旦采用曼彻斯特编码，如果数据是连续 1 或连续 0，则同轴电缆上的电信号在每一位数据的中间发生跳变。因此，无论何种二进制数位流模式，每一位数据至少发生一次跳变，接收端可以用该跳变来同步接收端时钟的情况。如图 2-12 所示的曼彻斯特编码过程和用每一位数据中间的跳变来同步接收端时钟的情况。

如果采用曼彻斯特编码，一旦传输数据，总线上的电信号在每一位二进制数间隔内至少发生一次跳变，因此可以用一段时间内检测不到电信号跳变的总线信号状态来表示总线空闲。

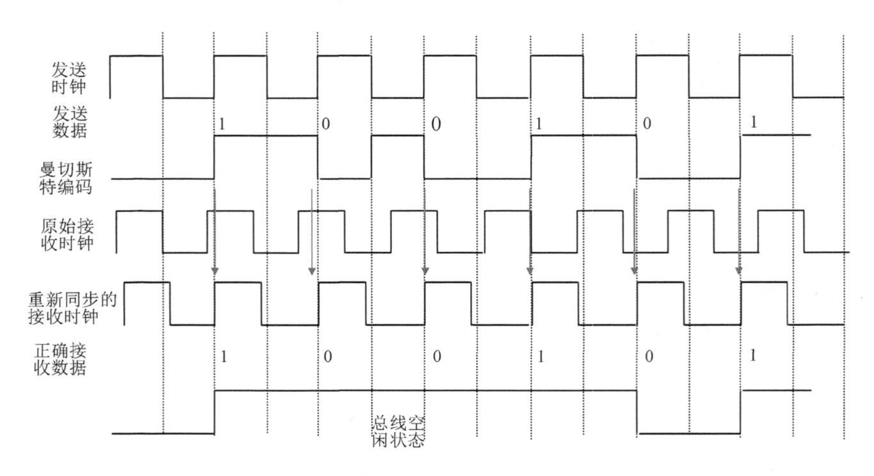

图 2-12　曼彻斯特编码和接收端时钟同步

2.2.2　带通调制

由于基带信号中含有很多低频成分，低频信号在传输过程中容易产生很大的衰减和失真，会导致接收方无法恢复出原始的信号，因此需要将基带信号进行调制。而带通调制就是将原始的信源信号调制到载波上，以便于更好地传输。载波是用于承载信源信号的另一种信号，它是一个载体，负责将信源信号传输到接收方。当载波信号将信源信号传输到接收方后，还要将被承载的信源信号释放出来。这个“释放”的过程被称为解调。

对数字信号进行带通调制的常用方法有三种，使用的是模拟载波调制中的调幅、调频和调相技术，现在被称为振幅键控(Amplitude Shift Keying，ASK)、频率键控(Frequency Shift Keying，FSK)和相位键控(Phase Shift Keying，PSK)。

1. 振幅键控（ASK）

振幅键控（ASK）是一种数字幅度调制技术。当数字基带信号为二进制码时，称为二进制振幅键控(2ASK)。它利用代表数字信息“0”和“1”的基带矩形脉冲去键控一个连续的载波，当基带信号为“1”时发送载波信号，而当基带信号为“0”时则发送零电平。

假设载波信号 $u(t)$ 是正弦波，振幅为 A，有：

$$u(t) = A \cdot \sin(\omega t) \tag{2-6}$$

基带信号 $s(t)$ 经过 2ASK 调制后输出的信号记为 $s_{2\text{ASK}}(t)$，则其数学表达式为：

$$s_{2\text{ASK}}(t) = \begin{cases} u(t) & \text{二进制数字1} \\ 0, & \text{二进制数字0} \end{cases} \tag{2-7}$$

2ASK 利用一个开关电路来控制载波信号的输出，其调制原理如图 2-13 所示。

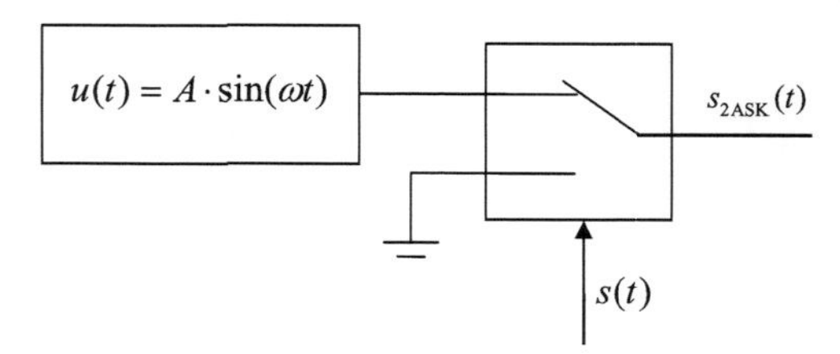

图 2-13　2ASK 键控法调制模型

对 $s(t)$ 为 011100100 的单极性基带信号，利用载波信号 $u(t)$ 进行 2ASK 调制的结果如图 2-14 所示。

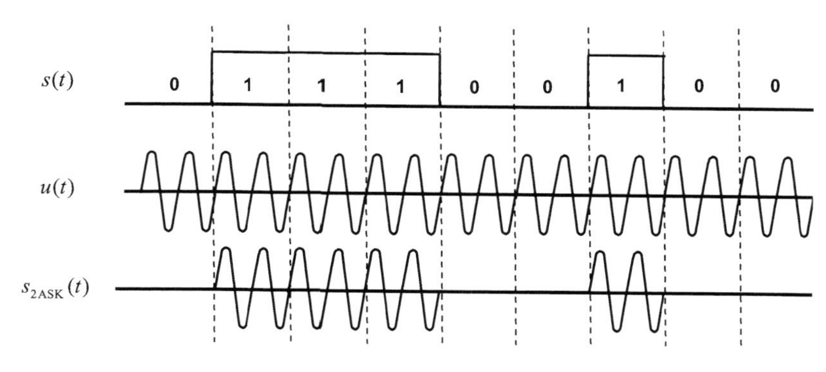

图 2-14　2ASK 调制结果

ASK 是最早的数字调制方式，简单、易实现，但是它的抗干扰能力较差，而且效率较低，在语音频率范围内，数据传输速率仅有几千比特每秒。

2. 频率键控（FSK）

频率键控（FSK）是利用数字信号来控制载波的角频率参数以传送信息的一种调制技术。此时，信号的振幅和相位均为常量。与 2ASK 类似，当数字基带信号为二进制码时，FSK 称为二进制频率键控(2FSK)。

我们仍然假设载波信号 $u(t)$ 是振幅为 A 的正弦波。FSK 调制方式中，需要两个不同角频率的载波信号 $u_1(t)$ 和 $u_2(t)$，它们的角频率分别为 ω_1 和 ω_2，即：

$$u_1(t) = A \cdot \sin(\omega_1 t) \tag{2-8}$$

$$u_2(t) = A \cdot \sin(\omega_2 t) \tag{2-9}$$

基带信号 $s(t)$ 经过 2FSK 调制后输出的信号记为 $s_{2FSK}(t)$，则其数学表达式为：

$$s_{2FSK}(t) = \begin{cases} u_1(t), & 二进制数字1 \\ u_2(t), & 二进制数字0 \end{cases} \tag{2-10}$$

2FSK 的调制原理如图 2-15 所示。

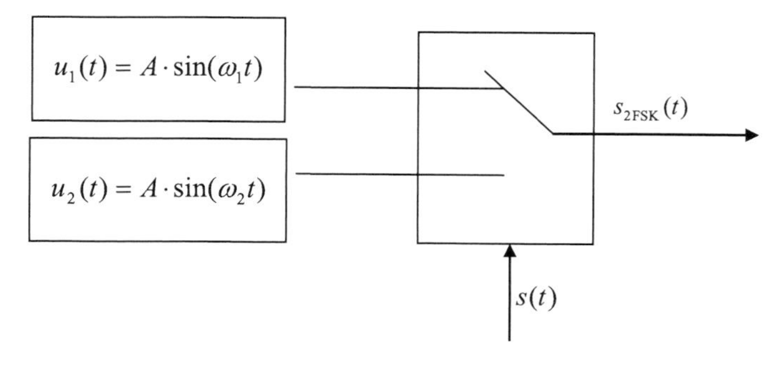

图 2-15　2FSK 键控法调制模型

对于 $s(t)$为 011100100 的单极性基带信号，利用 2FSK 调制的结果如图 2-16 所示。其中 $\overline{s(t)}$ 是与 $s(t)$互反的信号波形，$u_1(t)$和 $u_2(t)$是两个不同的载波，$s_1(t)$和 $s_2(t)$分别是 $s(t)$和 $\overline{s(t)}$ 这两路

调制信号对 $u_1(t)$和 $u_2(t)$两个载波进行 2FSK 调制后的波形，而 $s_{2FSK}(t)$则是将 $s_1(t)$和 $s_2(t)$这两路信号进行叠加之后得到的 2FSK 调制结果。

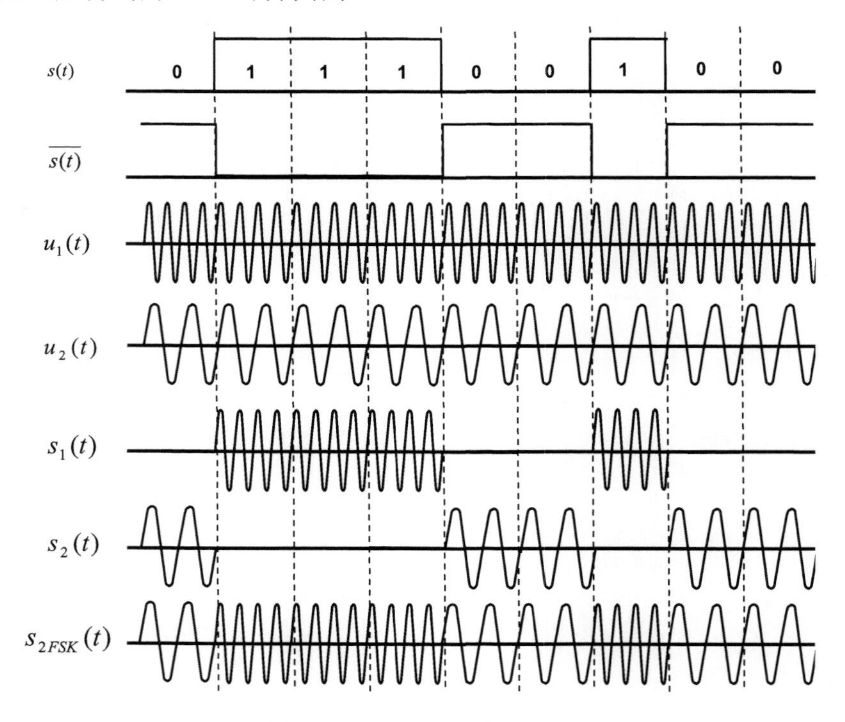

图 2-16　2FSK 调制结果

FSK 也比较简单、易实现，而且它的抗干扰能力较强，因此它是目前最常用的调制方法之一。

3. 相位键控（PSK）

相位键控（PSK）是利用数字信号来控制载波的相位参数来传送信息的一种调制技术。此时信号的振幅和角频率均为常量。当调制信号是二进制数字基带信号时，称为 2PSK。PSK 可以分为绝对相位键控（Absolute Phase Shift Keying，APSK）和相对相位键控（Differential Phase Shift Keying，DPSK，也称为“差分相位键控”）两种。由于绝对相位键控比较常用，因此若无特殊指明，PSK 均表示 APSK。

1）绝对相位键控（APSK）

在绝对相位键控（APSK）中，需要设定一个基准相位。对于 2APSK，可以进行如下设定：当载波相位与基准相位相差 0 时表示发送二进制数字 1，当载波相位与基准相位相差 π 时表示发送二进制数字 0。

我们仍然假设载波信号 $u(t)$是振幅为 A 的正弦波，$u(t) = A \cdot \sin(\omega t)$。

基带信号 $s(t)$经过 2APSK 调制后输出的信号记为 $s_{2\text{APSK}}(t)$，则其数学表达式为：

$$s_{2\text{APSK}}(t) = \begin{cases} u(t) = A \cdot \sin(\omega t + 0), & \text{二进制数字1} \\ -u(t) = A \cdot \sin(\omega t + \pi), & \text{二进制数字0} \end{cases} \tag{2-11}$$

2APSK 的调制原理如图 2-17 所示。

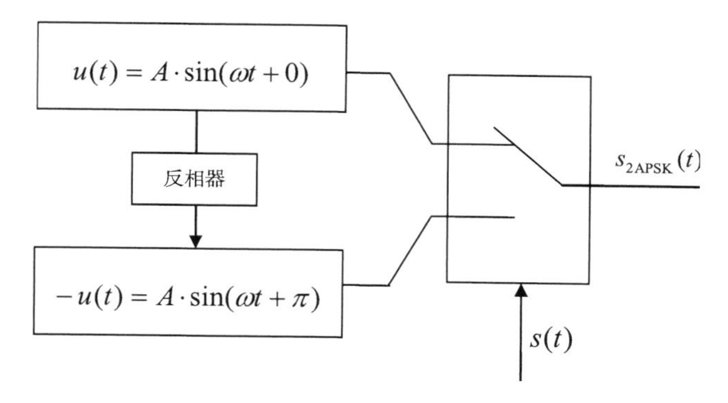

图 2-17　2APSK 键控法调制模型

对 $s(t)$为 011100100 的基带信号，利用 2APSK 调制的结果如图 2-18 所示。

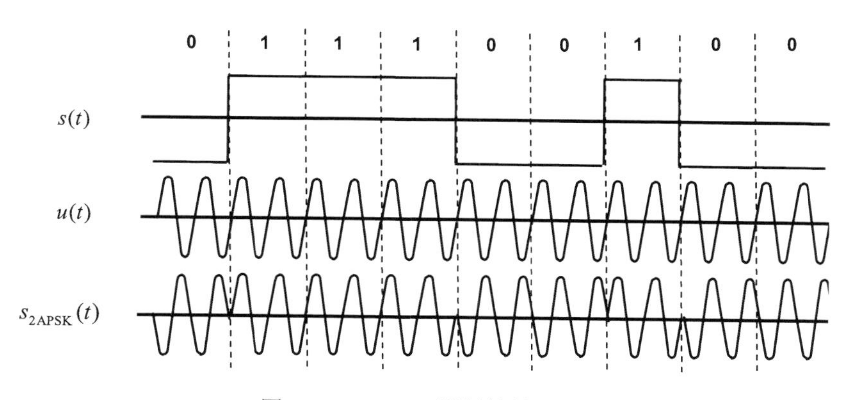

图 2-18　2APSK 调制结果

2) 相对相位键控（DPSK）

相对相位键控（DPSK）并非采用载波相位的绝对数值来传送数字信息，而是利用前后码元载波相位的相对偏移值来传送数字信息，即利用两个相邻码元的交接处所产生的相位偏移来表示不同的数字信号。具体的实现方法有很多种，对于仅包含两个数字信号的 2DPSK，最简单的方法是：两个相邻码元交接处的下一个码元若为 0，则载波信号的相位保持不变，若两个相邻码元交接处的下一个码元为 1，则载波信号的相位偏移 π 。

对 $s(t)$ 为 011100100 的基带信号，利用 2DPSK 调制的结果如图 2-19 所示。

上述的绝对相位键控 2APSK 和相对相位键控 2DPSK 均属于二相调制方法，即只用两个相位值分别表示一位的二进制数 0 或 1。有时为了提高数据传输速率，还可以采用多相调制的方法，该方法称为正交相位键控(Quadrature Phase Shift Keying，QPSK)。例如，可以将待发送的数字信号按照每两个比特为一组的方式组织，每一组即为一个码元，同一个码元包含两个比特的信息量。两个比特的组合有四种：00、01、10、11，也就有 4 个不同的码元，每个码元选择不同的相位值表示，共需四个不同的相位，因此称为四相调制。同理，若将待发送的数字信号按照每三个比特为一组的方式组织，则共有 8 个不同的码元，需要 8 个不同的相位值，称为八相调制。在这种多相调制中，每个码元携带的数据量为两个或三个二进制比特。

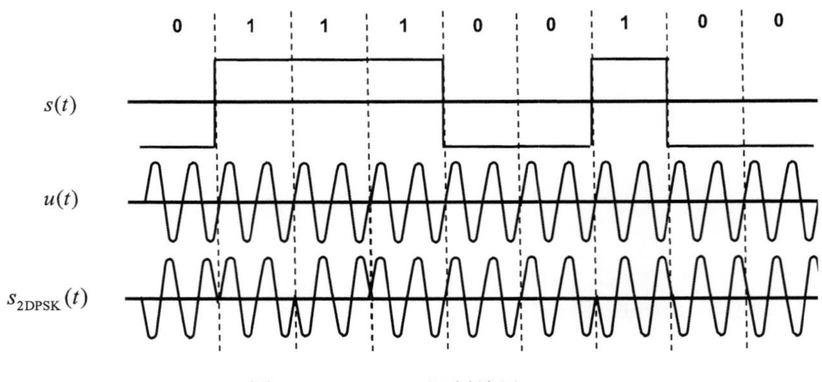

图 2-19　2DPSK 调制结果

下面我们讨论一下四相调制技术。

设载波信号 $u(t)$ 是振幅为 A 的正弦波。基带信号 $s(t)$ 经过 QPSK 调制后输出的信号记为 $s_{\text{QPSK}}(t)$，则其数学表达式为：

$$s_{\text{QPSK}}(t)=\begin{cases} A\cdot\sin(\omega t+0), & \text{码元00} \\ A\cdot\sin(\omega t+\dfrac{1}{2}\pi), & \text{码元01} \\ A\cdot\sin(\omega t+\pi), & \text{码元10} \\ A\cdot\sin(\omega t+\dfrac{3}{2}\pi), & \text{码元11} \end{cases} \tag{2-12}$$

当基带信号 $s(t)$ 为 01 11 00 10 时，四相调制的结果如图 2-20 所示。

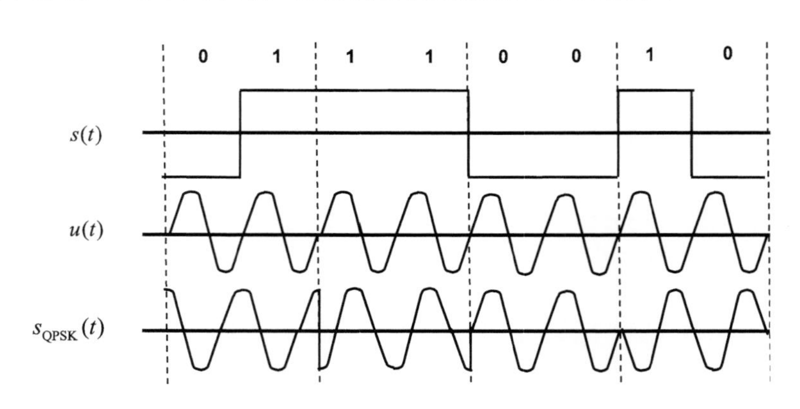

图 2-20　QPSK（四相调制）调制结果

PSK 的抗干扰能力强，但是技术相对复杂，较不易实现。

2.3　传输介质

传输介质又称为传输媒体或传输媒介，它是数据传输系统中在发送器和接收器之间的物理线路，也是通信中传输信息的载体。在计算机网络中，传输介质有很多种，但在总体上可以分为两大类：

- 导向性传输介质：在这类传输介质中，信号沿着信道的一个或多个固定的方向进行传输。实际上指的就是有线计算机网络中所使用的传输介质，如：双绞线、同轴电缆和光纤等。

- 非导向性传输介质：在这类传输介质中，信号的传输没有固定方向。实际上指的就是无线传输介质，如：短波、无线电微波、红外线等，通常用于各种无线网络，如无线局域网（WLAN：Wireless Local Area Network）、卫星通信等。

2.3.1　导向性传输介质

导向性传输介质中数据的传输是固定方向的，沿着有线传输介质将信号从一方传送到另一方。下面介绍几种常用的导向性传输介质。

1. 双绞线

双绞线（Twisted Pair）是综合布线工程中最常用的一种传输介质，它由一对相互绝缘的金属导线绞合而成。采用这种方式，不仅可以抵御一部分来自外界的电磁波干扰，也可以降低多对绞线之间的相互干扰。双绞线一个扭绞周期的长度，叫做节距，节距越小，抗干扰能力越强。

通常，同一电缆内可以是一对或一对以上双绞线，我们见到的双绞线缆是由多对双绞线一起包在一个绝缘电缆套管里的。典型的双绞线电缆通常由一对、四对或是更多对双绞线放在一个电缆套管里，如图 2-21 所示。双绞线既能用于传输模拟信号，也能用于传输数字信号，其带宽决定于铜线的直径和传输距离。双绞线由于其性能较好且价格便宜，是目前计算机网络中使用最广泛的传输介质。

图 2-21　双绞线

双绞线的种类很多，常见的分类方式有以下两种：

1）按照屏蔽层的有无分类

双绞线按照是否有屏蔽层可分为屏蔽双绞线（Shielded Twisted Pair，STP）与非屏蔽双绞线（Unshielded Twisted Pair，UTP）两种。

- 非屏蔽双绞线 UTP

这类双绞线在外层绝缘封套与内部双绞线之间没有任何屏蔽层。它由四对不同颜色的传输线所组成，广泛用于以太网和电话线中。非屏蔽双绞线电缆最早在 1881 年被用于贝尔发明的电话系统中。1900 年美国的电话线网络亦主要由 UTP 所组成，由电话公司所拥有。

- 屏蔽双绞线 STP

顾名思义，这类双绞线在外层绝缘封套与内部双绞线之间有一个金属屏蔽层，以提高双绞线抗电磁干扰的能力。屏蔽双绞线又可以分为 STP 和 FTP（Foil Twisted-Pair）两种：STP 指每条线都有各自的屏蔽层；而 FTP 只在整个电缆有屏蔽装置，并且两端都正确接地时才起作用。所以对于 FTP，要求整个系统是屏蔽器件，包括电缆、信息点、水晶头和配线架等，同时建筑物需要有良好的接地系统。屏蔽层可减少辐射，防止信息被窃听，也可阻止外部电磁干扰的进入，使屏蔽双绞线比同类的非屏蔽双绞线具有更高的传输速率。当然，它的价格也比非屏蔽双绞线 UTP 更加昂贵。

2) 按照绞合线类型分类

双绞线按照绞合线的类型大体上可以分为三类线、五类线和超五类线，以及最新的六类线。

- 一类线（CAT1）

线缆最高频率带宽是 750kHz，用于报警系统，或只适用于语音传输，而不用于数据传输。

- 二类线（CAT2）

线缆最高频率带宽是 1MHz，用于语音传输和最高传输速率 4Mbit/s 的数据传输，常见于使用 4MBPS 规范令牌传递协议的旧的令牌网。

- 三类线（CAT3）

指目前在 ANSI 和 EIA/TIA568 标准中指定的电缆，该电缆的传输频率 16MHz，最高传输速率为 10Mbit/s（10Mb/s），主要应用于语音、10Mbit/s 以太网（10BASE-T）和 4Mbit/s 令牌环，最大网段长度为 100m，采用 RJ 形式的连接器，目前已淡出市场。

- 四类线（CAT4）

该类电缆的传输频率为 20MHz，用于语音传输和最高传输速率 16Mbit/s（指的是 16Mb/s 令牌环）的数据传输，主要用于基于令牌的局域网和 10BASE-T/100BASE-T。最大网段长为 100m，采用 RJ 形式的连接器，未被广泛采用。

- 五类线（CAT5）

这是最常用的以太网电缆。该类电缆增加了绕线密度，即节距更小，外套一种高质量的绝缘材料，线缆最高频率带宽为 100MHz，最高传输率为 100Mbit/s，用于语音传输和最高传输速率为 100Mbit/s 的数据传输，主要用于 100BASE-T 和 1000BASE-T 网络，最大网段长为 100m，采用 RJ 形式的连接器。在双绞线电缆内，对于不同的线对具有不同的绞距长度。通常，4 对双绞线绞距周期在 38.1mm 长度内，按逆时针方向扭绞，一对线对的扭绞长度在 12.7mm 以内。

- 超五类线（CAT5e）

超五类具有衰减小，串扰少，并且具有更高的衰减与串扰的比值（ACR）和信噪比（SNR）、更小的时延误差，性能得到很大提高。超五类线主要用于千兆位以太网（1000Mbit/s）。

- 六类线（CAT6）

该类电缆的传输频率为 1MHz～250MHz，它提供的带宽是超五类的 2 倍。六类布线的传输性能远远高于超五类标准，最适用于传输速率高于 1Gbit/s 的应用。六类与超五类的一个重要的不同点在于：改善了在串扰以及回波损耗方面的性能，对于新一代全双工的高速网络应用而言，优良的回波损耗性能是极重要的。六类标准中取消了基本链路模型，布线标准采用星型的拓扑结构，要求的布线距离为：永久链路的长度不能超过 90m，信道长度不能超过 100m。

- 超六类或 6A（CAT6A）

此类产品传输带宽介于六类和七类之间，传输频率为 500MHz，传输速度为 10Gbit/s，标准外径 6mm。目前和七类产品一样，国家还没有出台正式的检测标准，只是行业中有此类产品，各厂家宣布一个测试值。

- 七类线（CAT7）

传输频率为 600MHz，传输速度为 10Gbit/s，单线标准外径 8mm，多芯线标准外径 6mm，可能用于今后的 10 吉比特以太网。

通常，计算机网络最常用的是三类线和五类线，其中 10BASE-T 使用的是三类线，100BASE-T 使用的五类线。

2. 同轴电缆

同轴电缆(Coaxial)是指有两个同心导体，而导体和屏蔽层又共用同一轴心的电缆。最常见的同轴电缆中心轴线是一条铜导线，外加一层绝缘材料，在这层绝缘材料之外是由一根空心的圆柱网状铜导体包裹，具备屏蔽功能，最外一层是绝缘层，如图 2-22 所示。

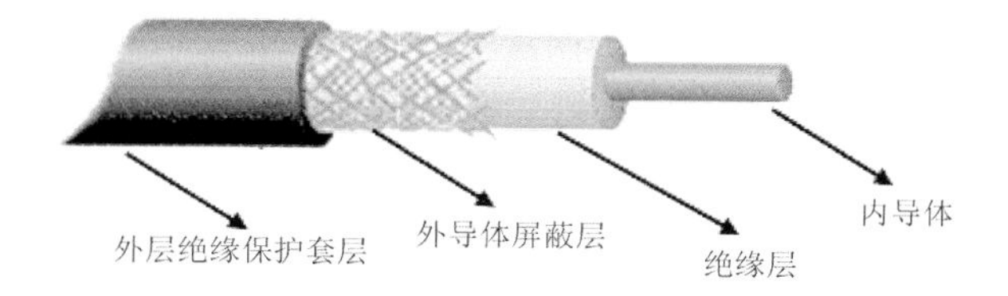

图 2-22　同轴电缆

目前，常用的同轴电缆有两类：75Ω 宽带同轴电缆和 50Ω 基带同轴电缆。75Ω 同轴电缆常用于 CATV 网，故称为 CATV 电缆，传输带宽可达 1GHz，目前常用 CATV 电缆的传输带宽为 750MHz。50Ω 同轴电缆主要用于基带信号传输，传输带宽为 1～20MHz。基带电缆仅仅用于数字传输，数据率可达 10Mbit/s。总线型以太网就是使用 50Ω 同轴电缆。基带电缆又分细同轴电缆和粗同轴电缆。在以太网中，50Ω 细同轴电缆的最大传输距离为 185 米，粗同轴电缆可达 1000 米。

与双绞线相比，同轴电缆的抗干扰能力强、屏蔽性能好、传输数据稳定，而且它不用连接在集线器或交换机上即可使用。但是它的价格比双绞线贵。

3. 光纤

光纤(Fiber)是光导纤维的简写，它利用光在石英玻璃、塑料或晶体等制成的纤维中的全反射原理实现光信号的传输的工具，如图 2-23 所示。前香港中文大学校长高锟和 George A. Hockham 首先提出光纤可以用于通讯传输的设想，而高锟制造出了世界上第一根光导纤维，被誉为“光纤之父”，并因此获得 2009 年诺贝尔物理学奖。

图 2-23　光纤

1）光纤传输的原理

光纤传输的是光信号，因此光纤一端的发射装置使用发光二极管（Light Emitting Diode，LED）或一束激光将光脉冲传送至光纤，光纤另一端的接收装置使用光敏元件检测脉冲。

由于光在不同物质中的传播速度是不同的，所以光从一种物质射向另一种物质时，在两种物质的交界面处会产生折射和反射，而折射角会随入射角的变化而变化。当入射角达到或超过某个值的时候，折射光会消失，入射光则全部被反射回来，这就是光的全反射。

不同的物质对相同波长光的折射角度是不同的（即不同的物质有不同的光折射率），相同的物质对不同波长光的折射角度也是不同。光纤通讯就是基于以上原理而形成的。光纤的裸纤一般分为三层：中心高折射率玻璃芯，中间为低折射率硅玻璃包层，最外是加强用的树脂涂层。由于包层的折射率比纤芯更低，当光信号从高折射率的媒体向低折射率的媒体照射时，折射角将会大于入射角，当入射角足够大时，就会出现全反射现象，此时光信号碰到包层时就会全反射到纤芯内部，如图 2-24 所示。

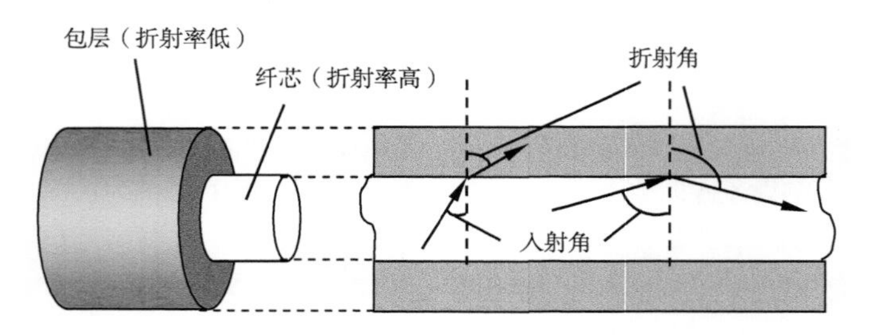

图 2-24　光线在光纤中的折射

而图 2-25 则向我们展示了光信号在纤芯中不断进行全反射从而沿着光纤传播的原理。

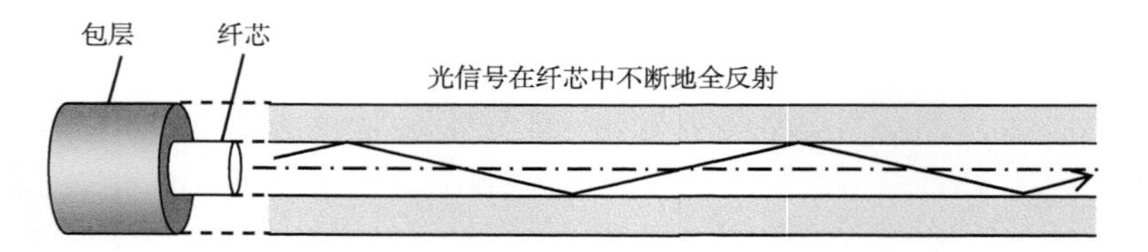

图 2-25　光信号在光纤中的传播过程

我们常说的“光缆”与光纤实际上是有区别的。光纤指的是裸纤，其中的纤芯和包层是双层同心圆柱体，它们是由非常透明的石英玻璃拉成的细丝。纤芯连同包层的直径只有 125μm，加上纤芯的质地很脆，易断裂，因此必须对光纤进行加固，加固成达到实际布线施工要求强度的光缆。一根光缆内包含少则一根、多则数十根甚至数百根光纤，再加上用于增强光缆的机械强度的加强芯和填充物，必要时还可以放入远供电源线，最后还需要加上保护层和外套。典型的光缆结构如图 2-26 所示。

2）光纤的分类

光纤的种类很多，其分类方式也有很多种，主要可以从以下几方面进行划分：

- 按工作波长划分：可分为紫外光纤、可观光纤、近红外光纤、红外光纤等。
- 按折射率分布划分：可分为阶跃（SI）型光纤、近阶跃型光纤、渐变（GI）型光纤、其他（如三角形、W 型、凹陷型等）。

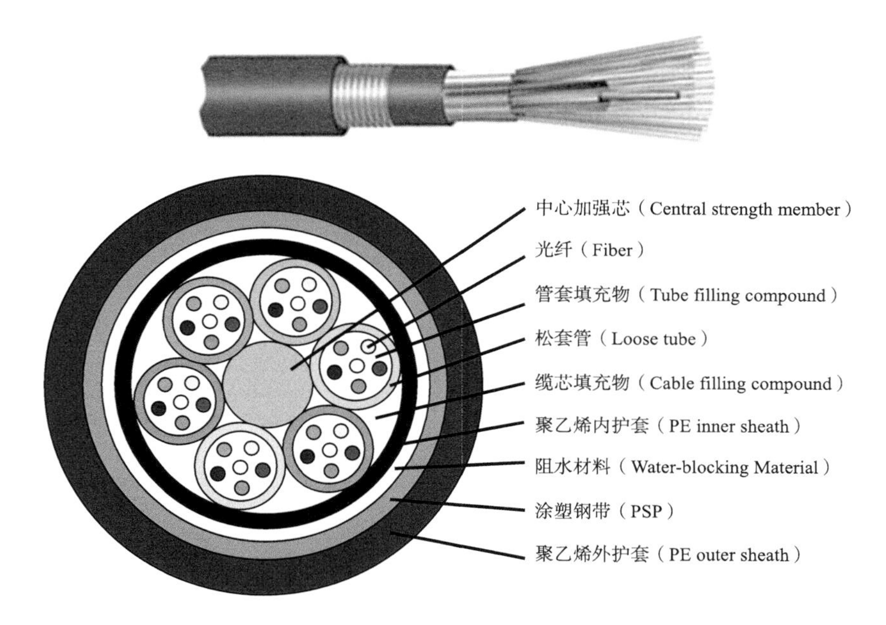

图 2-26　典型的光缆结构

- 按光传输模式划分：光传输模式指的是光信号照射到光纤的纤芯以及从光纤包层上反射的角度，每个不同的角度就是一种模式。因此按照光传输模式的多少可分为单模光纤和多模光纤两种。
- 按照光缆中所含纤芯数量分：可分为单芯、4 芯、6 芯、8 芯、10 芯、12 芯和 16 芯等。
- 按原材料划分：原材料包含裸纤的材料和套塑层材料。按裸纤材料的不同，可分为石英光纤、多成分玻璃光纤、塑料光纤、复合材料光纤(如塑料包层、液体纤芯等)、红外材料等；按套塑层材料的不同，则可分为紧套光纤和松套光纤两类。紧套光纤中的光纤被管套紧紧地箍住，无法松动，它与塑料套是一个整体结构；而松套光纤可在管套层中松动，管套填充物一般为油膏，以防水渗入。同一根管套内若含多根光纤，则称为松套光纤束。图 2-26 所示就属于松套光缆，在这个光缆内包含 6 个松套光纤束。
- 按制造方法划分：可分为预塑有汽相轴向沉积(VAD)、化学汽相沉积(CVD)等，拉丝法有管律法(Rod intube)和双坩埚法等。

3) 多模光纤和单模光纤

- 多模光纤

多模光纤(Multi Mode Fiber，MMF)指在同一根光纤上可以同时传输多种模式光信号的光纤。图 2-25 中只画出了一条光信号，而实际上，按照光纤的传输原理，只要从纤芯中射到包层表面的光信号的入射角大于某个临界值，就能够产生全反射。多模光纤中可以同时存在多条具有不同入射角的光信号在传输，这些光照射纤芯的角度和从包层反射的角度都是不一样的。光脉冲在多模光纤中传播时经过多次全反射，会造成失真，如图 2-27 所示。因此多模光纤一般仅适合近距离传输。

多模光纤的纤芯直径为 50μm 和 62.5μm 两种，大致与人的头发的粗细相当，曾用于有线电视和通信系统的短距离传输。另外，由于多模光纤的芯径较大，比较容易与 LED 等光源进行结合，在众多局域网中具备较大的优势。因此多模光纤在短距离通信领域仍受到重视。

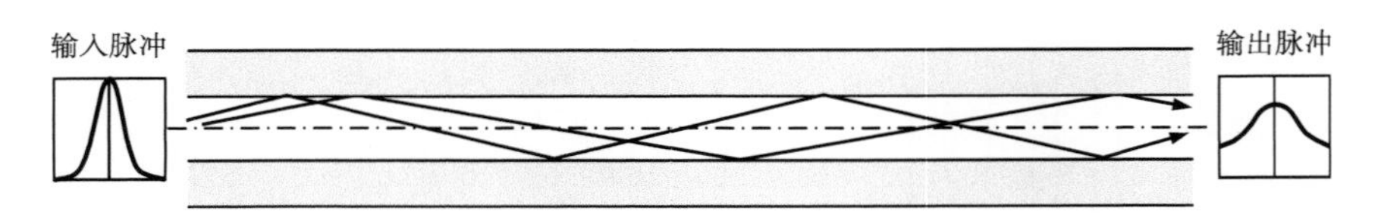

图 2-27　多模光纤中光信号的传输

- 单模光纤

单模光纤(Single Mode Fiber，SMF)指的是仅用来传输一种模式光信号的光纤。单模光纤的纤芯直径小到只有光的波长，此时只有轴向角度的光信号能进入光纤，使得光信号一直向前传播，而不会产生多次反射，光信号的保真度较高，如图 2-28 所示。

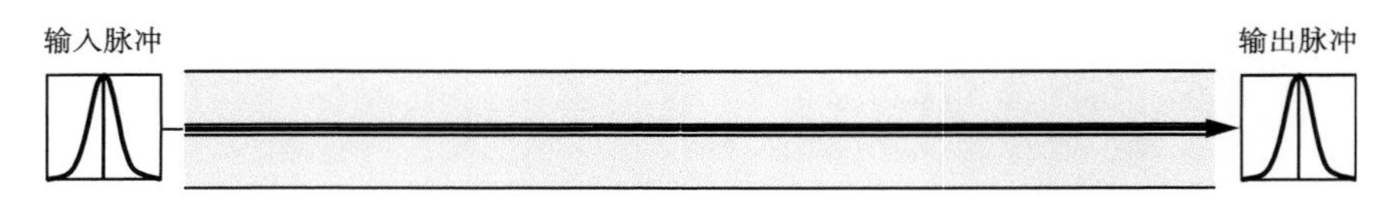

图 2-28　单模光纤中光信号的传输

单模光纤的纤芯比多模光纤的更细，其直径只有 8～10μm，传输频带比多模光纤的宽。同时，单模光纤由于不产生多次反射，其无中继传输的距离要远远大于多模光纤。但是，单模光纤的制造工艺比多模光纤更加复杂，制造成本也较高。此外，单模光纤的光源必须使用昂贵的半导体激光器，而不能使用较便宜的发光二极管，因此，单模光纤的驱动电路成本远高于多模光纤。

4) 光纤传输的优势

光纤传输比双绞线和同轴电缆比，具备很多优势：

- 频带宽

根据前面介绍的香农式(2-4)，信道的频带宽度越大，信道中的最大数据传输速率也越大。载波的频率越高，可以传输信号的频带宽度就越大。光纤传输利用的是可见光，而可见光的频率范围为 10^{14}～10^{15}Hz，比双绞线和同轴电缆所使用的电磁波的频率范围要高出几百甚至几千万倍。尽管由于光纤对不同频率的光有不同的损耗，使频带宽度受到影响，但在损耗最大的区域其最低频带宽度也可达 30000GHz。

- 损耗低

最好的同轴电缆在传输 800MHz 信号时，每千米的损耗都在 40dB 以上，而光纤的损耗则要小得多。利用光纤传输 1.31μm 的光，每千米的损耗在 0.35dB 以下；若传输 1.55μm 的光，每千米损耗更小，可达 0.2dB 以下。可见光纤的功率损耗要比同轴电缆小得多，它的传输距离也就要远得多。

- 重量轻

光纤非常细，单模光纤的纤芯直径一般为 8μm～10μm，即便是其外径也只有 125μm。加上防水层、加强芯、护套等之后，用 4～48 根光纤组成的光缆直径还不足 13mm，比标准同轴电缆的直径 47mm 要小得多。另外由于光纤是比重很小的玻璃纤维，因此它具有直径小、重量轻的特点，使得其安装十分方便。

- 抗干扰能力强

光纤传输的是光信号，而非电信号，因此它不会受到电磁波的干扰，对电磁干扰、工业干扰等有很强的抵御能力。正因为如此，在光纤中传输的信号抗干扰能力很强，不易被窃听，有利于保密。

- 保真度高

光纤在传输过程中，光信号的损耗很低，一般不需要中继放大，也就不会因为放大而引入新的非线性失真，因此光纤可以高保真地传输光信号。

- 工作性能可靠

一个系统的可靠性与组成该系统的设备数量有关。设备越多，发生故障的机会越大。而光纤因其损耗低而无需中继器对信号进行放大，可靠性自然也就高。此外，光纤设备的寿命都很长，无故障工作时间达 50 万～75 万小时，其中寿命最短的是光发射机中的激光器，最低寿命也在 10 万小时以上。所以说一个设计良好、正确安装调试的光纤系统的工作性能是非常可靠的。

- 成本不断下降

由于制作光纤的主要材料是石英玻璃，其来源十分丰富，随着技术的进步，成本会逐步降低；而双绞线和同轴电缆所需的铜原料有限，价格只会越来越高。光纤成本的不断下降，将会促使其使用越加广泛。

2.3.2　非导向性传输介质

非导向性传输介质一般指的是可以在自由空间实现多种无线通信的无线电磁波。无线电磁波根据频谱可将其分为无线电波、微波、红外线、激光等，信息被加载在电磁波上进行传输。在数据通信中，非导向性传输介质主要应用于短波通信、地面微波接力通信、卫星通信、无线局域网(Wireless LAN，WLAN)以及蓝牙(Bluetooth)等。

1. 短波通信

短波通信(Short-wave Communication)也称为高频通信，它使用电磁波频段范围为 3～30MHz(对应的波长范围为 100～10m)的无线电波传输信息。

短波通信的实现主要靠天空电离层的反射。由于电离层对短波波段的信号损耗小，电波的发射功率不用太大，就能传输数百到数千千米。短波通信不受高山阻挡，很适宜于一点发射，多点接收的新闻通信方式。但由于短波通信要受电离层的制约，而电离层的高度和密度容易受昼夜、季节、气候等因素的影响，所以短波通信的稳定性较差，噪声较大。对于长距离电路，不能保证 24 小时的通信，而且波段拥挤、互相干扰、通信速度低（一般不超过 100 波特)、误码率高，因此短波信道的通信质量较差。

短波通信设备简单，安装容易，具有机动灵活的特点，所以，通讯社仍用短波通信方式作为国际播发新闻的手段之一，尤其适用于对偏僻地区和突发事件的新闻报道。此外，短波通信的典型应用还有无线局域网 WLAN 连接和手机通信。

2. 微波通信

微波通信(Microwave Communication)是使用频段范围为 300MHz～300GHz(对应的波长范围为 1mm～1m)的电磁波(即微波)进行的通信。它不需要固体介质，当两点间直线距离内无障碍时就可以使用微波传送。

微波通信具有良好的抗灾性能，对水灾、风灾以及地震等自然灾害，微波通信一般都不受影响。因此微波通信被广泛用于长途电话通信、监察电话、电视传播和其他方面。但微波经空中传送，易受干扰，在同一微波电路上不能使用相同频率于同一方向，因此微波电路必须在无线电管理部门的严格管理之下进行建设。此外，由于微波直线传播的特性，在电波波束方向上，不能有高楼阻挡，因此城市规划部门要考虑城市空间微波通道的规划，使之不受高楼的阻隔而影响通信。

由于微波在空中是直线传播，它不像短波一样可以通过电离层的反射而绕着地球传播很长的距离，而是会穿透电离层从而进入宇宙空间，因此微波通信相邻的站点之间必须直视(通常称为视距(Line Of Sight，LOS)，不能有任何障碍物的阻挡。但是地球表面是曲面的，通信两端的微波塔若相距太远，地表就会挡住去路，这样其传播距离就会受到限制。当然，微波塔越高，就能传播越远的距离而不被地表挡住。然而微波塔的高度毕竟不可能达到太高，对于远距离的通信，微波通信有两种解决方案：地面微波接力通信和卫星通信。

1) 地面微波接力通信

微波接力通信(Microwave Relay Communication)是指在长距离的微波通信中，采用地面接力的方式，使得发送方的信号经过若干中间站的转发后到达接收方，如图 2-29 所示。

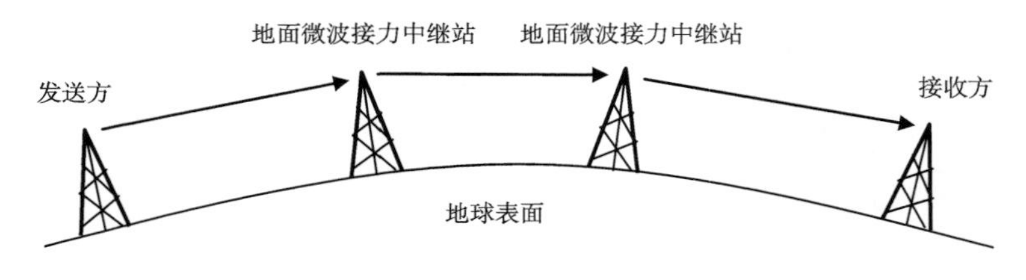

图 2-29　地面微波接力通信

微波接力通信的通信容量大，建设费用低，不受地形限制，抗灾害性强，能满足各种电信业务如电话、广播、传真、电视、电报、数据、图像等的传输质量要求，是通信网的重要组成部分。

2) 卫星通信

地面微波接力通信中，地面中继站的高度也是受到制约的，若通信的双方距离足够远(如刚好在地球直径上的两个端点)，则需要多个地面中继站的转发。而人造同步地球卫星的离地距离可以达到 36000km，若让它作为微波接力的中继站，则中继站的数量要比地面接力方式少得多。卫星通信(Satellite Communication)指的就是地球上的无线电通信站间利用卫星作为中继而进行的通信。卫星通信系统由卫星和地面接收站两部分组成，如图 2-30 所示。

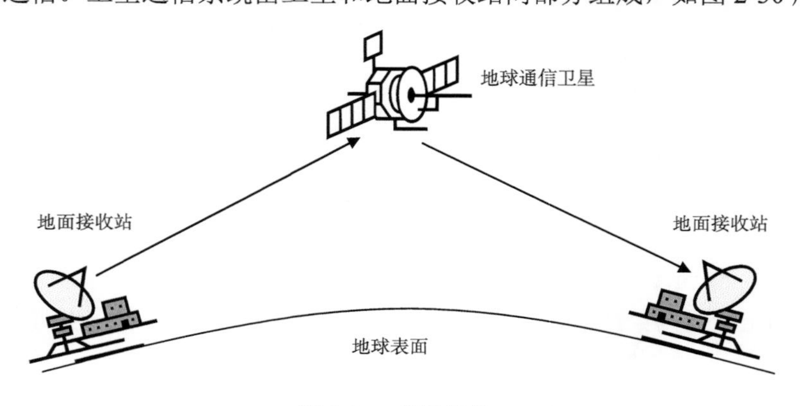

图 2-30　卫星通信

卫星通信具备以下优势：通信范围大(只要在卫星发射的电波所覆盖的范围内，任何两点之间都可进行通信)、通信距离远、通信容量大；通信费用与通信距离无关；通信量易分散(可随时分散过于集中的通信量)；多址(同时可在多处接收，能经济地实现广播、多址通信)。卫星通信的不足之处主要有：传播时延较大、安全保密性较差、造价高。

3. 红外线通信

红外线通信利用的是频率在 10^{12}～10^{14}Hz 之间的电磁波(红外线)进行的通信。无导向的红外线被广泛用于短距离通信，如电视、录像机使用的遥控装置都利用了红外线装置。红外线有一个主要的特点：不能穿透坚实的物体。因此一间房屋里的红外系统不会对其他房间里的系统产生串扰，所以红外系统防窃听的安全性要比无线电系统好。也正是由于它的非穿透特征，应用红外系统不需要得到政府的许可。

4. 激光通信

激光通信指的是通过装在楼顶的激光装置来连接两栋建筑物里的 LAN。由于激光信号是单向传输，因此要求每栋楼房都要有自己的激光及测光装置。激光无法穿透雨和浓雾，但它在晴天里可以工作得很好。

5. 蓝牙通信

蓝牙(Bluetooth)通信是一种利用无线电技术实现设备间的短距离通信(一般 10m 内)方式，数据速率为 1Mbit/s，采用时分双工传输方案实现全双工传输。它能在移动电话、PDA、无线耳机、笔记本电脑、相关外设等众多设备之间进行无线信息交换。

利用蓝牙技术能够有效地简化移动通信终端设备之间的通信，也能够成功地简化设备与因特网 Internet 之间的通信，从而数据传输变得更加迅速高效，为无线通信拓宽道路。

2.4 信道复用技术

物理信道架设的费用往往是相当高的，需要充分利用信道的带宽容量。然而信道的容量往往都会超过单路信号所需要的带宽。如果一条信道只传输一路信号，那么当信号传输所需的带宽远远低于信道带宽时，将会造成信道带宽的严重浪费。

如果把一条高带宽的信道划分为多个小带宽的逻辑子信道，就可以在同一条信道上传输多路低带宽的信号，从而大大提高原有信道的利用率，这就是信道复用(Channel Multiplexing)技术。这里的“复用”就是“共享”、“共用”的意思，即多路信号共用一条原有信道进行数据传输。

使用信道复用技术，发送端可以通过复用器(multiplexer)将多个用户的数据汇集起来，通过共享的信道传送到接收端；而接收端则通过分用器(demultiplexer)将汇集的数据进行分离，分发给接收端的多个用户。通常，复用器和分用器总是成对使用的，在复用器和分用器之间是多个用户共享的高速信道。集成了分用和复用功能的设备称为多路复用器。图 2-31 是信道复用的示意图。

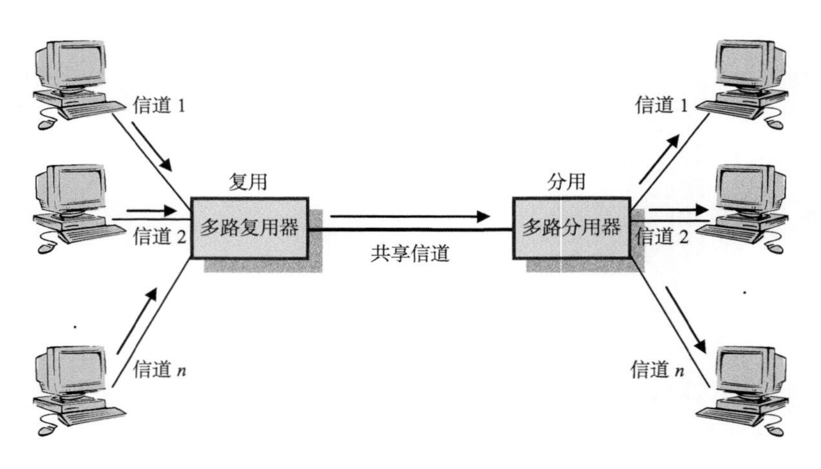

图 2-31　信道复用示意图

信道复用技术有以下四种最基本的形式：频分复用(Frequency Division Multiplexing，FDM)、时分复用(Time Division Multiplexing，TDM)、波分复用(Wavelength Division Multiplexing，WDM)和码分复用(Code Division Multiplexing，CDM)。

2.4.1　频分复用（FDM）

如前所述，要传送的单路信号带宽是有限的，而线路可使用的带宽往往远大于要传送的信号带宽。频分复用就是将信道的总带宽划分成若干个子频带(或称子信道)，每一个子信道传输一路信号，以达到多路信号同时在一个信道内传输的目的。如图 2-32 所示，频分复用的各路信号是在时间上重叠而在频谱上不重叠的信号。

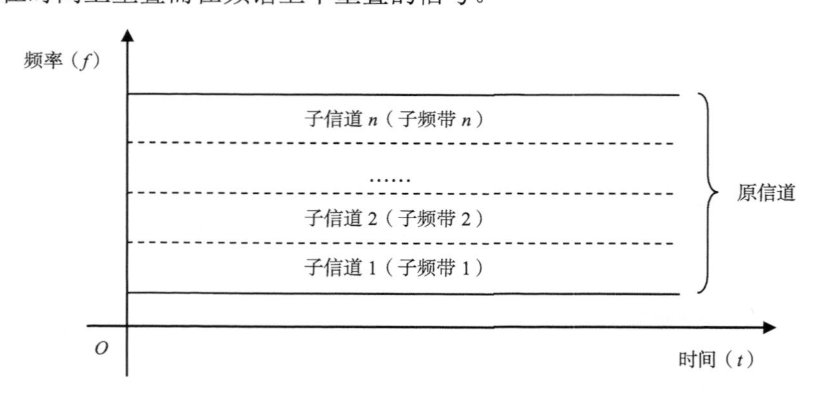

图 2-32　频分复用原理

频分复用要求总的频率宽度大于各个子信道的频率之和。为了保证各子信道中所传输的信号互不干扰，通常在各子信道之间设立隔离带，以保证各路信号之间互不干扰。

图 2-33 是一个频分复用的应用示例，来自不同信道的 3 路信号频分复用同一个信道。

来自不同信道的原始信号其工作频带有可能是重叠的，这就需要由频分多路复用器来完成频带搬移的工作。频分多路复用器会将进入同一信道的多路信号的工作频带依次搬移到对应的子信道的频带中(如图 2-33 中的 f_1、f_2 和 f_3)。这样，经过搬移后的多路信号在同一个信道中传输就不会互相干扰。图 2-33 中共享信道的总带宽为 f_1、f_2 和 f_3 之和。

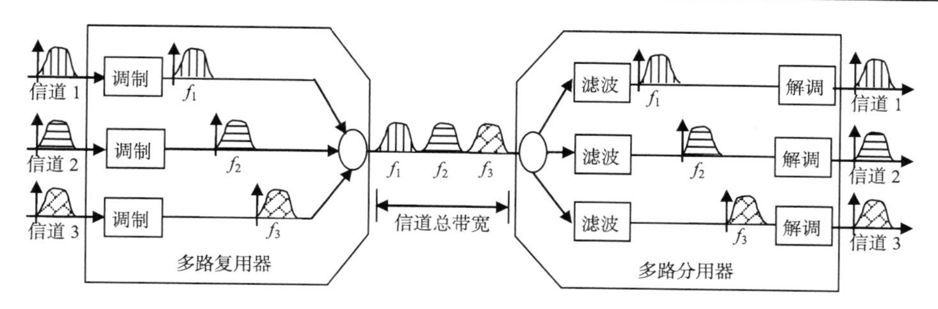

图 2-33　频分复用示例

频分复用最大的优点是信道复用率高，所有子信道传输的信号以并行的方式工作，同时它允许复用的路数较多，分路也很方便。因此，它是目前模拟通信中最主要的一种复用方式，应用很广。其典型应用是模拟及数字电视、广播系统、有线、微波通信系统及卫星通信系统等。

2.4.2　时分复用（TDM）

时分复用是以信道传输信息的时间作为分割对象，将其划分为若干等长的互不重叠的时间片（简称时隙），并将这些时隙分配给每一个信号源使用，每一路信号在自己的时隙内独占信道进行数据传输。如图 2-34 所示，时分复用的各路信号是在频谱上重叠而在时间上不重叠的信号。

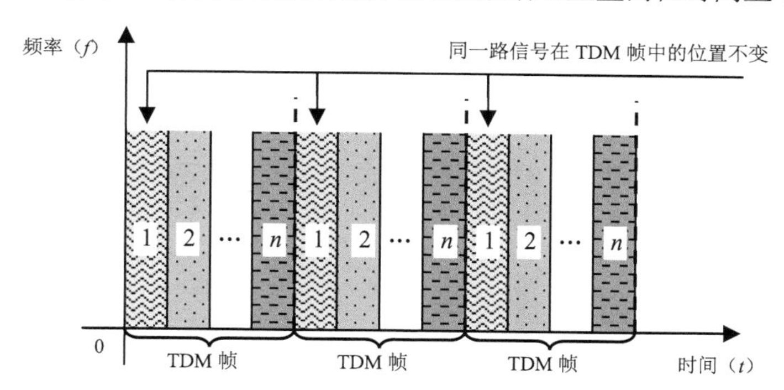

图 2-34　时分复用原理

若有 n 路信号时分复用同一个共享信道，则需要将 n 个时隙依次分配给每一路信号，这 n 个时隙组成了一个 TDM 帧。每个 TDM 帧中的时隙分配顺序是相同的，换句话说，同一路信号在 TDM 帧中的位置是不变的。

时分复用技术与频分复用技术一样，有着非常广泛的应用，更适合于数字信号的传输。时分复用按照时隙分配的固定与否，可分为同步时分复用与异步时分复用。

1. 同步时分复用

同步时分复用（Synchronous Time-Division Multiplexing，STDM）按照信号的路数划分时间片，每一路信号具有相同大小的时间片。时间片轮流分配给每路信号，该路信号在时间片使用完毕以后要停止通信，并把物理信道让给下一路信号使用。当其他各路信号把分配到的时间片都使用完以后，该路信号才能再次取得时间片进行数据传输。因此在同步时分复用中，时间片是预先分配好且固定不变的，各种信号源的传输是同步的，如图 2-35 所示。

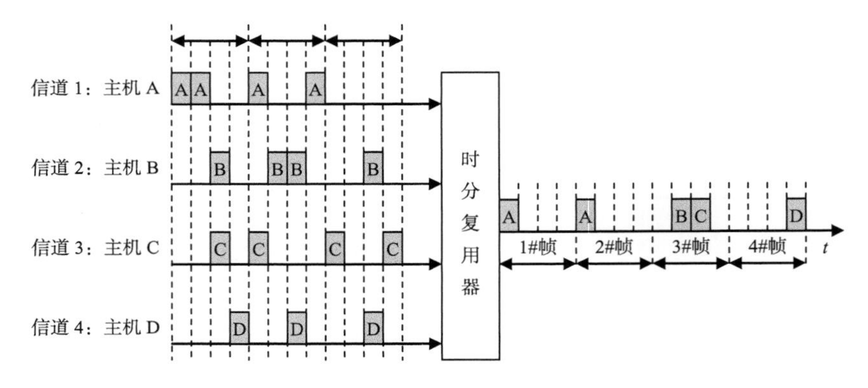

图 2-35　同步时分复用示例

同步时分复用的优点是时隙分配固定，便于调节控制，易于实现，因此适于数字信息的传输。但从图 2-35 也可以看到，同步时分复用的缺点也是显而易见的：由于时间片是固定地分配给信道的，没有考虑这些信道是否有数据需要传输。当某信号源没有数据传输时，它所对应的子信道会出现空闲，而其他繁忙的子信道无法占用这个空闲的子信道，这样会降低信道的利用率。因此同步时分复用对于每一路信号需要传输的数据量比较均衡的情况下能够高效运转，而当各路信号数据量严重失衡时效率却很低。

2. 异步时分复用

异步时分复用(Asynchronous Time-Division Multiplexing，ATDM)也称为统计时分复用(Statistical Time Division Multiplexing)，它允许动态地分配信道的时间片，根据用户的实际需要动态地分配信道资源。只有当用户有数据要传输时才分配信道资源，当用户暂停发送数据时，则不分配信道资源，将信道资源分配给其他用户使用，因此每个用户的所占用的时隙并不是周期性出现的，如图 2-36 所示。采用异步时分复用时，每个用户的数据传输速率可以高于平均速率，最高可达到信道总的传输速率。

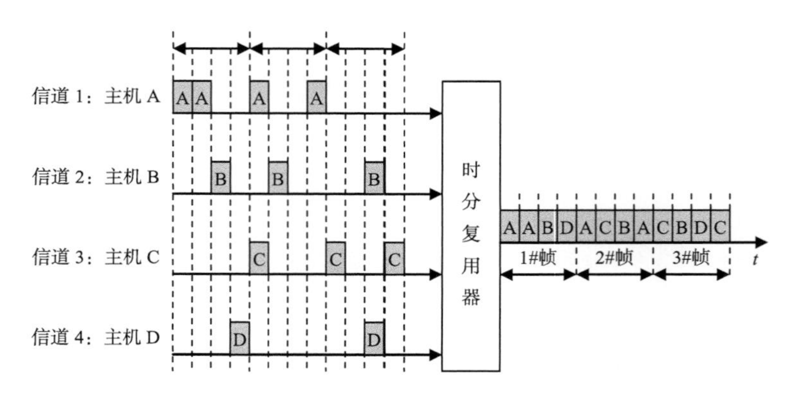

图 2-36　异步时分复用示例

由于异步时分复用没有周期的概念，因此各个信道传输的数据都需要带有双方的地址，由通信信道两端的多路复用设备对地址进行识别，从而确定输出信道。所以尽管异步时分复用提高了设备利用率，但是由于其技术复杂性也比较高，这种方法主要的应用仅限于高速远程通信过程中，如异步传输模式 ATM。

2.4.3 波分复用（WDM）

在光通信领域，数据是由光来运载信号进行传输的。在光的频域上，光信号的频率差别比较大，人们习惯采用波长来定义频率上的差别，而光的频率与波长具有单一对应关系，因此，所谓的波分复用本质上也就是频分复用。

简单地说，波分复用是在同一根光纤中同时传输两个或众多不同波长光信号的技术，利用光学系统中的衍射光栅来实现多路不同波长光波信号的合成与分解。在发送端，两种或多种不同波长的光载波信号经波分复用器(合波器)汇合在一起，并耦合到光信道的同一根光纤中进行传输；在接收端，经波分复用器(分波器)将各种波长的光载波分离，然后由光接收机做进一步处理以恢复原信号，其原理如图 2-37 所示。由于光信号传输过程中存在一定程度的衰减，当共享光纤信道比较长时，需要对光信号进行放大。早期只能对电信号进行放大，因此只能先把光信号转换成电信号，对电信号进行放大后，再重新转换成光信号。但现在已经有了掺铒光纤放大器(Erbium Doped Fiber Amplifier，EDFA)，可以直接对光信号进行放大。

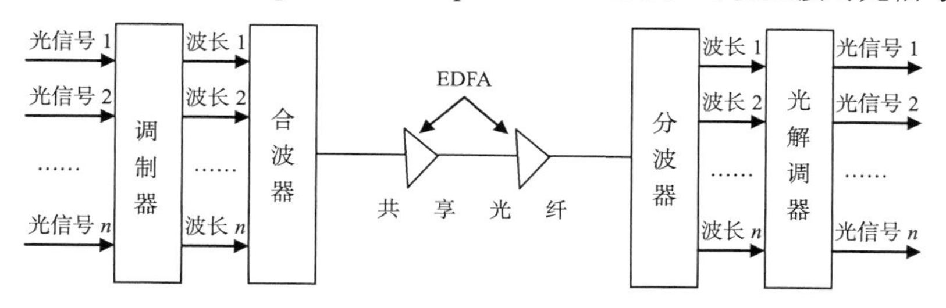

图 2-37　波分复用原理

受光/电转换和电/光转换电路的限制以及远距离传输时光信号的色散问题，单一波长光信号传输数据时所能达到的数据传输速率很难超过 10Gbit/s，因此，波分复用技术是目前提高单根光纤的数据传输速率的有效办法。随着光学工程技术的发展，在一根光纤上复用的光载波信号路数越来越多。根据同一根光纤上复用的光载波信号路数的多少，可分为波分复用(Wavelength Division Multiplexing，WDM)和密集波分复用(Dense Wavelength Division Multiplexing，DWDM)两种。在同一根光纤上复用的光载波信号路数只要达到或是超过 16 个，都可称为密集波分复用。目前的光学技术可以实现复用 80 路或更多的光载波信号。

图 2-38 是一个波分复用的示例，对两路光信号进行复用。光栅实际上就是合波器和分波器，实现两路不同波长光波信号的合成与分解。

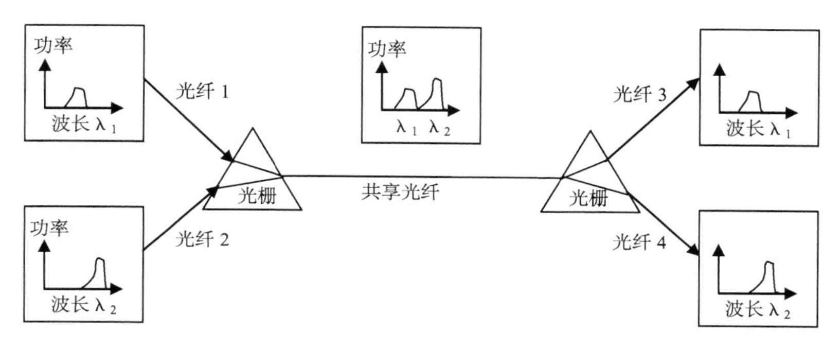

图 2-38　波分复用示例

波分复用技术具有很多优势：

- 增大了光纤信道的传输容量

波分复用使得一根光纤的传输容量比单波长传输增加几倍至几十倍；其中的每个逻辑子信道都独立工作在不同波长上，极大地提高了光纤的传输容量。

- 实现对原有光缆的扩容

对于早期安装的光缆，芯数较少，利用波分复用无需对原有系统做较大的改动即可进行扩容操作。

- 可传输特性完全不同的信号

由于同一光纤中传输的信号波长彼此独立，因而可以传输特性完全不同的信号，完成各种电信业务信号的综合与分离，包括数字信号和模拟信号，以及 PDH 信号和 SDH 信号的综合与分离。对于想要增加的任意新业务可以通过增加一个附加波长来实现。

由于波分复用的经济性与有效性，它已成为当前光纤通信网络扩容的主要手段，尤其广泛应用于高速主干网中。

2.4.4 码分复用（CDM）

码分复用是通过不同的码型来区分各路原始信号的一种复用方式，每个用户可在同一时间使用同样的频带进行通信，即每个用户分配一个码型，各个码型互不重叠，通信各方之间不会相互干扰，因此抗干扰能力强。联通 CDMA（Code Division Multiple Access）就是码分复用的一种方式，称为码分多址。

码分复用技术主要用于无线通信系统，特别是移动通信系统。它可以提高通信的话音质量和数据传输的可靠性，减少干扰对通信的影响，同时还增大了通信系统的容量。笔记本电脑或个人数字助理（Personal Data Assistant，PDA）以及掌上电脑（Handed Personal Computer，HPC）等移动性计算机的联网通信就是使用了这种技术。

1. 工作原理

CDMA 中，每一个移动站分配一个码型，一个码型对应一个比特时间。在每一个比特时间内部还需要划分为 m 个短的间隔，称为码片（chip），m 个码片组成的序列称为码片序列。实际应用中码片序列的长度 m 一般是 64 或 128，如图 2-39 所示。这里为了讨论方便，将码片长度 m 设为 8。

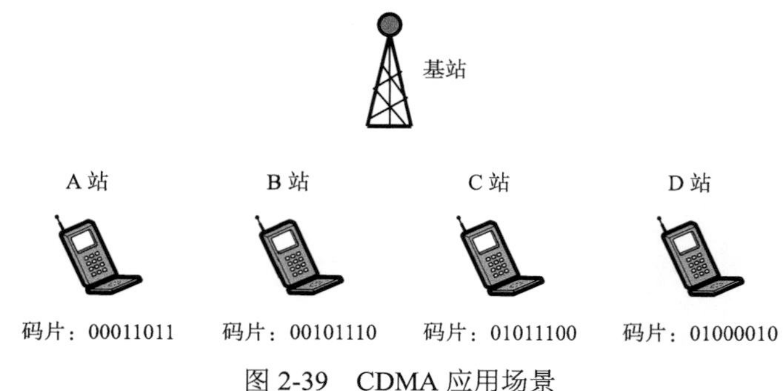

图 2-39　CDMA 应用场景

在图 2-39 的应用场景中，A、B、C、D 四个站分别被指派一个唯一的 8bit 的码片序列（chip sequence），分别为 00011011、00101110、01011100、01000010。当一个站发送比特 1 时，则发送它自己的 8bit 码片序列；当发送比特 0 时，则发送该码片序列的反码。例如当 A 站发送比特 1 时，它直接发送自己的码片序列 00011011 即可；当 A 站发送比特 0 时，则发送 A 站的码片序列的反码 11100100。在计算中，码片序列中的 1 仍然保持为+1，而 0 则作为−1，这样方便讨论 CDMA 的一些特性。因此，图 2-39 中 A、B、C、D 四个站的码片序列就可表示成如下向量的形式：

A 站的码片向量 A =(−1 −1 −1 +1 +1 −1 +1 +1)

B 站的码片向量 B =(−1 −1 +1 −1 +1 +1 +1 −1)

C 站的码片向量 C =(−1 +1 −1 +1 +1 +1 −1 −1)

D 站的码片向量 D =(−1 +1 −1 −1 −1 −1 +1 −1)

2. 重要性质

CDMA 中各站的码片向量具有如下性质：

(1) 正交性，不同站点的码片向量是正交的，即不同站的码片向量的规格化内积(inner product)为 0。令 S、T 分别表示 S、T 站的码片向量，则有：

$$S \cdot T = \frac{1}{m}\sum_{i=1}^{m} S_i T_i = 0 \tag{2-13}$$

图 2-39 中，任意两站的码片向量的内积均为 0。例如，A、B 两站码片向量的规格化内积为 0：

$$A \cdot B = \frac{1}{8}\sum_{i=1}^{8} A_i B_i = \frac{1}{8}(+1+1-1-1+1-1+1-1) = 0$$

A、C 两站码片向量的规格化内积也为 0：

$$A \cdot C = \frac{1}{8}\sum_{i=1}^{8} A_i C_i = \frac{1}{8}(+1-1+1+1+1-1-1-1) = 0$$

其余情况读者可以自行验证。

(2) 站点自身码片向量的内积性质。同一个站点的码片向量还具备如下性质：

码片向量与自身的规格化内积为 1

$$S \cdot S = \frac{1}{m}\sum_{i=1}^{m} S_i S_i = \frac{1}{m}\sum_{i=1}^{m} S_i^{\,2} = \frac{1}{m}\sum_{i=1}^{m} (\pm 1)^2 = 1 \tag{2-14}$$

例如图 2-39 中，A 站的码片向量与自身的内积为 1：

$$A \cdot A = \frac{1}{8}\sum_{i=1}^{8} A_i A_i = \frac{1}{8}(+1+1+1+1+1+1+1+1) = 1$$

码片向量与自身反码的规格化内积为−1

$$S \cdot \overline{S} = \frac{1}{m}\sum_{i=1}^{m} S_i(-S_i) = \frac{1}{m}\sum_{i=1}^{m} -S_i^{\,2} = \frac{1}{m}\sum_{i=1}^{m} -(\pm 1)^2 = -1 \tag{2-15}$$

例如图 2-39 中，A 站的码片向量与自身反码的内积为−1：

$$A \cdot \overline{A} = \frac{1}{8}\sum_{i=1}^{8} A_i(-A_i) = \frac{1}{8}(-1-1-1-1-1-1-1-1) = -1$$

3. 计算应用

假设图 2-39 中的 A 站需要发送 1、1、0 三个码元，A 站的码片序列 A 为(−1 −1 −1 +1 +1 −1 +1 +1)，A 站发送的扩频信号记为 A_x。根据前述的工作原理可知，当 A 站发送的是码元 1 时，其扩频信号 A_x 为码片序列 A 本身，即为(−1 −1 −1 +1 +1 −1 +1 +1)；当 A 站发送的是码元 0 时，其扩频信号 A_x 为码片序列 A 的反码，即为(+1 +1 +1 −1 −1 +1 −1 −1)。因此扩频信号仅包含互为反码的两种码型。

由于信道是共享的，一般情况下会有多路信号同时在信道中传输。假设当 A 站在发送数据时，B 站也同时在发送数据。那么 A、B 两站的数据在共享信道中将会发生叠加。假设与 A 站通信的接收端为 T 站，不管 B 站发送什么数据，实际上对于 T 站来说，都能从叠加的信号中分离出 A 站发送的数据。为简单起见，我们不妨假设 B 站发送的数据也为 1、1、0 三个码元。令 B 站发送的扩频信号记为 B_x，则共享信道中叠加的扩频信号为 $A_x + B_x$。此时发送端和接收端的情况如图 2-40 所示。

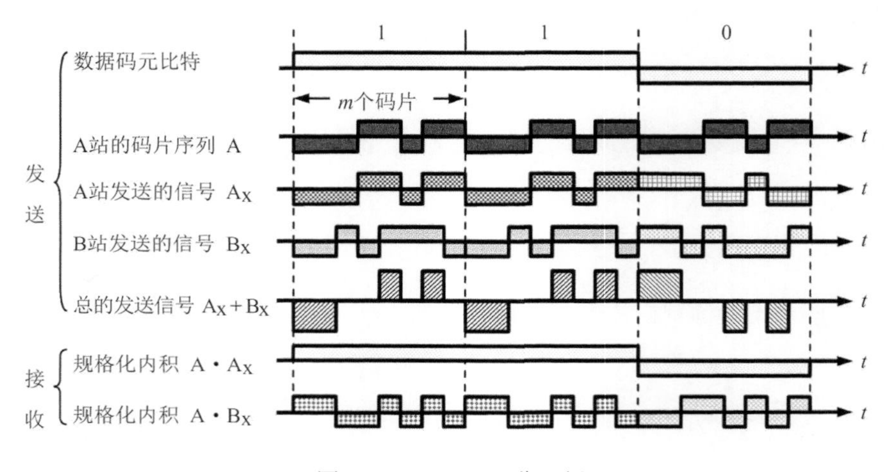

图 2-40　CDMA 工作示例

需要注意的是，对于相互通信的发送端和接收端，它们互相知道对方的码片向量。因此 T 站已知 A 站的码片向量 A。

对于接收端 T 站而言，若需要得出发送端 A 站发送了什么数据，只要将接收到的叠加之后的扩频信号 $A_x + B_x$ 与发送端 A 站的码片向量进行规格化内积运算即可。由于数据码元有 1 和 0 两种情况，我们分别对其进行讨论。

1) 发送数据码元 1

此时接收端 T 站已知：

- 发送方 A 的码片向量 A；
- 共享信道上叠加的扩频信号 $A_x + B_x$，此时为 A + B。

接收端将上述两者进行规格化内积运算得：

$$A \cdot (A_x + B_x) = A \cdot (A + B) = A \cdot A + A \cdot B = 1 + 0 = 1$$

上式的计算使用了式(2-13)和式(2-14)。由于向量中的 1 表示的是数据 1，因此可以得出此时 A 站发送的是数据码元 1。

2) 发送数据码元 0

接收端 T 站已知：

- 发送方 A 的码片向量 A；
- 共享信道上叠加的扩频信号 $A_x + B_x$，此时为 $\overline{A} + \overline{B}$ 。

接收端将上述两者进行规格化内积运算得：

$$A \bullet (A_x + B_x) = A \bullet (\overline{A} + \overline{B}) = A \bullet \overline{A} + A \bullet \overline{B} = A \bullet \overline{A} - A \bullet B = -1 - 0 = -1$$

上式的计算使用了式(2-13)和式(2-15)。由于向量中的-1 表示的是数据 0，因此可以得出此时 A 站发送的是数据码元 0。

2.5　接入技术

接入技术指的是将用户计算机或移动终端设备接入到 Internet 所使用的技术，实现在因特网服务提供商(Internet Service Provider，ISP)和终端用户间的“最后一千米”的传输。因此它关系到成千上万的住宅用户、办公室用户和企业用户等，是城市网络基础设施建设中需要解决的一个重要问题。

目前 Internet 的接入技术很多。从接入业务的角度看，接入技术可简单地分为窄带接入和宽带接入；从用户入网方式的角度看，接入技术可以分为有线接入和无线接入两大类，其中无线接入又可以分为固定接入技术和移动接入技术。本节将介绍几种常见的接入技术。

2.5.1　电话拨号接入

在因特网的发展初期，用户是利用电话交换网接入 Internet 的，因为当时电话的普及率很高，利用现有的用于语音通信的电话网提供 Internet 接入服务是最理想的方法。

电话拨号接入也称为 Modem 拨号接入，是指通过拨号调制解调器(dial-up modem)将已有的电话线路拨号连接到 ISP 从而享受 Internet 服务的一种上网接入方式。图 2-41 是电话拨号接入的示意图。

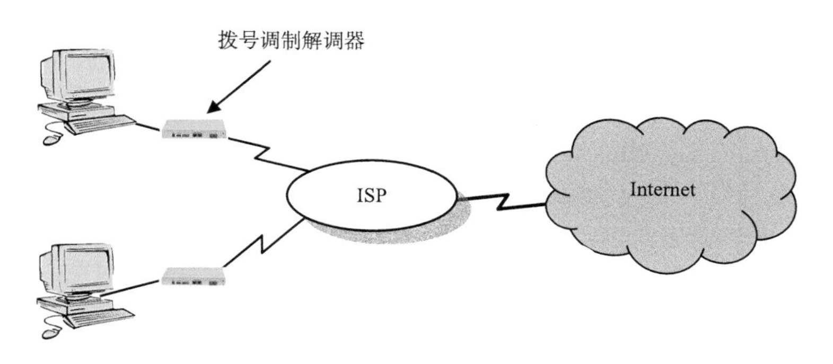

图 2-41　电话拨号上网示意图

电话拨号接入方式的优点是安装和配置简单，一次性投入较低，只要用户有固定电话，都可以通过这种方式接入Internet。缺点是数据传输速率较低(仅为 56kbit/s)，质量较差，而上网费用较高；上网时要占用电话线路，无法拨打或接听电话。

2.5.2　xDSL 接入

由于电话拨号接入方式的速度很慢，不能满足用户日益增长的需求。因此人们首先想到充分挖掘电话线路的潜能，使其既能通话又能上网。

DSL 是数字用户线(Digital Subscriber Line，数字用户线路)的缩写，它是以电话线为传输介质的传输技术组合，是电话公司提供的一种住宅宽带接入业务。由于 DSL 接入方案无需对电话线路进行改造，而是利用现有的电话用户环路，解决了 ISP 和终端用户之间“最后一千米”的传输瓶颈问题而无需花费过多额外的开销，因此受到很多用户的欢迎。

xDSL 是各种类型 DSL 的总称，是一种新的传输技术，它在现有的铜质电话线路上采用较高的频率及相应调制技术，即利用在模拟线路中加入或获取更多的数字数据的信号处理技术来获得高传输速率(理论值可达到 52Mbit/s)。其中“x”表任意字符或字符串，代表各种不同 DSL 技术。不同 DSL 技术最大的区别体现在信号传输速率和距离的不同，以及上行信道和下行信道是否对称两个方面。

随着 xDSL 技术的问世，铜线从只能传输语音和 56 kbit/s 的低速数据接入，发展到已经可以传输高速数据信号了。xDSL 主要包括以下几种：

- ADSL(Asymmetric DSL，非对称 DSL)：是目前最常使用的一种 xDSL 技术。“非对称”指的就是上行和下行的带宽不一样。
- RADSL(Rate Adaptive DSL，速率自适应 DSL)：它采用无载波幅相调制(CAP：Carrierless Amplitude and Phase modulation)的调制方式，是以信号质量为基础进行速率调整的 ADSL 版本，上行和下行的速率受限于线路数及信噪比 S/N 的值。若上行速度越快则下行速率也就会越快。许多 ADSL 技术实际上都是 RADSL。
- VDSL(Very High-speed DSL，甚高速 DSL)：上行和下行带宽不同。它的速率是各种 xDSL 技术中最快的，下行速率最高可达 52Mbit/s，被看做是向住宅用户传送高端宽带业务的最终铜缆技术。
- ISDN(Integrated Services Digital Network，综合业务数字网)：上行和下行的带宽是一致的。使用 2B1Q 编码方式，上行或下行速率最高可达 128kbit/s。2B1Q 编码中 2 个二进制位为一组，即 2 位组成一个波特进行传输。
- SDSL(Single-line DSL，单线 DSL)：上行和下行的带宽是一致的。也指只需一对铜线的单线 DSL。
- HDSL(High-speed DSL，高速率 DSL)：上行和下行带宽是一致的。利用两对双绞线实现数据的双向对称传输。它的编码技术和 ISDN 标准兼容，也使用 2B1Q 编码。

在 xDSL 技术体系中，目前在中国应用最为广泛的是基于电话双绞线的第一代 ADSL 技术。下面介绍最常见的 ADSL。

1. ADSL 接入技术的特点

ADSL 利用的是现有的电话网络中的双绞线资源，可以实现高速率、高带宽的数据接入。ADSL 的主要特点有以下几个方面。

1) 同时提供电话与 Internet 接入服务

ADSL 在保证不干扰传统模拟电话业务的前提下，利用原有的电话双绞线实现高速数字业务，如 Internet 访问、视频点播等。由于它使用的是现有的电话双绞线，因此运营商不需要重新铺设电缆，费用较小，而且实现容易。

2) 上行与下行带宽的非对称性

ADSL 的上行和下行带宽是不对称的。这里的“上行”指的是从用户到 ISP 的方向，而“下行”指的是从 ISP 到用户的方向。ADSL 中的下行带宽比上行带宽更大，这是考虑到用户上网时的实际需求，因为通常情况下用户从 ISP 下载的数据量要比上传到 ISP 的数据量要大。

如图 2-42 所示，ADSL 系统在电话线路上划分出了三个信道：语音信道、上行信道和下行信道。传统电话的语音信道使用 0～4kHz 的低端频谱。由于 ADSL 采用的是 FDM(频分复用)技术和离散多音调(DMT：Discrete Multi-Tone)调制技术，因此 40kHz～1.1MHz 的高端频谱被划分为多个子信道，上行信道含 25 个子信道，而下行信道含 249 个子信道，每个子信道的频带宽度为 4kHz。

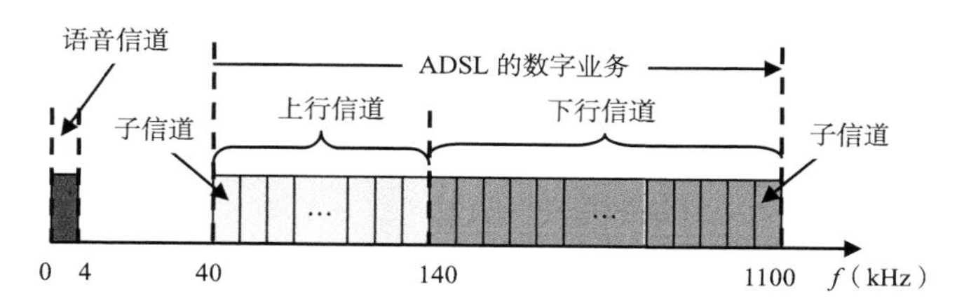

图 2-42　ADSL 上行和下行信道的频段分配

2. ADSL 接入网的组成

ADSL 的接入网主要包含以下三部分：用户端、用户线和 DSL 接入复用器(DSL Access Multiplexer，DSLAM)。DSLAM 中包含很多 ADSL 调制解调器，也称为接入端接单元(Access Termination Unit，ATU)。ATU 又分为 ATU 端局(ATU-Central Office，ATU-C)和 ATU 远端(ATU-Remote，ATU-R)，如图 2-43 所示。

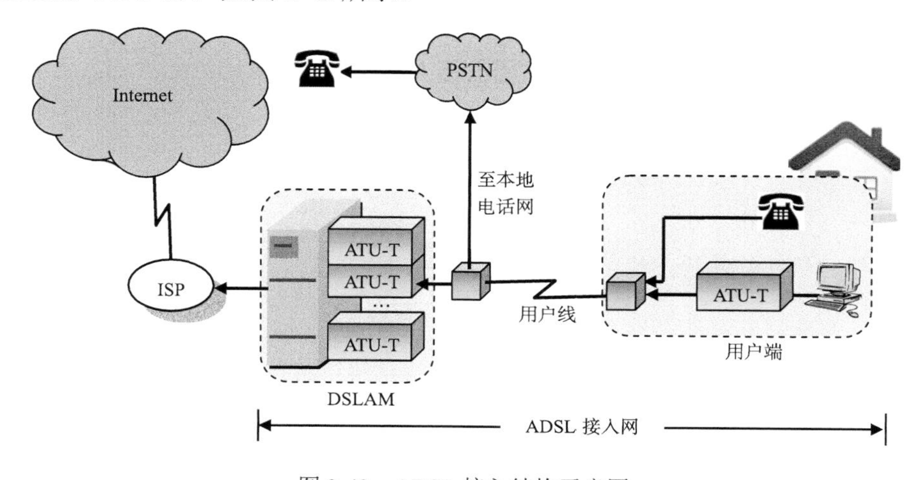

图 2-43　ADSL 接入结构示意图

原有的用户线传输的是电话语音信号，而无法传输计算机发送的数字信号。但计算机发送的数字信号通过用户线两端的 ADSL 调制解调器(即 ATU-C 和 ATU-R)进行调制后，就适合在原有的用户线上传输了。

由于 ADSL 需要同时提供电话与 Internet 的接入服务，因此居民家庭用户的电话信号和计算机发送的数字信号将同时在用户线上传输，因此，这两路信号需要使用电话分离器(PS)将电话信号和数字信号分离。

3. ADSL2 与 ADSL2+

2002 年 7 月，ITU-T 公布了 ADSL 了新标准 ADSL2(G.992.3 和 G.992.4)；到 2003 年 3 月，ITU-T 又制订了 ADSL2plus，即 ADSL2+(G.992.5)。ADSL2 和 ADSL2+都称为第二代 ADSL。

1) ADSL2 的主要技术特性

ADSL2 与第一代的 ADSL 相比，具有更多的优势，主要体现在以下几个方面：

- 速率提高、覆盖范围扩大

第一代 ADSL 支持下行速率 32kbit/s～6.4Mbit/s，上行速率 32kbit/s～640kbit/s，有效传输距离在 3～5km 范围以内。ADSL2 采用了更有效的调制方式、更高的编码增益以及增强性的信号处理算法，因此其下行速率最低为 8Mbit/s，最高可达 12 Mbit/s(ITU G.992.3/4)；上行速率最低为 800kbit/s，最高可达 1 Mbit/s(ITU G.992.3/4)。在相同速率的条件下，ADSL2 的传输距离增加了约 180m，相当于增加了覆盖面积。

- 改善了线路质量检测和故障定位功能

为了能够诊断和定位故障，ADSL2 传送器在线路的两端提供了测量线路噪声、环路衰减和 SNR(信噪比 S/N)的方法。该方法在线路质量很差(甚至在 ADSL 无法完成连接)的情况下也能够完成。此外，ADSL2 提供了实时的性能监测，能够检测线路两端质量和噪声状况的信息并以此来诊断 ADSL2 的连接质量，预防进一步服务的失败。

- 增强了电源管理技术

第一代 ADSL 传送器的电源模式只有一种：全能工作模式。即使在没有数据传送时也处于这一模式，因此消耗的电量相当大。

而 ADSL2 除了保留全模式 L0 外，还新增了两种电源管理模式：低能模式 L2 和低能模式 L3。L2 模式使得中心局调制解调器 ATU-C 端可以根据流过 ADSL 的流量大小切换模式 L0 和 L2。当流量很大时，为了保证最快的下载速度，ADSL2 工作于全能模式 L0；当流量下降时，则切换到低能模式 L2，虽然此时数据传输速率大大降低了，但总的能量消耗也相应地减少了。反之，当系统工作在低能模式 L2 时流量开始增大，则切换到全能模式 L0 以达到最大的下载速率。而低能模式 L3 则是一个休眠模式，当用户不在线或是用户线上没有流量时将会进入 L3 模式。电源模式的切换是自动完成的，非常灵活，且切换过程在 3s 之内完成，不会影响系统的正常运行。

- 采用无缝速率自适应技术 SRA

ADSL2 通过采用无缝速率自适应(Seamless Rate Adaptation，SRA)技术使系统可以在保证不中断任何服务和不产生比特差错的情况下，根据检测到的信道条件的变化改变线路的速率，以符合新的信道条件。速率的改变对用户无任何影响，对用户是透明的。

- 提供快速启动模式

ADSL2 提供了快速启动模式，初始化时间从 ADSL 的 10s 减少到 3s。

2) ADSL2+的主要技术特性

ADSL2+除了具备 ADSL2 的技术特点外，还具备以下几个重要特性：

- 扩展了下行频段

ADSL2 的两个标准中各指定了 1.1 MHz 和 552 kHz 下行频段，而 ADSL2+指定了一个 2.2 MHz 的下行频段，因此其相应的下行子信道也就增多了，提高了短距离（1.5 km 内）线路上的下行速率，最高可达 24Mbit/s（ITU G.992.5），而上行速率则仍保持为 1Mbit/s（ITU G.992.5）。

- 有效地降低串话干扰

使用 ADSL2+可以有效地降低串话干扰。当 ADSL2+与第一代 ADSL 混用时，为避免线对间的串话干扰，可以将其下行工作频段设置在 1.1～2.2 MHz 之间，避免与第一代 ADSL 中 1.1MHz 的下行频段产生干扰，从而达到降低串扰、提高服务质量的目的。

2.5.3　光纤同轴混合网（HFC 网）接入

与电话交换网一样，有线电视网（CATV：CAble TeleVision）也是一种覆盖面极广的传输网络，被视为 Internet 宽带接入“最后一千米”问题的最佳方案。

早期的有线电视网只能提供单向的广播业务，是以同轴电缆为传输媒体的树状拓扑结构网络。随着数字电视的推广及用户对视频点播的需求，原有的单向传输方式迫切需要改造成双向传输，光纤和同轴电缆混合网即 HFC（Hybrid Fiber Coax）网就这样产生了，其巨大的带宽优势对有线电视网络公司和新成立的电信公司很具吸引力。

图 2-44 给出了 HFC 网的结构示意图。HFC 技术的本质是用光纤取代原有的有线电视网的干线同轴电缆，光纤接到居民小区的光纤节点之后，从光纤节点接入用户家庭则仍然使用同轴电缆，这样就形成了光纤和同轴电缆混合使用的传输网络。可见，光纤节点的作用是实现电信号和光信号的转换。

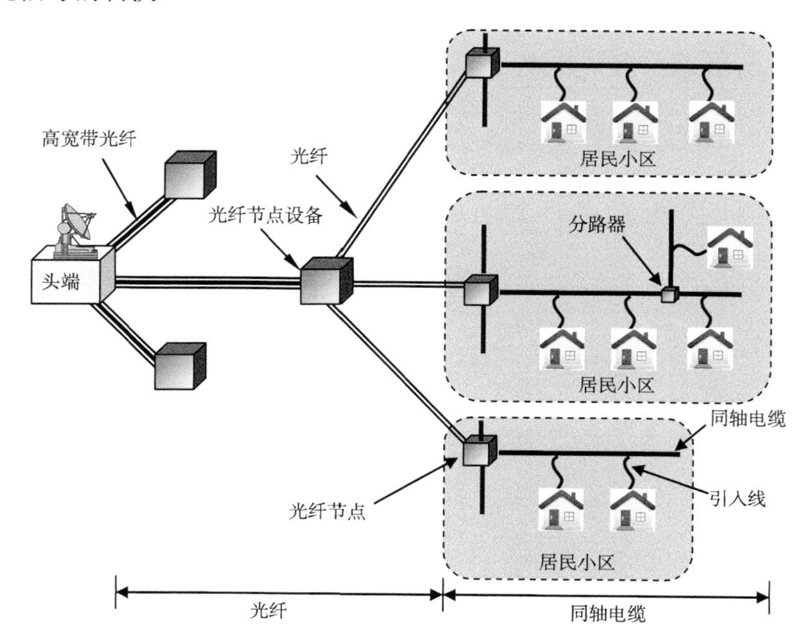

图 2-44　HFC 网的结构

用户到光纤节点的距离一般不超过 3km，而光纤节点到头端的典型距离是 25km，25km 内无需中继放大，这样从用户家庭到头端所需的放大器就只需要 4～5 个，大大提高了网络的可靠性和电视信号的质量。

HFC 接入的工作原理如图 2-45 所示。HFC 网中需要在用户端增加一个电缆调制解调器(Cable Modem，CM)。Cable Modem 的通信和普通 Modem 的不同之处在于，Cable Modem 的传输介质是 HFC 网，它需要将数据信号调制到某个传输带宽与有线电视信号共享介质；另外，Cable Modem 的结构比普通 Modem 更加复杂。它无须拨号上网，不占用电话线，可提供随时在线连接的全天候服务，而且它是用户端设备，只需要安装在用户端，与用户的计算机与电视机相连。

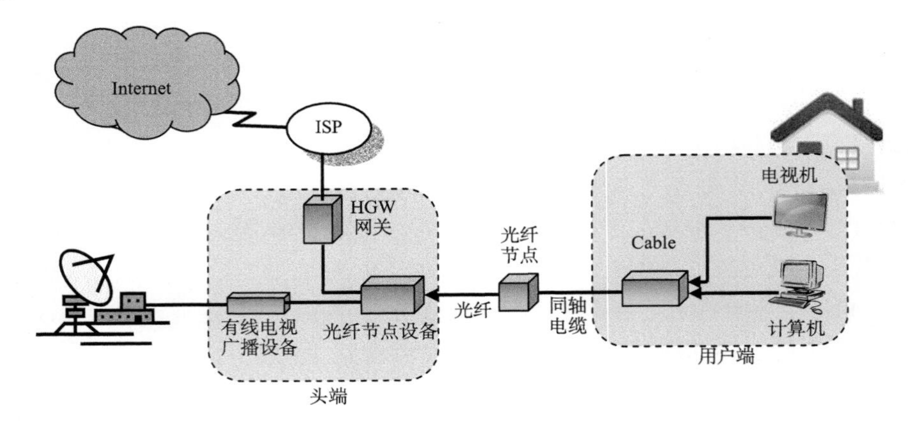

图 2-45　HFC 接入工作原理示意图

图 2-45 中的 HGW 网关指的是 HFC 网关(HFC Gateway)。此外，HFC 网中的“头端”一词是传统的有线电视系统的称法，在 HFC 系统中的正式名称是“电缆调制解调器终端系统”，也就是俗称的 Cable Modem 终端系统。

对于 HFC 的上行信道和下行信道，其频段的划分有很多方案。有的方案中两种信道是对称的，即带宽相同。但更多的方案是带宽不同的非对称结构，通常是下行信道的带宽要比上行信道带宽更大。图 2-46 是典型的非对称频段分配。

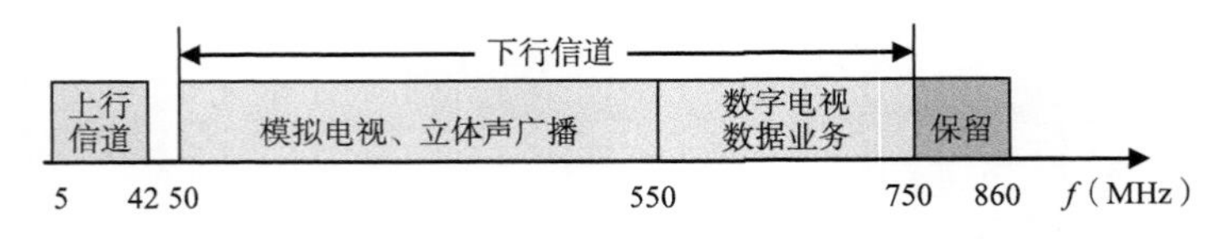

图 2-46　HFC 上行和下行信道的频段分配

由于有线电视网的覆盖面很广，HFC 接入为很多家庭宽带接入 Internet 提供一种经济、便捷的方式，因此它是一种极具优势和竞争力的宽带接入技术。

2.5.4　光纤接入

从前面的第 2.3 节已经知道，光纤作为导向性传输介质之一，其带宽远大于铜线和同轴电缆，此外，它还具有保密性强、抗干扰等优点，因此光纤在主干网中扮演着重要角色，如在 ADSL 和 HFC 宽带接入中，远距离的传输早已经使用了光缆。近几年，人们也在尝试将光纤技术应用到接入网中并取得了很好的效果。

光纤接入指的是在接入网中的使用光纤作为传输媒体。光纤接入网从技术上可分为两大类：有源光网络(Active Optical Network，AON)和无源光网络(Passive Optical Network，PON)。其中，有源光网络又可分为基于 SDH 的 AON 和基于 PDH 的 AON，本文只讨论 SDH(同步光网络)系统。

光纤接入网由以下各部分组成：光线路终端(Optical Line Terminal，OLT)、光配线网(Optical Distribution Network，ODN)和光网络单元(Optical Network Unit，ONU)。在有源光网络中，ONU 设备是串联在光纤网络中的，每个 ONU 收到的信号是经过上级 ONU 进行光-电-光变换后的信号。而在无源光网络中，ONU 设备是通过光分路器并接在光纤网络上，各 ONU 收到的信号都由 OLT 直接发送下来。

无源光网络是一种纯介质网络，避免了外部设备的电磁干扰和雷电影响，减少了线路和外部设备的故障率，提高了系统可靠性，同时节省了维护成本，是电信维护部门长期期待的技术。图 2-47 是 PON 的组成示意图。

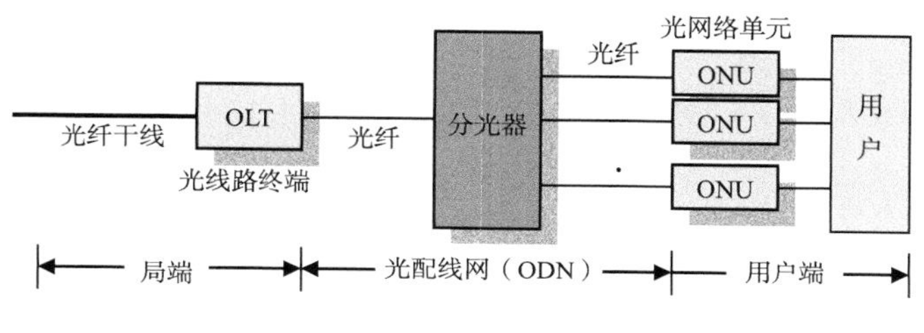

图 2-47　PON 的组成

根据光网络单元的位置，光纤接入方式可分为如下几种：

- 光纤到用户(Fiber To the Home，FTTH)；
- 光纤到大楼(Fiber To the Building，FTTB)；
- 光纤到小区(Fiber To the Zone，FTTZ)；
- 光纤到路边(Fiber To the Curb，FTTC)；
- 光纤到交换箱(Fiber To The Cabinet，FTTCab)；
- ……

以上各种方式统称为 FTTx。

光纤接入技术与其他接入技术(如铜双绞线、同轴电缆、五类线、无线等)相比，最大优势在于可用带宽大。此外，它还有传输质量好、传输距离长、抗干扰能力强、网络可靠性高、节约管道资源等特点。当然，它还有一些明显的不足，其中最主要的还是成本较高。尤其是光节点离用户越近，每个用户分摊的接入设备成本就越高。另外，与无线接入相比，光纤接入网还需要管道资源。这也是很多新兴运营商看好光纤接入技术，但又不得不选择无线接入技术的原因。

2.5.5　以太网接入

以太网从 20 世纪 80 年代开始就成为最普遍采用的网络技术。根据因特网数据中心(Internet Data Center，IDC)的统计，以太网的端口数在所有类型的网络端口数中的比重具有绝对优势。传统以太网技术属于用户驻地网(CPN)领域，还不属于接入网范畴，然而其应用领域却正在向包括接入网在内的其他公用网领域扩展。

由于中国的民宅大多数非常集中，而不像西方发达国家那样居住分散，这一点尤其符合以太网适合密集型居住环境的应用特点，因此以太网接入技术是具有中国特色的接入技术。基于五类线的高速以太网接入非常适合中国的这一国情。

利用以太网作为接入手段的主要原因主要有：

(1) 现有的网络基础设施较完善。

(2) 技术是标准化的，非常成熟。

(3) 性价比好，平均端口成本低、带宽高、用户端设备成本低。

(4) 可扩展性强、容易安装开通以及可靠性高。

(5) 各级产品之间保持了高度的兼容性，10Mbit/s、100Mbit/s、1000Mbit/s 甚至 10Gbit/s 的以太网可按需方便地升级。

(6) 与目前所有流行的操作系统和应用兼容。

由于以太网在局域网市场中取得了垄断地位，局域网中 IP 协议几乎都是运行在以太网上，IP 数据报直接封装在以太网帧中，以太网协议也就成了目前与 IP 协议配合最好的协议之一。因此以太网接入手段已成为宽带接入的新潮流，它将快速进入家庭。目前很多商业大楼和新建住宅区都使用 5 类非屏蔽双绞线(Unshielded Twisted Paired，UTP)进行了以太网的综合布线。

以太网接入能给每个用户提供 10Mbit/s 或 100Mbit/s 的接入速率，其带宽是其他接入方式的几倍甚至几十倍，而费用却比其他接入方式更低，因此它的性价比占绝对优势，既适合中国国情，又符合网络未来发展趋势，对于商业大楼和新建高档住宅区来说，以太网接入无疑会是最有前途的宽带接入手段。

2.5.6　无线接入

无线接入技术(Radio Interface Technologies，RIT)指通过无线传输介质将用户终端与网络节点连接起来，以实现用户与网络间的信息传输。无线接入技术是无线通信的关键问题。

典型的无线接入系统主要由基站及基站控制器、操作维护中心、固定终端和移动终端、空中接口和无线信道等几个部分组成。无线接入的工作原理如图 2-48 所示。

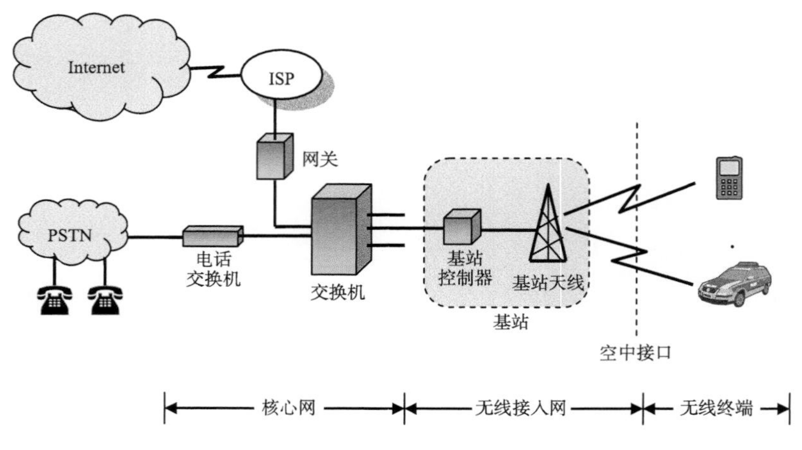

图 2-48　无线接入工作原理示意图

1) 基站

基站(Basic Station，BS)包括天线、无线收发机和基站控制器(Basic Station Controller,

BSC)。基站通过无线收发机提供与固定终端和移动终端之间的无线信道，并通过无线信道完成话音呼叫和数据的传输。基站控制器则主要负责对无线信道进行管理。

2) 操作维护中心

操作维护中心负责整个无线接入系统的操作和维护，包括对系统进行监测和数据采集、对故障进行记录并告警以及对系统的性能进行测试等。

3) 无线终端

无线终端与基站之间通过无线接口相接。无线终端包括固定终端和移动终端两类，其中固定终端的位置是固定的，基本不会移动。而移动终端的位置却是经常移动的，主要包括车载移动终端和手持移动终端。由于移动终端具备一定的移动性，因此支持移动终端的无线接入系统除了应具备固定无线接入系统所具有的功能外，还要具备一定的移动性管理等蜂窝移动通信系统所具有的功能。

4) 空中接口

空中接口(Air Interface，AI)指的是终端与基站之间的接口。

5) 无线信道

终端与基站之间的无线信道包括上行信道和下行信道。上行信道指的是终端向基站发送信号的信道，而下行信道指的是基站向终端发送信号的信道。

课后习题

2-1　数据通信系统中包含了通信的三要素，它们是什么？

2-2　模拟信号与数字信号有什么区别？

2-3　串行通信和并行通信各有什么优缺点？

2-4　比特率和波特率有什么关系？若理想低通信道的带宽为 W(Hz)，试根据奈奎斯特准则计算出波特率的上限值 MaxR_B。能否由 MaxR_B 得出最大数据传输速率 MaxR_b？为什么？

2-5　假设信道带宽 W 为 3000Hz，信噪比为 20dB，求最大数据传输速率 MaxR_b。

2-6　基带调制与带通调制有什么区别？

2-7　已知比特流：01001011，试画出其差分曼彻斯特编码的波形。

2-8　传输介质可分为哪几类？常见的导向传输介质有哪些？非导向传输介质呢？

2-9　什么是信道复用技术？其目的是什么？

2-10　已知某 FDM 系统的通信线路总带宽为 300kHz，每一路子信道的带宽假设为 5.5kHz，各子信道之间设立的隔离带为 0.5kHz。试计算该线路能传输多少路信号。

2-11　假设有 4 个站进行 CDMA 通信，它们的码片序列分别为：

A：(−1 −1 −1 +1 +1 +1 +1 −1)

B：(−1 −1 +1 −1 −1 +1 −1 −1)

C：(−1 +1 −1 −1 −1 +1 +1 +1)

D：(−1 −1 +1 +1 −1 −1 +1 +1)

现收到码片序列 S 为：(−1−3 +1 +1 +1 +1−1 −3)。试问：哪个(些)站发送了数据？发送数据的站发送的是 0 还是 1？

2-12　ADSL 的上行和下行带宽为什么要设计成不对称？

第3章　直 连 网 络

直连网络是最简单的计算机网络，是组成其他更复杂的大规模网络的基础。直接网络的技术主要涉及数据链路层。本章主要讨论组建直连网络的基本问题和解决方法，包括成组帧、无差错接收和多路访问等；并分别以 PPP、以太网和无线局域网为代表案例，讨论点对点信道和广播信道上的典型组网传输技术。本章的主要目标是掌握基础性问题的原理、熟悉链路层的协议与设备。

3.1　链路层概述

直连网络是指使用物理链路将各主机直接互联而成的计算机网络。直连网络中没有任何交换节点，每个网络节点都是直接相连，因此，可以说每个网络节点都是相邻的。直连网络除了物理线路外，还需要有通信协议来控制数据的传输。链路层协议就是控制直连网络进行数据传输，并提高网络可靠性的通信协议。从网络拓扑来看，数据链路层用于实现了两个相邻节点间的组网。

从网络的体系结构来看，数据链路层是在物理层提供的面向比特流的通信服务基础上，为网络层提供面向数据帧的传输服务。如图 3-1 所示，发送主机的链路层从网络层获得分组后，将其封装成数据帧，再通过物理层将数据传送给目标主机；而接收主机的链路层首先从物理层上交的位流中识别出数据帧，然后从中提取出 IP 分组后上交给上面的网络层。数据链路层的设计目标就是对物理层传输原始比特流的功能的加强，将物理层提供的可能出错的物理链路改造成为无差错接收的逻辑链路(也称数据链路)。

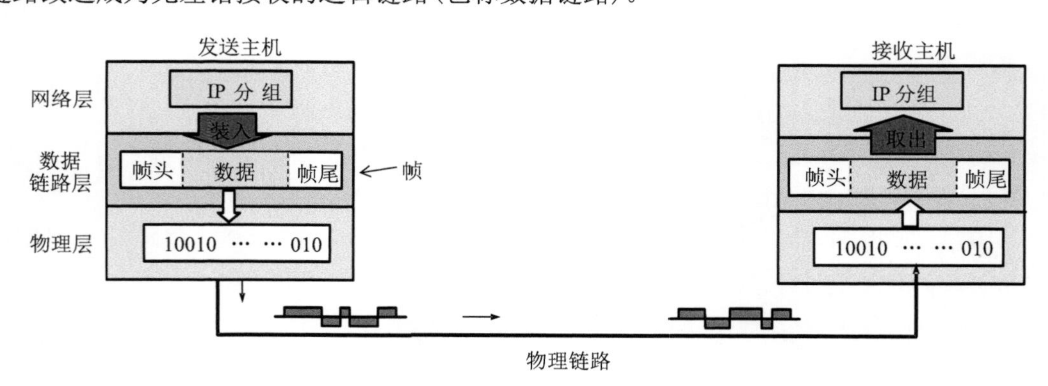

图 3-1　数据链路层的工作场景

如图 3-2 所示，根据使用信道类型的不同，数据链路层协议可分两大类：一种是基于点对点信道的链路协议；一种是基于广播信道的链路协议。基于点对点信道的链路协议主要应用于广域网中，它使用一对一的通信方式实现两个远程节点的互联，例如 PPP 协议。基于广播信道的链路协议主要应用于局域网中，它使用一对多的广播通信方式实现多个主机的互联，例如 IEEE 802.3。在点对点信道中，链路协议需要解决两个基本问题：封装成帧和实现无差错接收。而在广播信道中，链路协议除了需要解决上述的两个基本问题外，还需要解决多个站点共享同一个信道的访问控制问题。

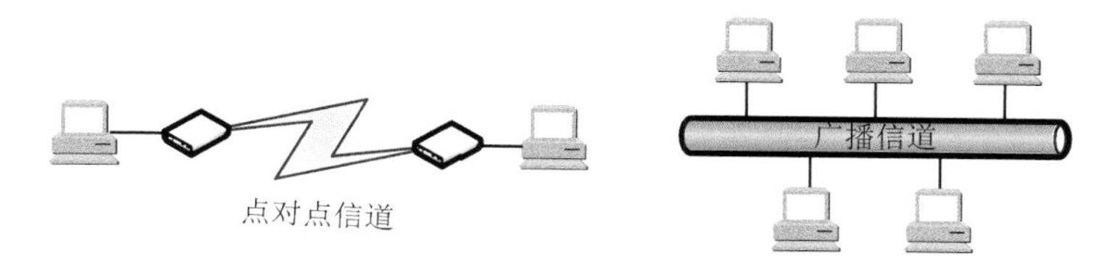

图 3-2 两种不同的信道类型

3.1.1 组帧

数据帧(简称帧)是链路层的基本传输单元。组帧是指在网络层提交的分组的前后分别添加一个首部和尾部，从而封装成一个数据帧。帧的首部和尾部，一方面用于携带地址和数据校验等必要的传输控制信息，另一方面用于解决帧的定界问题。在分组交换网中，节点的网络层处理的是数据块(数据报或分组)，而物理层处理的是比特序列(或称位流)。因此，对于处于中间的数据链路层而言，将分组封装成帧还需要解决一个基本的问题就是：如何使接收端能从物理链路的位流中识别出一个帧的起始和结尾。

为了便于通信，各种数据链路层协议都要对帧首部和尾部的格式有明确和统一的规定。另外，每一种链路层协议都规定了帧的数据部分的长度上限，即最大传送单元 MTU。图 3-3 给出了帧的首部和尾部的位置，以及帧的数据部分与 MTU 的关系。显然，为了提高帧的传输效率，应当使帧的数据部分长度尽可能地大于首部和尾部的长度。

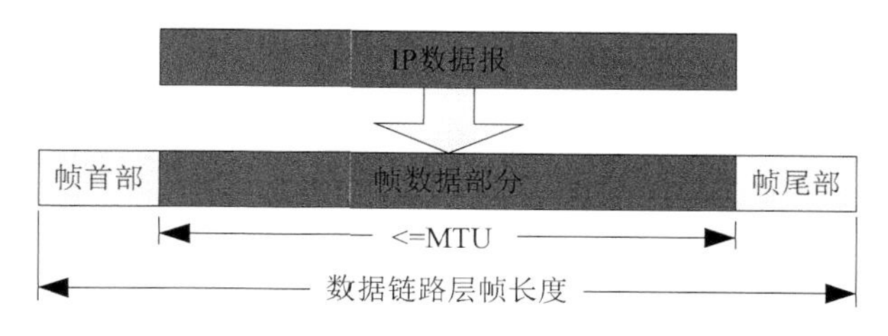

图 3-3 用帧首部和帧尾部进行封装成帧

在帧的定界机制中还需要解决数据的透明传输问题。所谓数据透明传输就是用户不受协议中的任何限制，可随机地传输任意比特编码的信息，即用户可以完全不必知道协议中所规定的结束段的比特编码或者其他的控制字符，因而不受限制地进行传输。

下面介绍几种常用的帧定界方法。

1. 控制字符定界法

该方法用一些特定的字符来定界一帧的起始与终止。例如在 IBM 公司的 BSC 协议(Binary Synchronous Communication，二进制同步通信协议)中，数据帧使用“SOH”和“EOT”两个特殊字符来标识帧头和帧尾，如图 3-4 所示。

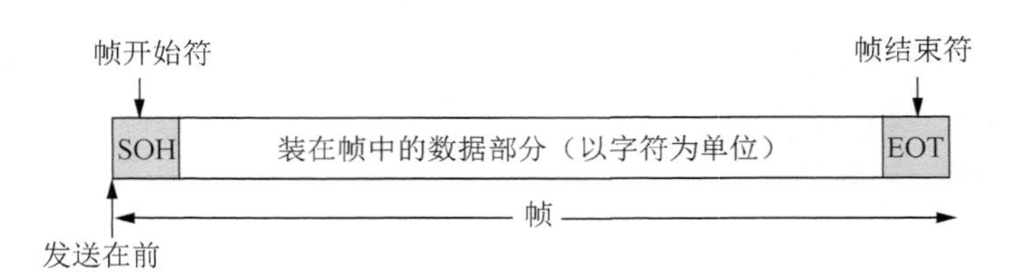

图 3-4　控制字符定界法

由于在数据部分中也有可能出现与特殊控制字符相同的数据字符，这会使接收端产生误解。比如，正文有个与“EOT”(ASCII 码为 00000100)相同的数据字符，如果不做处理，接收端就会误认为是帧的结束，进而产生接收错误。为此解决这一问题，BSC 协议设置了一个转义字符“DLE”(ASCII 码为 0010000)以示区别。当需要在数据块中传输一个与某个特殊字符一样的数据时，就在它前面要加一个“DLE”字符，这样接收端在收到一个“DLE”代码时，就知道了它后面的字符是普通的数据字符，而不是通信控制字符。如图 3-5 所示，发送端的数据链路层在数据中出现“SOH”或“EOT”等控制字符的前面插入一个转义字符“DLE”，用于告知接收端该字符是数据而不是控制字符。接收端的数据链路层会在将数据部分送往网络层之前删除插入的转义字符。控制字符定界法仅适用于面向字符的传输系统中，而且所用的特定字符依赖于所采用的字符编码集，兼容性比较差。

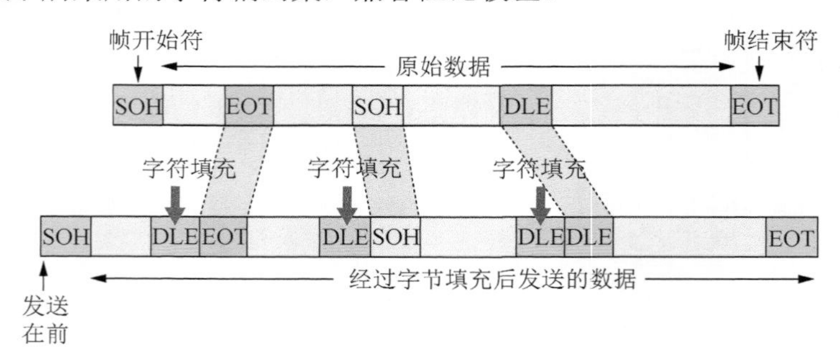

图 3-5　使用字符填充的透明传输机制

2. 特定比特序列定界法

面向比特的传输协议是把帧看成是比特的集合，因此它可以采用特定的比特序列来指示帧的开始和结束。例如 IBM 的 SDLC(Synchronous Data Link Control，同步数据链路控制)协议和 ISO 的 HDLC(High Level Data Link Control，高级数据链路控制规程)协议采用“01111110”序列来表示帧的开始和结束，如图 3-6 所示。

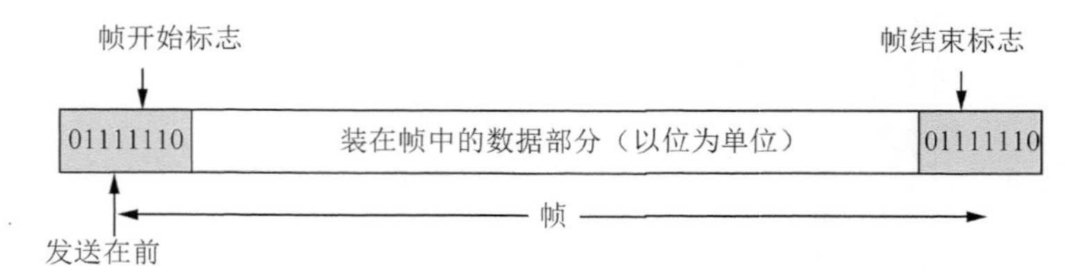

图 3-6　特定比特序列定界法

因为“01111110”序列也可能出现在帧中的任何地方，从而导致接收端误解。因此，面向比特的传输协议也需要解决透明传输问题。典型的解决方法是自动零比特填充法：在发送端扫描整个信息字段，只要发现有 5 个连续‘1’，则立即插入一个‘0’。如此保证在信息字段中不会出现 6 个连续的‘1’。接收端会对帧中的比特流进行扫描，每当发现 5 个连续的‘1’时，就把这 5 个连续‘1’后的一个‘0’删除，还原成原来的信息比特流。举例说明：

数据中某一段的比特组合：010111110011111100111111100

发送端遇到 5 个 1 插 0 后再发送：0101111100011111010011111101100

接收端将 5 个 1 后的 0 删除，恢复原样：010111110011111100111111100

3. 编码违例定界法

该方法仅限于物理层采用特定信号编码方法时采用。例如：IEEE 802.4 是使用违例的曼彻斯特码来划分 MAC 帧边界，而 IEEE 802.5 是使用模拟信号来划分帧边界。曼彻斯特编码是将数据比特“1”编码成“高-低”电平对，并将数据比特“0”编码成“低-高”电平对。而“高-高”电平对和“低-低”电平对在数据比特中是违法的。因此，可以借用这些违法编码序列来定界帧的起始和终止，如图 3-7 所示。违法编码法不需要任何填充技术，便能实现数据的透明性，但它只适用于采用冗余编码的特殊编码环境。

4. 确定长度法

该方法是通过明确帧的长度来实现帧的定界，具体又可分为字节计数法和固定长度法两种。前者是在帧中设定一个数据长度的字段(如图 3-8 所示)，而后者是固定数据帧的长度。在此基础上，接收端通过计数接收字节就能明确帧的结束位置，从而解决了透明传输的问题。例如，美国数字设备公司提出的数字数据通信消息协议(DDCMP)是一种面向字节计数的规程，异步传输模式(ATM)是采用固定的数据段长度法。在固定长度法中，如果在一帧信息中，各控制字段的长度固定，数据段长度也是固定的，那么在帧格式中就不必设结束符了，也不必设数据长度字段。这样就不存在数据透明传输问题。

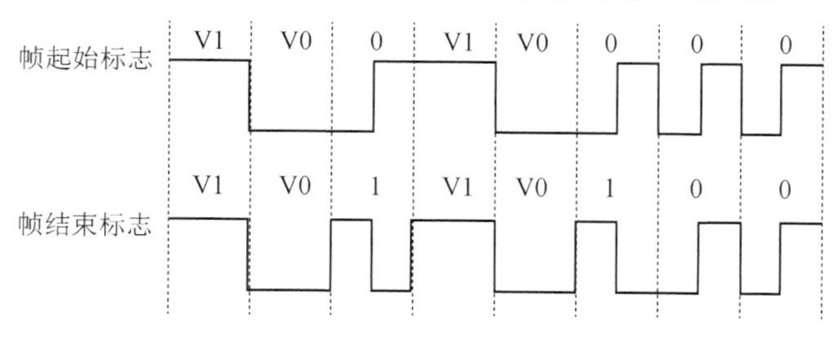

图 3-7 IEEE 802.4 的帧头和帧尾

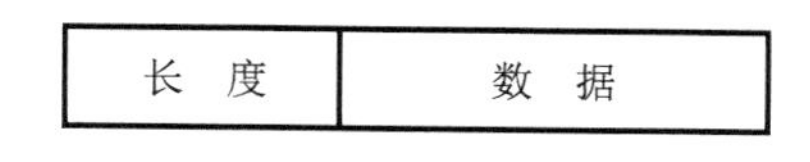

图 3-8 字节计数法

3.1.2 无差错接收

所谓无差错接收是指凡是被链路层接受的帧(即不包括丢弃的帧)，都可以认为这些帧在传输过程中没有产生差错(有差错的帧就丢弃而不接收)。无差错接收主要用于解决信道传输中的比特错误问题。数据帧在传输的过程中，由于物理信道的不可靠(如接触不良、信号衰减和电磁噪声干扰等)，其中某个比特 1 在接收方可能被判断为 0，反之亦然，从而造成数据传输的错误。因此，需要采取一定的措施在数据传输的过程中进行数据检测，并对出错数据进行处理的技术。

典型的无差错接收技术一般采用“检错-丢弃”机制。发送方首先对原始数据进行完整性编码，并将编码结果附加到传输数据的后面，接收方通过附加的编码字段可以验证所接收到的数据是否完整，如果数据有误则直接丢弃。值得注意的是，仅靠无差错接收机制还不足于实现可靠传输。数据帧在信道中传输的过程中，除了比特错外，还可能出现帧丢失、帧重复、帧乱序等其他差错。由于现代的远程通信大都采用光纤作为传输介质，线路质量明显提高了，因此信道出现各种传输错误的概率也大大降低。因此为了提高传输效率，现有的链路层协议大都仅采用无差错接收的可靠机制，而其他的差错问题一般交由端到端的传输层来解决。下面介绍几种常用的完整性编码方法：

1. 奇偶校验编码

这是最简单的完整性编码方法。其主要思想是：用单个奇偶检验位来检测链路发生的比特差错，如图 3-9 所示。在偶检验方案中，发送方在发送 n 个比特后附加上 1 个检验比特，并使这 n+1 个比特中 1 的总数为偶数。而奇检验方案是使这 n+1 个比特中 1 的总数为奇数。接收方通过奇数接收到的比特序列中 1 即可知道数据是否出错。该方法可以检测出链路发生的单个比特差错。但在计算机网络中较少使用，由于数据传输一旦发生错误，往往是连续多位出错。奇偶校验只能检测出 50%的错误，没有实用价值。

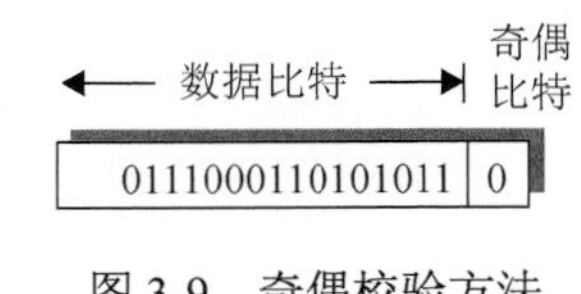

图 3-9　奇偶校验方法

2. 检验和编码

检验和方法通常用于检测端到端传输过程中发生的错误。该方法主要思想：将传输的所有字节当做整数加起来(补码和)，其和作为检验和，然后将这个检验和传输到接收方。接收方对收到的数据执行相同的计算，再把得到的结果与收到的检验和进行比较。如果传输数据出错，结果则可能不相同，接收方就知道出现了错误。具体的编码方法见第四章。

3. CRC 编码

CRC 编码是一种通过多项式除法检测差错的方法。CRC 将二进制数据看成一个多项式，既一个 N+1 位数据可以表示成一个 N 阶多项式。例如，一个 8 位的数据 11000011，表示成多项式为 $x^7+x^6+x^1+1$。通过多项式的代数运算即可获得 CRC 编码。

CRC 编码操作的步骤如下：

(1) 发送方和接收方事先协商好一个除数 $G(x)$，称为生成多项式。$G(x)$是一个 k 次幂的多项式。

(2) 发送方对于一个给定 n 比特长的数据段 $M(x)$，要计算 k 位附加比特 $R(x)$，并将其加到数据段后面，得到 $n+k$ 比特的发送序列 $P(x) = M(x)\times 2^k + R(x)$。附加比特 $R(x)$是 $M(x)\times 2^k$ 除以 $G(x)$所得到的余数。所做的除法操作是模 2 除法。

(3) 接收方用 $G(x)$去除接收到的 $n+k$ 比特数据 $P(x)'$。如果余数为非零，接收方就知道出现了差错；否则认为数据正确。

CRC 编码举例：假设原始数据 $M = 110011$，$n = 6$；除数 $G(x)=x^3+x+1$，既 G=1011，k=3。

则被除数是 $2^k\times M$=110011000。然后进行如下的模 2 除法：

```
          111010
1011 ) 110011000
       1011
       ----
        1111
        1011
        ----
         1001
         1011
         ----
          0100
          0000
          ----
           1000
           1011
           ----
            0110
            0000
            ----
             110
```

计算得余数 $R = 110$，该余数即为校验码。

因此，发送的序列 $P = M\times 2^k + R$，即 110011110，共 $(n+k)$ 位。

CRC 编码具有良好的代数结构，计算机中易于实现，编码器简单，检错能力强，是目前链路层协议主要采用的完整性编码方法。现代计算机网络普遍在链路层用硬件芯片实现了基于循环冗余检验(CRC)编码的差错检测技术。国际标准已经定义了 12、16、32 等比特的生成多项式，具体如下：

- CRC-12　　$G(x) = x^{12}+x^{11}+x^3+x^2+x+1$
- CRC-16　　$G(x) = x^{16}+x^{15}+x^2+1$
- CRC-32　　$G(x) = x^{32}+x^{26}+x^{23}+x^{22}+x^{16}+x^{12}+x^{11}+x^{10}+x^8+x^7+x^5+x^4+x^2+x+1$

3.1.3 信道访问控制

信道访问控制(Media Access Control，MAC)是使用广播信道的链路层必须要解决的一个关键问题。在广播信道中，所有网络节点共享同一个通信信道，每个节点发出的消息都会被其他的节点接收，因此非常容易实现多点互联。但如果多个节点同时发送数据，则这些信号将会在信道中发生碰撞，这个现象也称为信道冲突。信道冲突会导致数据传输失败，并降低了信道利用率。如图 3-10 所示，两个站点发送的数据帧类似两辆高速行走的汽车，如果同时达到路口，则将发生碰撞。因此，相比点对点信道，使用广播信道的链路层协议(主要应用于局域网)还必须解决信道争用问题，即多个发送/接收节点同时使用一个广播信道，如何协调它们共享一个信道。

现有的 MAC 协议一般采用动态的分布式分配策略，具体包括随机接入和受控接入两类：

1. 随机接入

该方法的主要特点是所有的用户都可以随机地发送信息。但如果有两个以上的用户在同一时刻发送信息，那么共享媒体上就会发生冲突，导致这些用户的发送都会失败。所以，该方法需要有能解决冲突的协议。随机接入策略简单易行，网络延迟时间短，但信道利用率不高，一般适用于负载较轻的网络，常见的随机接入 MAC 协议包括：ALOHA、时隙 ALOHA、CSMA，CSMA/CD 和 CSMA/CA 等。下面简单介绍一下 ALOHA 协议：

ALOHA 是世界上最早的无线电计算机网络。它是 1968 年夏威夷大学的一项研究计划的名字，也是最早最基本的无线数据通信协议。这项研究计划的目的是要解决夏威夷群岛之间的通信问题。ALOHA 网络可以使分散在各岛的多个用户通过无线电信道来使用中心计算机，从而实现一点到多点的数据通信。ALOHA 协议的思想很简单，用户只要有数据就可以发送。由于广播信道具有反馈性，发送方可以在发送数据的过程中进行冲突检测，将接收到的数据与缓冲区的数据进行比较，就可以知道数据帧是否遭到破坏。如果数据帧遭到破坏(即检测到冲突)，则等待一段随机长的时间后重发该帧。同样的道理，其他用户也是按照此过程工作。对于一个有 N 个节点的网络而言，一个帧成功传输的条件：在 t_0 发送与在［t_{0-1}，t_{0+1}］发送的其他帧无碰撞。由于其他节点不传输的概率和不开始传输新帧概率均为$(1-P)^{N-1}$，则给定节点 i 成功传输一帧的概率为 $P(1-P)^{2(N-1)}$，因此，ALOHA 的效率是 $NP(1-P)^{2(N-1)}$。取极限，得协议的最大效率为 1/(2e)=0.185。时隙 ALOHA 是对 ALOHA 的一种改进，它的思想是将时间分为离散的时间片，用户每次必须等到下一个时间片才能开始发送数据，从而避免了用户发送数据的随意性，减少了数据产生冲突的可能性，提高了信道的利用率。时隙 ALOHA 的信道利用率效率最大可为 0.37。

2. 受控接入

受控接入方法的主要特点是用户不能随意发送信息，而是必须服从一定的控制。具体又可分为集中式控制和分散式控制。集中式控制的主要方法是轮询技术，又分为轮叫轮询和传递轮询。在轮叫轮询中，主机按顺序逐个询问各站是否有数据。而在传递轮询中，主机先向某个子站发送轮询信息，若该站完成传输或无数据传输，则继续向其邻站发轮询，所有的站依次处理完后，信道控制权又回到主机。分散式控制的主要方法是令牌技术，最典型的应用有令牌环网(IEEE 802.5)，其原理是网上的各个主机地位平等，在环状的网络上有一个特殊的帧(称为令牌)，令牌在环网上不断循环传递，只有获得的主机才有权发送数据，如图 3-11 所示。当网络负载较重时，采用控制接入能避免频繁冲突，因此可以获得较高的信道利用率。

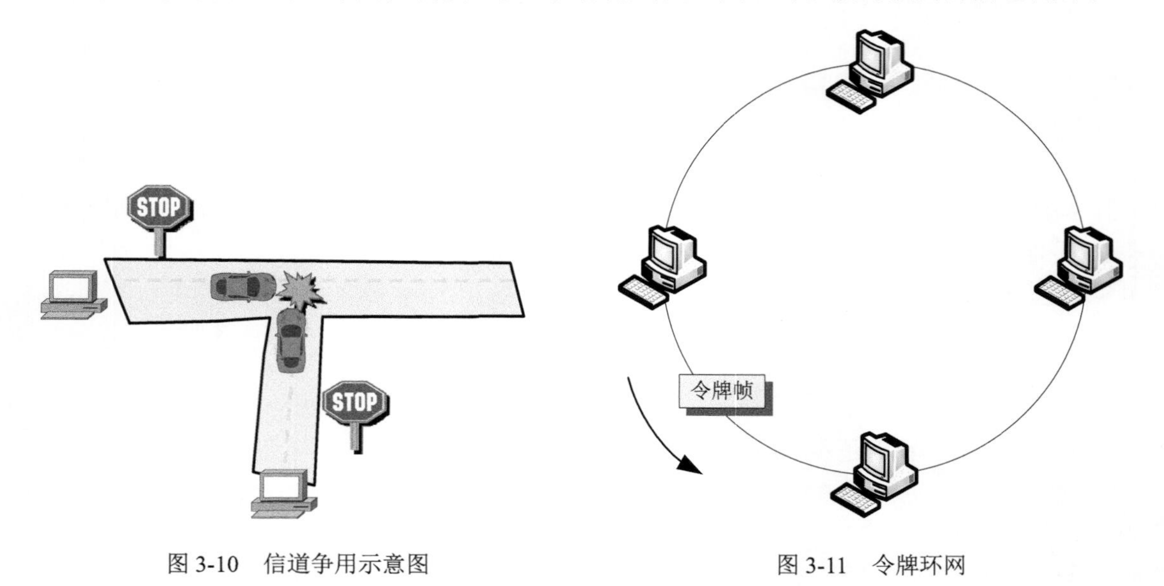

图 3-10　信道争用示意图　　　　图 3-11　令牌环网

3.2　PPP 协议

PPP 协议是目前使用最广泛的点对点信道链路层协议。本节主要介绍 PPP 协议的特点和基本的协议内容。

3.2.1 PPP 协议简介

点对点信道的协议 PPP(Point-to-Point Protocol)是 IETF 在 1992 年制定的。经过 1993 年和 1994 年的修订，现在的 PPP 协议在 1994 年就已成为因特网的正式标准 [RFC1661]。PPP 协议支持在各种物理类型的点到点串行线路上传输上层协议报文。它具有很多丰富的可选特性，如支持多种网络层协议、提供可选的身份认证服务、提供压缩数据功能、支持动态地址协商、支持多链路捆绑等等。但是，PPP 协议不进行纠错、不提供可靠传输、不提供流量控制、不支持多点链路通信，因此协议设计和实现简单。

PPP 是一种多协议成帧机制，它适合于调制解调器、HDLC 位序列线路、SONET 和其他的物理层上使用。它支持错误检测、选项协商、头部压缩以及使用 HDLC 类型帧格式(可选)的可靠传输。不论是异步拨号线路还是路由器之间的同步链路均可使用 PPP 协议，应用十分广泛。如图 3-12 所示，家庭用户使用拨号电话线接入因特网时，一般都是使用 PPP 协议。

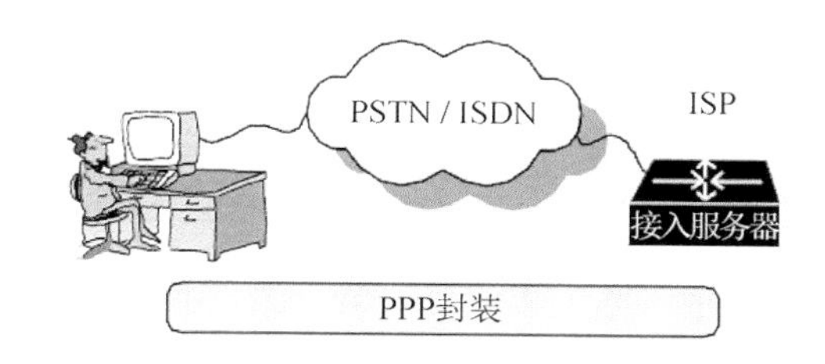

图 3-12 接入网示意图

PPP 协议包含两方面功能：一部分是针对点对点物理链路的链路层功能，即基于点对点物理链路的数据传输功能，如差错控制、帧定界和 IP 分组封装等。另一部分是针对用户接入操作的功能，如用户身份鉴别、IP 地址分配等。PPP 协议的内容可以分为三个部分。

(1) 封装成帧，PPP 协议提供一种封装多协议数据报的方法。既支持异步链路，又支持面向比特的同步链路。

(2) 链路控制协议 LCP(Link Control Protocol)。相当于以太网数据链路层的 MAC 子层；LCP 用来建立、配置、管理和测试数据链路连接；此外，身份认证、压缩、多链路绑定等功能也是在 LCP 子层实现。在建立连接过程中，通信双方可以就一些参数选项进行协商，包括最大接收单元、认证协议、压缩等。

(3) 一组网络控制协议 NCP(Network Control Protocol)，每一个 NCP 支持不同的网络层协议，以实现 PPP 协议对多种网络层协议的支持。如对于 IP 提供 IPCP 接口，对于 IPX 提供 IPXCP 接口，对于 APPLETALK 提供 ATCP 接口等。

3.2.2 帧格式

1. 字段意义

如图 3-13 所示，PPP 协议的数据帧包含了以下字段：

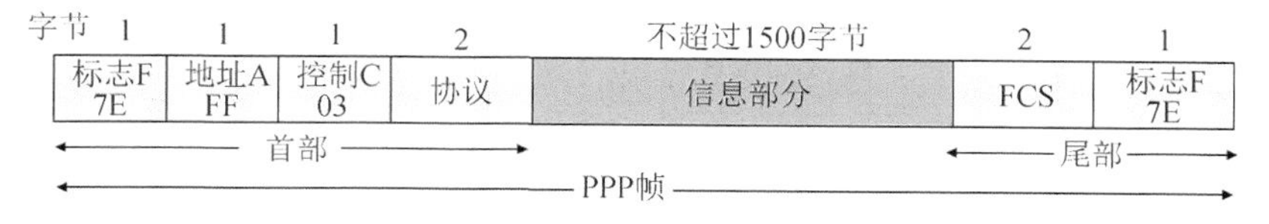

图 3-13 PPP 帧格式

(1) 帧的起始标志和结束标志：用于标识帧的开始和结束，固定为 0x7E，即 01111110。

(2) 协议：指明数据字段所包含的数据类型；例如当协议字段为 0x0021 时，表明信息部分封装的是 IP 分组。

(3) 信息部分：用于承载需要经过 PPP 帧传输的数据，如 IP 分组。长度不超过 1500 字节。

(4) 帧检验序列 FCS (Frame Check sequence)：PPP 协议使用 CRC 码检测帧的比特差错。

(5) 地址和控制字段：PPP 帧格式是继承 HDLC 协议，但并不需要用到这两个字段，因此固定为 0xFF。点对点物理链路只在两端接入两个节点，因此不存在寻址问题。

2. 字节填充

当 PPP 使用异步传输时，使用字节填充方法，转义字符定义为 0x7D。具体的方法是把信息字段中出现的每一个 0x7E 字节转变成为 2 字节序列 (0x7D 0x5E)；若信息字段中出现一个 0x7D 的字节 (即出现了和转义字符一样的比特组合)，则把 0x7D 转变成为 2 字节序列 (0x7D 0x5D)；若信息字段中出现控制字符 (即数值小于 0x20 的 ASCII 码字符)，则在该字符前面要加入一个 0x7D 字节，同时将该字符的编码加以改变。如图 3-14 表示用字节填充法解决该问题的方法。

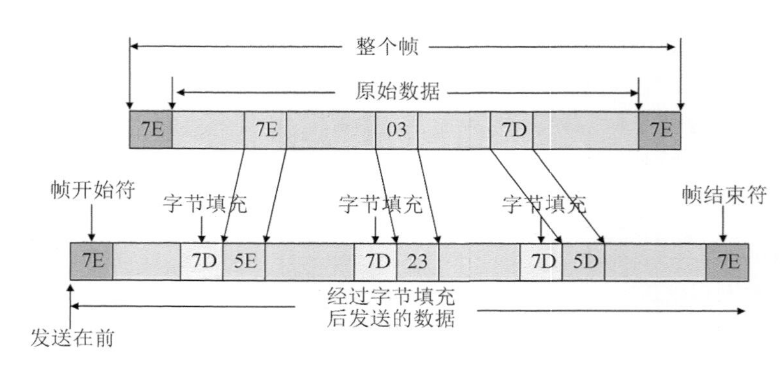

图 3-14　用字节填充法解决透明传输问题

SONET/SDH 链路中的 PPP 协议是使用同步传输 (一连串的比特连续传送) 而不是异步传输 (逐字符地传送)。在这种情况下，PPP 协议采用前面所述的零比特填充方法来实现透明传输。

3.2.3 PPP 的工作过程

典型的 PPP 会话建立可归纳为三个阶段：链路建立阶段、验证阶段 (可选)、网络控制协商阶段。如图 3-15 所示，当用户拨号接入 ISP 后，就建立了一条从用户 PC 机到 ISP 的物理连接。这时，用户 PC 机向 ISP 发送一系列的 LCP 分组 (封装成多个 PPP 帧)，以便建立 LCP 连接。这些分组及其响应选择了将要使用的一些 PPP 参数。接着进行身份验证，PPP 提供的认证协议有 PAP 和 CHAP。在身份验证通过后还要进行网络层配置，NCP 会给新接入的用户 PC 机分配一个临时的 IP 地址；这样，用户 PC 机就成为因特网上的一个有 IP 地址的主机了。当用户通信完毕时，NCP 释放网络层连接，收回原来分配出去的 IP 地址。接着，LCP 释放数据链路层连接，最后释放物理连接。

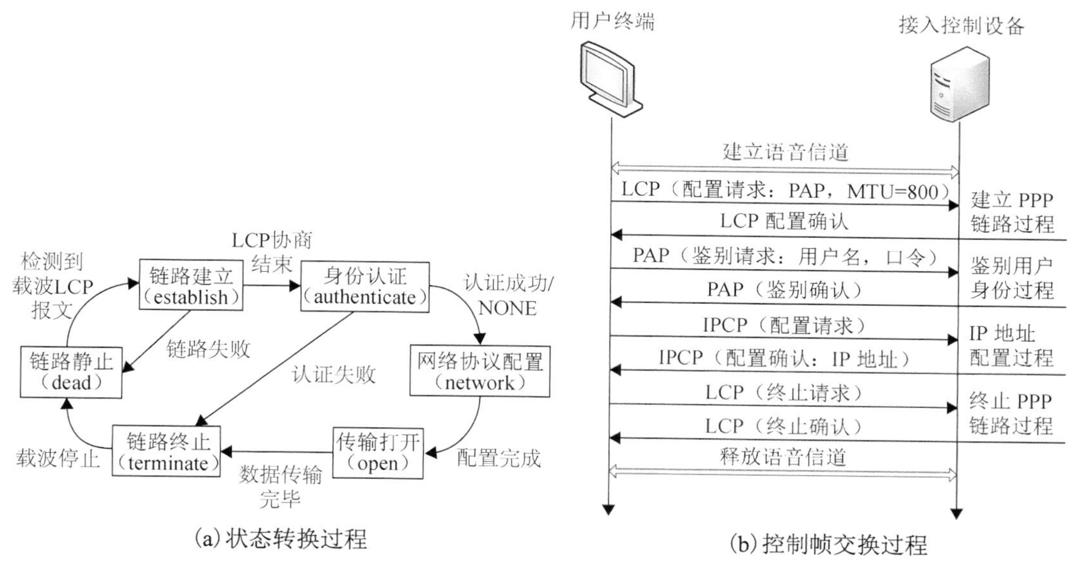

图 3-15 PPP 协议的工作过程

3.2.4 PPP 协议的身份验证机制

验证过程在 PPP 协议中为可选项。在连接建立后进行连接者身份验证的目的是为了防止有人在未经授权的情况下成功连接，从而导致泄密。PPP 协议支持两种验证协议：

(1) 口令验证协议(Password Authentication Protocol，PAP)：口令验证协议的原理是由发起连接的一端反复向认证端发送用户名/口令对，直到认证端响应以验证确认信息或者拒绝信息。

(2) 握手鉴权协议(Challenge Handshake Authentication Protocol，CHAP)：CHAP 用三次握手的方法周期性地检验对端的节点。其原理是：认证端向对端发送“挑战”信息，对端接到“挑战”信息后用指定的算法计算出应答信息然后发送给认证端，认证端比较应答信息是否正确从而判断验证的过程是否成功。如果使用 CHAP 协议，认证端在连接的过程中每隔一段时间就会发出一个新的“挑战”信息，以确认对端连接是否经过授权。

这两种验证机制共同的特点就是简单，比较适合于在低速率链路中应用。但简单的协议通常都有其他方面的不足，最突出的便是安全性较差。一方面，口令验证协议的用户名/口令以明文传送，很容易被窃取；另一方面，如果一次验证没有通过，PAP 并不能阻止对端不断地发送验证信息，因此容易遭到强制攻击。挑战握手协议的优点在于密钥不在网络中传送，不会被窃听。由于使用三次握手的方法，发起连接的一方如果没有收到“挑战信息”就不能进行验证，因此在某种程度上挑战握手协议不容易被强制攻击。但是，CHAP 中的密钥必须以明文形式存在，不允许被加密，安全性无法得到保障。密钥的保管和分发也是 CHAP 的一个难点，在大型网络中通常需要专门的服务器来管理密钥。

3.3 基于广播信道的以太网

以太网是目前主流的局域网组网技术。传统的以太网是基于广播信道(共享一条总线)实现多个主机的互联。本节通过以太网为案例，分析基于共享信道的链路层协议的设计方法和关键技术。

3.3.1　传统以太网简介

以太网(Ethernet)是由美国(Xerox)公司的帕洛阿尔托研究中心(PARC)于 1976 年研制成功,其核心技术起源于 ALOHA 网。最初的以太网传输速率为 3Mbit/s,其发明人是 Bob Metcalfe。后来，由 DEC、Intel 和 Xerox 三家公司组成的以太网联盟于 1980 年代初制定了 10M 以太网规范 DIX Ethernet V1 和 V2 版本。目前所说的以太网，严格意义上就是指 DIX Ethernet V2 版本的局域网。最初的以太网以无源的粗同轴电缆作为传输介质来传输数据，是一种基带总线型局域网，网络拓扑如图 3-16 所示。

以太网对应的国际标准是 IEEE 802.3。IEEE 是负责制定底层网络技术标准(包括物理层和数据链路层)的主要国际组织。IEEE 的 802 委员会下设若干工作组，每个工作组负责一类网络的标准。许多个域网、局域网和城域网的设计都成为了 IEEE 802 名义下的标准，这些标准规定了各自的拓扑结构、介质访问控制方法、帧格式和规程操作等内容。例如：IEEE 802.3 规定了载波监听多路访问/冲突检测访问方法 CSMA/CD 和物理层协议，IEEE 802.4 规定了令牌总线访问方法(Token Bus)和物理层协议，IEEE 802.5 规定了令牌环访问方法(Token Ring)和物理层协议。为了使数据链路层能更好地适应多种局域网标准，IEEE802 委员会将链路层进一步划分成两个子层：逻辑链路控制层 LLC 和媒体接入控制层 MAC，如图 3-17 所示。MAC 子层包含介质访问控制相关内容，而 LLC 子层负责识别网络层协议以及可靠传输功能。由于 Internet 体系使用的以太网规范是 DIX Ethernet V2 而不是 802.3，因此现在 LLC 层的作用已经消失了，很多厂商生产的适配器上就仅实现 MAC 协议而没有 LLC 协议。

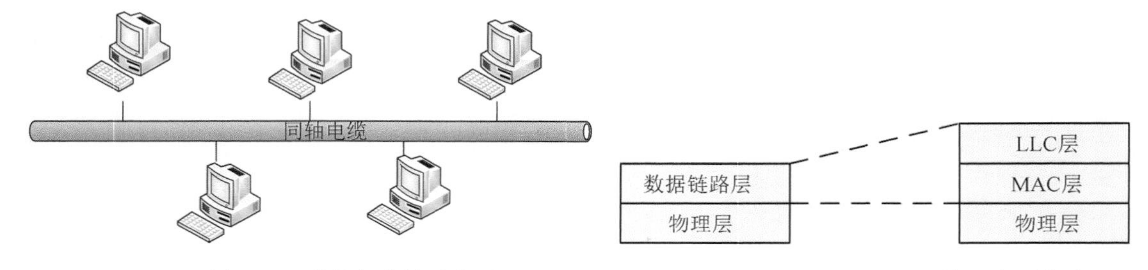

图 3-16　总线拓扑的以太网　　　　图 3-17　IEEE 的局域网模型

与其他局域网技术相比，以太网最大的特点就是简单易行。以太网发明人曾经开玩笑说“也许以太网不适合在理论中研究，只适合在实际中应用”。但技术的简单性往往代表低成本和高鲁棒性，因此网络技术的发展进化往往遵循“简单者生存”原则。以太网的物理层最初是采用最简单的无源总线来组网。以太网的链路层是采用最简单的随机接入协议 CSMA/CD。另外，为了简便通信，以太网只提供不可靠、无连接服务。一方面，以太网采用较为灵活的无连接的工作方式，即不必先建立连接就可以直接发送数据；另一方面，以太网对发送的数据帧不进行编号，也不要求对方发回确认。

3.3.2　CSMA/CD 协议

为了解决信道的共享问题，以太网采用了带冲突检测的载波侦听多路访问技术

(Carrier Sense Multiple Access with Collision Detection，CSMA/CD)。它是在ALOHA的基础上改进，属于争用型的介质访问控制协议。所谓载波侦听(Carrier Sense)的意思是：网络上各个站点在发送数据前要确认总线上有没有数据在传输，若有(称总线为忙)，则暂时不要发送数据，以免发生碰撞。载波侦听可以简单概括为“先听后发”。所谓多路访问(Multiple Access)，意思是网络上所有工作站收发数据共同使用同一条总线，且发送数据是广播式的。

与ALOHA相比，CSMA采用了“先听后发”机制，能有效减少了信道碰撞概率，具有更高的信道利用率，但仍然不能完全避免冲突。由于电磁波传播需要时间，即使站点采用先听后发仍然有可能发生冲突。如图3-18所示，A站点在t_0时刻向B站点发出数据帧，载波信号要经过一定传播延时τ才能到达站点B。如果B在t_0～$t_0+\tau$期间发送自己的帧(此时B检测总线是空闲的)，则必然要在某个时间和A发送的帧发生碰撞。

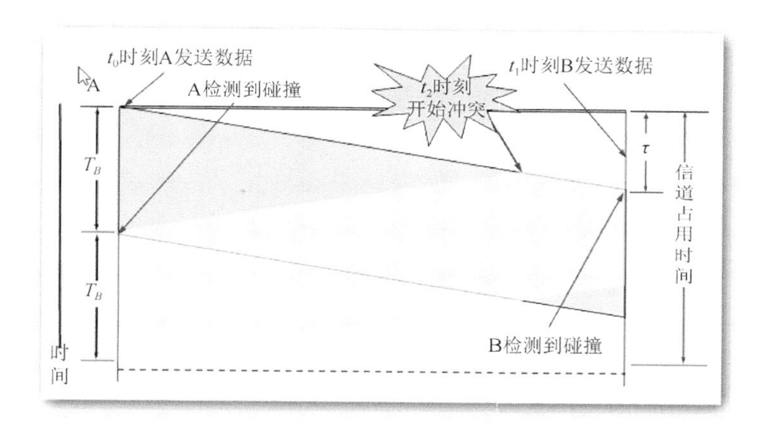

图3-18　CSMA的冲突问题

为了解决冲突问题，以太网增加了一个冲突检测机制(Collision Detected)。其思想是发送站点在传输过程中仍继续侦听介质是否发生碰撞，一旦检测到冲突，则停止发送。CSMA/CD原理比较简单，技术上易实现，网络中各工作站处于平等地位，不需集中控制，不提供优先级控制。但在网络负载增大时，冲突概率也随之上升，发送效率则急剧下降。

1. CSMA/CD的工作过程

如图3-19所示，CSMA/CD的工作过程可以归纳如下：

(1)先听后发：当一个站点想要发送数据的时候，先检测信道是否有其他站点正在传输，即侦听信道是否空闲。如果信道忙，则等待，直到信道空闲；如果空闲，则立即发送数据。

(2)边听边发：在发送数据期间，发送站点继续侦听网络，直至数据帧发送成功，执行结束。如果检测到冲突，则执行步骤(3)。

(3)冲突停止：如果检测到冲突，则立即停止发送数据，同时发送一个加强冲突阻塞信号，以便使网络上所有工作站都知道信道发生冲突。然后继续执行步骤(4)。

(4)延时重发：发送冲突的站点，使用截断二进制指数退避算法计算一个延迟时间，在等待之后再回到步骤(1)，重新发送数据帧。如果连续重传了16次都检测到冲突发生，则终止传输，并向高层协议报告网络错误。

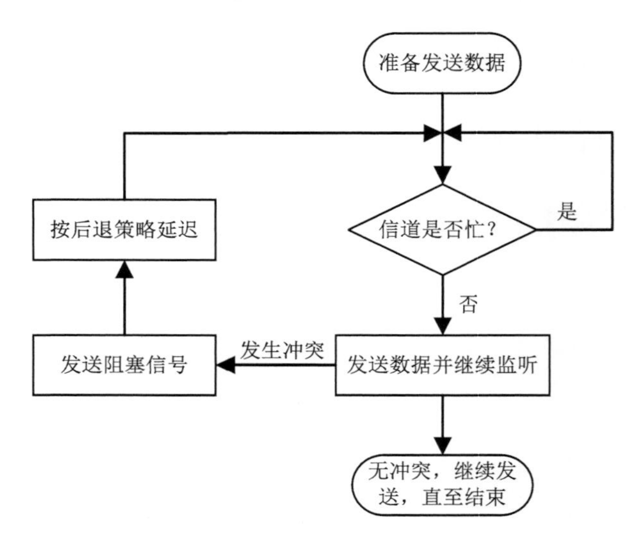

图 3-19　CSMA/CD 工作过程

2. 冲突检测

“冲突检测”就是指计算机边发送数据边检测信道上的信号电压大小。由于如果发生碰撞，则信号相互叠加会造成电压摆动幅度超过正常范围。因此当一个站检测到的信号电压摆动值超过一定的门限值时，就认为总线上至少有两个站同时在发送数据，表明产生了碰撞。

3. 截断二进制指数退避算法

发生冲突后，两个终端的延迟时间必须不同，否则将再次发生冲突。以太网采用称为截断二进制指数类型的后退算法，算法的基本思路如下：

(1) 确定参数 K：K=MIN(冲突次数，10)；即初始时 K=0，每发生一次冲突，K 加 1，但 K 不能超过 10。

(2) 从集合［0，1，…，2^{K-1}］中随机选择一个整数作为 r 的值。

(3) 根据 r，计算出后退时间 $T=r\times2\tau$，即以争用期 2τ 为基本退避时间。对于 10M 以太网，$2\tau=51.2\mu s$。

截断二进制指数类型的后退算法是一种自适应后退算法。为了提高总线的利用率，其设计目标是：① 同时参与争用总线行动的终端的延迟时间不能相同；② 尽量最小的，且与其他终端的延迟时间不同的延迟时间最好为 0。一旦两个终端发生冲突，每一个终端单独执行后退算法，在计算延迟时间时，对于第一次冲突，K=1，两个终端各自在［0，1］中随机挑选一个整数，由于只有 2 种挑选结果，两个终端挑选相同整数的概率为 50%。如果两个终端在第一次发生冲突后挑选了相同的整数，则将再一次发生冲突。当检测到第二次冲突发生时，两个终端各自在［0，1，2，3］中随机挑选整数，由于选择余地增大，两个终端挑选到相同整数的概率降为 25%。随着冲突次数的不断增加，两个终端产生相同延迟时间的概率不断降低。当两个终端的延迟时间不同时，选择较小延迟时间的终端先成功发送数据。

4. 捕获效应

捕获效应是指：截断二进制指数类型的后退算法在两个终端都想连续发送数据的情况下，

有可能导致一个终端长时间内一直争到总线发送数据，而另一个终端长时间内一直争不到总线发送数据。该效应是非常严重的问题，如果不是以太网从共享发展成交换，端口通信方式从半双工发展为全双工，捕获效应将成为厂家面对的一个重大问题。但随着交换式以太网的兴起和以太网交换机端口与主机之间广泛采用全双工通信方式，捕获效应问题自然消失。

3.3.3　以太网的量化参数

1. 冲突域直径

在总线形以太网中，一旦有两个终端同时发送数据就会发生冲突，我们将具有这种传输特性的网络所覆盖的地理范围称为冲突域，并将同一冲突域中相距最远的两个终端之间的物理距离称为冲突域直径。在局域网的分析中，常把总线上的单程端到端传播时延记为 τ。在电信号传播速度已知的情况下，传播时间和传播距离是可以相互换算的，所以一般用传播时延 τ 代替距离来标识冲突域直径。假设网络中两个相隔最远的站点的距离是 d_{max}，电信号的传播速率为 c，则 $\tau=d_{max}/c$。

2. 争用期

争用期(Contention Period)就是以太网端到端往返时间 2τ，又称为碰撞窗口(Collision Window)。我们考虑最坏情况，如图 3-20 所示，当终端 A 发送的数据帧即将到达终端 B 时，B 恰好也发送自己的数据帧；两个信号在 B 端碰撞，B 立即侦听到冲突信号，但冲突信号传到 A 还需一个 τ 的时延，因此，A 从开始发送到侦听到冲突信号共需 2τ 的时间。由此可见，对于每个发送站点而言，会发生碰撞的危险期为 0～2τ。也就是说，过了 2τ 时间，本次传输就不会发生碰撞了。因此，我们也将 2τ 称为争用期。以太网规定争用期 2τ 为 51.2μs。

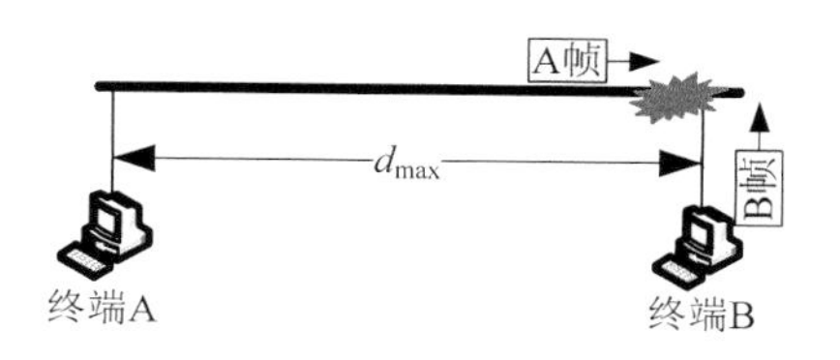

图 3-20　冲突直径

3. 最小帧长

在以太网中，发送站点都是在发送数据帧的期间才进行冲突检测，因此，为了确保能够检测到任何情况下发生的冲突，每个终端发送数据帧的时间不能小于争用期 2τ。而 MAC 帧的长度又决定了 MAC 帧的发送时间，因此，以太网的帧长不能太短，必须满足以下不等式：

$$\frac{L_{min}}{s} \geqslant \frac{2d}{c} = 2\tau \tag{3-1}$$

其中，L_{min} 为最小帧长，s 为端口速率，2τ 为争用期。对于 10M 的以太网而言，如果争用期 2τ 为 51.2μs，则，$L_{min}=2\tau\times s=51.2\mu s\times 10Mbit/s=64$ 字节。

值得思考的是，如果以太网提高了网速，则为了满足不等式(3-1)，则应该调整其他参数？增大帧长或者缩小网络直径？

3.3.4　帧格式

传统以太网的 MAC 帧格式有两种标准：一种是以太网规范，即 DIX Ethernet V2 标准，另一种是 IEEE 的 802.3 标准。两种帧格式略有差别，本节只介绍 Ethernet V2 的 MAC 帧格式，如图 3-21 所示。以太网帧的帧头和帧尾共 18 字节，数据长度为 46～1500 字节，因此帧的有效长度在 64～1518 字节之间。

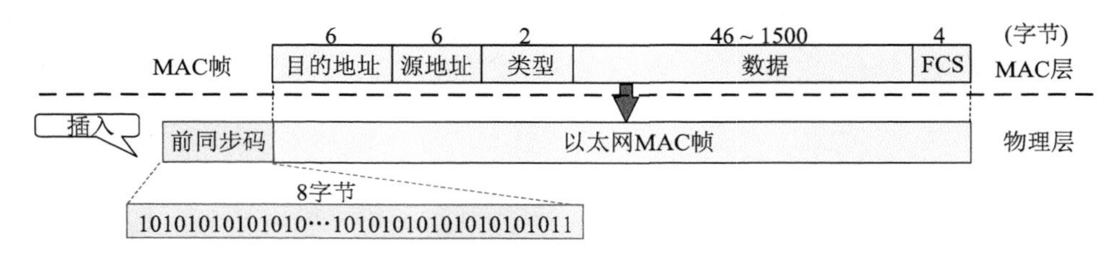

图 3-21　以太网的 MAC 帧格式

帧中的各个字段说明如下：

(1)目的地址：包含目的适配器的 MAC 地址(也称物理地址或硬件地址)。MAC 地址共 48 位，由 IEEE 统一管理与分配。IEEE 的注册管理机构 RAC 负责向厂家分配地址字段的前三字节(即高位 24 位，称厂家标识码)，地址字段中的后三字节(即低位 24 位，称系列号)由厂家自行指派，但必须确保每个适配器具有唯一 MAC 地址。例如：

MAC 地址：02 - 60 - 8C - 37 - A4 - E5

厂家标识码　　系列号

特别需要注意的是：全 1 的地址，即 FF-FF-FF-FF-FF-FF，表示广播地址。

(2)源地址：包含源适配器的 MAC 地址。

(3)类型：用来标志上一层协议的类型；以太网支持多种网络层协议，当一个数据帧到达接收方时，接收方需要知道应该把其中的数据传递给上一层的哪个协议进程。

(4)数据：用于承载上层协议报文单元，长度必须介于 46～1500 字节。

(5)FCS：帧校验序列，用于差错检测。对于出错的帧，以太网仅做丢弃处理，完整的可靠性问题由高层协议负责解决。

为了实现接收方和发送方的时钟同步，发送方的物理层会在 MAC 帧前插入 8 字节的前导码，比特模式是由曼彻斯特编码产生的 10MHz 方波，最后的两个“1”告诉接收方即将开始一个帧。

对于接收方而言，无效的 MAC 帧包括以下几种情况：

(1)帧的长度不是整数字节；

(2)用收到的帧检验序列 FCS 查出有差错；

(3)数据字段的长度不在 46～1500 字节之间。

3.3.5　基于集线器的星型以太网

最初的以太网是使用同轴电缆组成总线拓扑。但是总线拓扑无法隔离故障点，一旦某个站点出故障，则可能影响到整个网络；并且，无源的总线只能容纳数目十分有限的站点。上个世纪 90 年代初，人们研制出一种星型拓扑的以太网，如图 3-22 所示。这种以太网使用更便宜和更灵活的双绞线组成星型拓扑，在星形的中心则增加了一种可靠性非常高的信号转发设备，叫做集线器(简称 Hub)。与总线拓扑相比，星型拓扑具有以下优点：①集线器端口可以隔离个别站点的故障，大大提高整个网络的可靠性；②集线器具有信号放大功能，可以容纳更多的站点，扩大了网络规模；③星型拓扑便于网络综合布线和维护。

集线器是一种物理层设备，它作用于各个比特而不是作用于帧。当一个数据比特到达某个接口时，集线器只是重新生成这个比特，将其能量强度放大，并向其他所有接口发送出去。如果某集线器同时从两个不同的接口接收到数据，将出现一次碰撞。因此，使用集线器构建的以太网仍然是一个共享式以太网，即整个以太网是一个冲突域，各工作站仍然需要使用CSMA/CD协议，并共享逻辑上的总线。图3-23是具有4个接口的集线器的电路示意图。

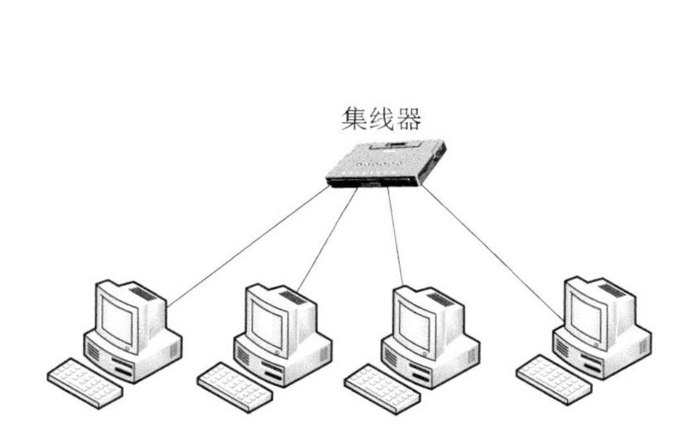

图3-22　星型拓扑的以太网

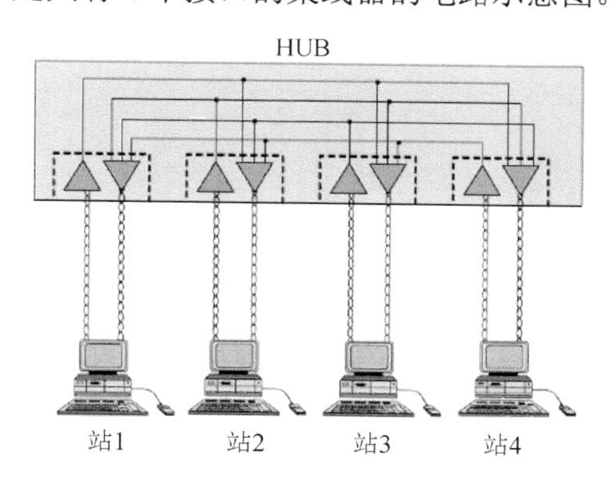

图3-23　具有4个接口的集线器原理图

1990年，IEEE将这种基于集线器的以太网规范纳入标准，编号为IEEE 802.3i。IEEE 802.3i的物理层标准为10BASE-T，其中，“10”表示10Mbit/s的速率，“BASE”表示基带传输，“T”则表示采用双绞线。10BASE-T由于安装方便，价格比粗缆和细缆都便宜，管理、连接方便，性能优良，它一经问世就受到广泛的注意和大量的应用，这也奠定了以太网技术在局域网中的统治地位。

10BASE-T采用三类双绞线和RJ-45接口，其中RJ-45插头也俗称“水晶头”，因其外表晶莹透亮而得名，如图3-24所示。10BASE-T网络采用全双工模式，每个站需要用两对双绞线，分别用于发送和接收。双绞线的制作一般采用ANSI/EIA/TIA-568A和ANSI/EIA/TIA-568B标准。这两个标准区别在于芯线序列的不同。EIA-568B线序：橙白、橙、绿白、蓝、蓝白、绿、棕白、棕；EIA-568A线序：绿白、绿、橙白、蓝、蓝白、橙、棕白、棕。而双绞线的连接方法也主要有两种，分别为直通线缆以及交叉线缆。简单地说，直通线缆就是水晶头两端都同时采用T568A标准或者T568B的接法，而交叉线缆则是水晶头一端采用T586A的标准制作，而另一端则采用T568B标准制作。

(1) 双绞线

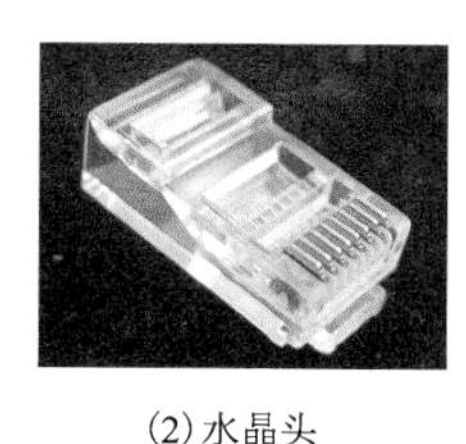

(2) 水晶头

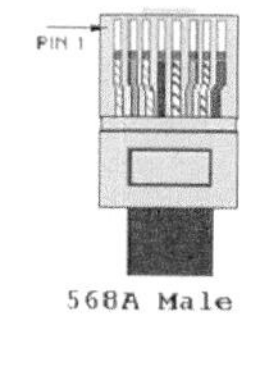

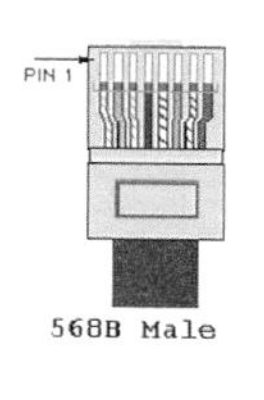

(3) 568A和568B

(4) 成品

图3-24　以太网使用的双绞线

通过集线器的级联，可以扩大网络覆盖范围和站点规模，如图3-25所示。三个房间101、102和103分别有一个网络，通过一个主干集线器把各房间的以太网连接起来，组成一个更大的以太网。这样做使得不同房间的以太网上的计算机都能够进行通信，同时也扩大了以太网覆盖的地理范围。但这种多级结构的集线器以太网仍然是一个共享式以太网。在三个房间的以太网互联起来之前，每一个房间的以太网都是一个独立的碰撞域，即在任一时刻，在每一个碰撞域中可以有一个站在发送数据。而三个房间的以太网通过集线器互联起来后就把三个碰撞域变成了一个碰撞域。这时，当某个房间的两个站在通信时所传送的数据会通过所有的集线器进行转发，使得其他系的内部在这时都不能通信(一发送数据就会碰撞)。

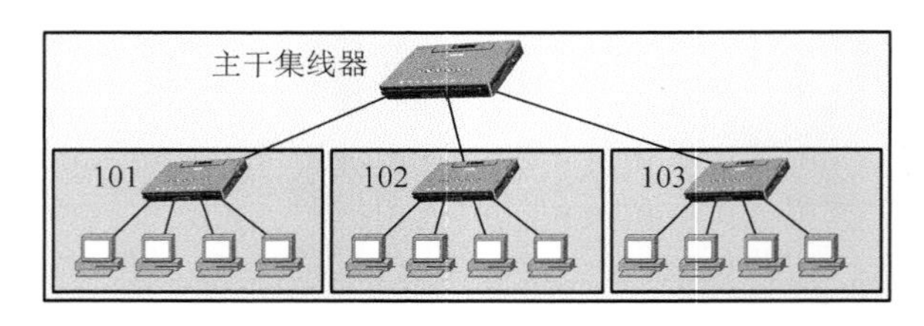

图 3-25　集线器级联

3.3.6　快速以太网

速率达到或超过 100Mbit/s 的以太网称为快速以太网。随着网络的发展，传统标准的以太网技术已难以满足日益增长的网络数据流量速度需求。1993 年，Grand Junction 公司推出了世界上第一台快速以太网集线器 FastSwitch10/100 和网络接口卡 FastNIC100，从此快速以太网技术正式得以应用。随后 Intel、SynOptics、3COM、BayNetworks 等公司亦相继推出自己的快速以太网装置。与此同时，IEEE802 工程组也相继发布了多种快速以太网的物理层标准，主要包括：100BASE-TX、100BASE-FX、100BASE-T4 三个子类。具体说明如下：

(1) 100BASE-TX

是一种使用 5 类双绞线的快速以太网技术。它使用两对双绞线，一对用于发送，一对用于接收。在传输中使用 4B/5B 编码方式，信号频率为 125MHz。符合 EIA586 的 5 类布线标准。使用同 10BASE-T 相同的 RJ-45 连接器。它的最大网段长度为 100 米。它支持全双工的数据传输。100BASE-TX 为主流的快速以太网标准。

(2) 100BASE-FX

是一种使用单模或多模光纤的快速以太网技术。在传输中使用 4B/5B 编码方式，信号频率为 125MHz。它的最大网段长度为 150m、412m、2000m 或更长至 10km，这与所使用的光纤类型和工作模式有关，它支持全双工的数据传输。100BASE-FX 特别适合于有电气干扰的环境、较大距离连接、或高保密环境等情况下的适用。

(3) 100BASE-T4

是一种兼容 3 类双绞线的快速以太网技术。它使用 4 对双绞线，3 对用于传送数据，1 对用于检测冲突信号。在传输中使用 8B/6T 编码方式，信号频率为 25MHz，符合 EIA586 结构化布线标准。它使用与 10BASE-T 相同的 RJ-45 连接器，最大网段长度为 100 米。

快速以太网升级非常便利，用户只要升级相应的网卡和集线器，就可以方便地将 10BASE-T 升级为 100BASE-T，而不用改变网络的拓扑结构，并且保证原上层协议和应用保持不变。此外，快速以太网也具有很强的自适应性，它通过端口自动协商可以兼容传统以太网，即可以与 10M 网络互联。所谓端口自动协商模式是指：端口根据另一端设备的连接速度和双工模式，自动把它的速度调节到最高的工作水平，即线路两端能具有的最快速度和双工模式。但快速以太网仍然是一种共享信道的局域网，仍然需要载波侦听多路访问和冲突检测(CSMA/CD)技术。因此，当网络负载较重时，传输效率会急剧降低。

由于快速以太网仍然采用 CSMA/CD，因此网络参数必须需要满足不等式(3-1)的要求。由于快速以太网将端口速率提高了 10 倍，因此，冲突直径必须减少到原来的十分之一或者帧长增大 10 倍。考虑与传统以太网的兼容性，快速以太网采用的方法是保持最短帧长不变，然后把一个网段的最大电缆长度减少到 100m。但最短帧长仍为 64 字节，即 512 比特。因此 100Mb/s 以太网的争用期是 5.12μs，帧间最小间隔现在是 0.96μs，都是 10Mb/s 以太网的 1/10。

1997 年和 2002 年，IEEE 也相继推出千兆以太网和万兆以太网标准：

(1) 1000Mbit/s 以太网标准(千兆以太网)：

- 1000BASE-TX：使用 5 类以上双绞线，网段长度最长可为 100m。
- 1000BASE-SX：采用多模光纤，其传输距离可达 225m。
- 1000BASE-LX：采用单模光纤，其传输距离可达 2~70km。

(2) 10Gbit/s 以太网标准(万兆以太网)：

- 10GBASE-LR：传输媒体为单模光纤，传输距离为 10km。
- 10GBASE-ER：传输媒体为单模光纤，传输距离为 40km。

3.4 交换式以太网

用交换机替代集线器使共享式以太网升级为交换式以太网，这是以太网技术在 21 世纪前期经历的一次重要技术变革。交换式以太网采用一种“存储-转发”的分组交换机，可以实现“无碰撞的”并行工作模式。

3.4.1 网桥

传统以太网采用 CSMA/CD 机制，通过共享信道实现计算机组网。这种共享式组网方式简单易行，但存在两方面的固有缺陷：(1) 同一个以太网中的所有站点都属于同一个碰撞域，因此任一时刻内只能一台站点在发送数据；随着网络规模扩大，不仅每个站点的平均带宽会缩小，而且碰撞概率也急剧增大，这将导致网络性能的急剧下降。(2) 如果以太网的传输速率提高到 100Mbit/s 和 1000Mbit/s，则根据不等式 3-1，如果想保持帧长度不变，则冲突域直径降低为几百米和几十米，这样网络也失去实际意义。

如果想进一步扩大以太网的规模和提高网络性能，就必须将一个大型以太网分割成若干个冲突域，并用一种设备将多个冲突域互联在一起。这种连接多个冲突域的设备就是网桥。网桥通过隔断电信号，使得每一端口都可视为独立的物理网段，连接在其上的网络设备独自享有全部的带宽，无须同其他设备竞争使用。并且，网桥作为一种帧转发设备，可以实现 MAC 帧在不同端口间的转发。与集线器不同，网桥是工作在链路层，是根据 MAC 地址进行转发，而不是向所有端口广播。图 3-26 是 2 个冲突域通过用网桥互联的以太网结构。终端 A、终端 B 和网桥端口 1 构成一个冲突域，终端 C、终端 D 和网桥端口 2 构成一个冲突域。我们可以看出两个网段(冲突域)的通信互不影响。例如，当 A 在发送数据时，C 或 D 也可以同时发送数据。

引入网桥可以带来以下好处：

(1) 网桥拆分了冲突域，提高了网络的吞吐量；

(2) 网桥可以连接多个冲突域，突破单个冲突域直径的限制，扩大了网络规模；

(3) 网桥采用存储-转发机制，提高了网络的兼容性，使得不同速率和不同 MAC 子层的网络都可以通过网桥互联。

但是，由于网桥对接收到的帧要先存储和查找转发表，然后才转发，而转发之前，还必须执行 CSMA/CD 算法，这就增加了时延。

网桥是根据转发表来转发帧。如图 3-27 所示，如果站点 A 发送帧给站点 C，网桥从端口 1 收到 A 的帧，并查找转发表，发现 C 在端口 2，就从端口 2 转发该帧，C 就收到这个帧。如果是 A 发给 B，则网桥查找转发表，发现 B 也是在端口 1，就不转发该帧。由此可见，网桥过滤了通信量，也进一步提高了吞吐量。

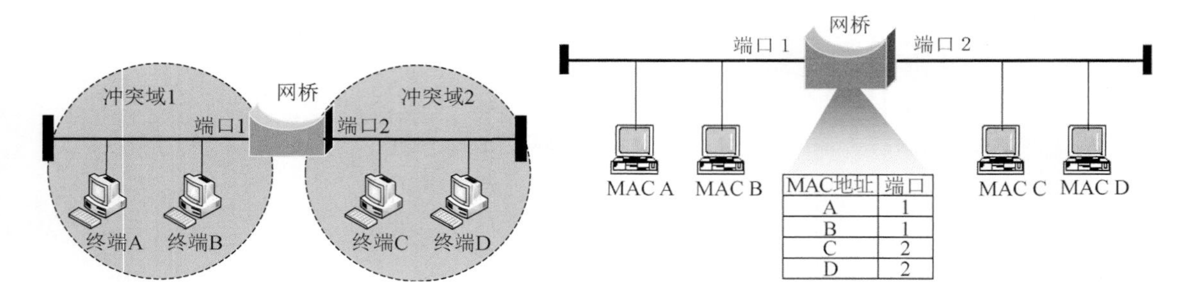

图 3-26　2 个冲突域通过用网桥互联的以太网结构　　　　图 3-27　网桥的转发机制

那么网桥的转发表是如何建立的呢？目前使用得最多的网桥是透明网桥(transparent bridge)。“透明”是指局域网上的站点是看不见所发送的帧将经过那些网桥。透明网桥是一种即插即用设备，其标准是 IEEE 802.1D。透明网桥通过自学习的方法，自动地、动态建立和维护转发表。所谓自学习是指：当收到数据帧时，网桥反向学习到源站点所对应的端口，并存入转发表中。

网桥在建立和维护转发表时，除了写入地址和接口信息外，还有学习时间。那些超过一定时间未更新的登记信息将被删除。这是因为以太网的拓扑可能会发生变化，站点也可能会因更换适配器而改变了 MAC 地址。把每个帧到达网桥的时间登记下来，就可以在转发表中只保留网络拓扑的最新状态信息。这样就使得网桥中的转发表能反映当前网络的最新拓扑状态。网桥初始化时，转发表是空白的。

当网桥接收一个数据帧时，是采用先学习后转发的顺序处理该帧，具体过程如下：

(1) 自学习：网桥首先查找转发表，如果收到帧的源地址没有相匹配的项目，就在转发表中增加一个项目(包含源地址、进入的接口和登记时间)；否则，更新原有项目。

(2) 转发帧：如果转发表中与收到帧的目的地址没有相匹配的项目，则通过所有其他接口进行转发(除进入网桥的接口除外)；如果有相匹配的项目，并且转发表中给出的接口不是该帧进入网桥的接口，则按转发表中给出的接口进行转发，否则丢弃该帧。

下面根据上图来说明转发表的建立过程：

(1) A 向 B 发送帧：连接在同一个局域网上的站点 B 和网桥 A1 都能收到 A 发送的帧。网桥 A1 先按源地址 A 查找转发表，发现 A1 的转发表中没有 A 的地址，于是把地址 A 和收到此帧的接口1写入转发表中。接着再按目的地址B查找转发表。转发表中没有B的地址，就通过除收到此帧的接口1以外的所有接口转发该帧，就是接口2。网桥A2从其接口1收到这个转发过来的帧，并按同样的方式处理收到的帧。A2的转发表中没有A的地址，因此在转发表中写入地址A和接口1。A2的转发表中没有B的地址，因此A2通过除接收此帧的接口1以外的所有接口转发这个帧，如图3-28所示。

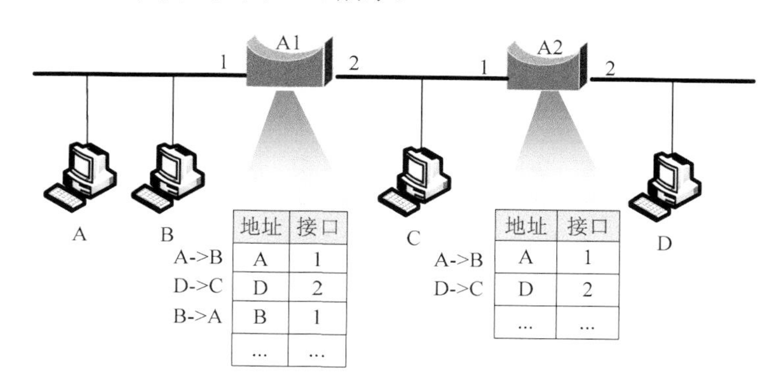

图3-28　网桥的自学习和转发过程

(2) D向C发送帧：网桥A2从其接口2收到这个帧。A2的转发表中没有D，因此在转发表写入地址D和接口2。A2的转发表中没有C，因此要通过A2的接口1把帧转发出去。现在C和网桥A1都能收到这个帧。在网桥A1的转发表中没有D，因此要把地址D和接口2写入转发表，并且还要从A1的接口1转发这个帧。

(3) B向A发送帧：网桥A1从其接口1收到这个帧。A1的转发表中没有B，因此在转发表写入地址B和接口1。接着再查找目的地址A。现在A1的转发表中可以查到A，其转发接口1，和这个帧进入网桥A1的接口一样。因此网桥A1知道，不用自己转发这个帧，A也能收到B发送的帧。于是网桥A1把这个帧丢弃，不再继续转发。这次网桥A1的转发表增加了一个项目，而网桥A2的转发表没有变化。

3.4.2　交换机

随着微电子ASIC、处理器和存储技术的飞速发展，网桥的芯片技术越来越先进，网桥技术与产品也得到了不断发展与升级。一种具有多个端口(如24端口)的高性能网桥——交换机也应运而生，如图3-29所示。今天，交换机已经取代了传统的网桥，成为最主要的网络互联技术。相对于网桥，交换机的数据吞吐性能更好，端口集成度更高，每端口成本更低，使用更加灵活和方便。

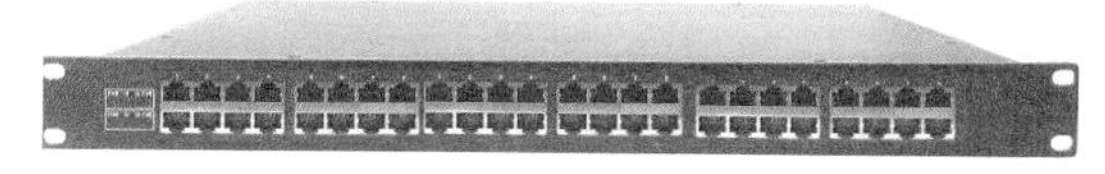

图3-29　以太网交换机

交换机一般通过以下两种方式进行交换：

(1) 直通式

直通式交换机可以理解为在各端口间是纵横交叉的线路矩阵。当一个帧到达时，交换机只读出帧的前14字节，获得目的地址；然后在输入与输出交叉处接通，把数据包直通到相应的端口，实现交换功能。由于这种交换机采用基于硬件的交叉矩阵，因此交换速度非常快，但缺乏对网络帧进行更高级的控制，缺乏智能性和安全性，同时也无法支持具有不同速率的端口的交换。

(2) 存储转发

存储转发方式是以太网交换机最常用的方式。它先把输入的帧缓存起来，在进行差错检测、协议转换和速率匹配等处理后，才转发到相应端口。存储转发方式会增大交换时延，但提高了网络的可靠性和兼容性。

交换机常用指标是背板带宽。背板带宽是交换机接口处理器或接口卡和数据总线间所能吞吐的最大数据量。背板带宽标志了交换机总的数据交换能力，单位为 Gbit/s，也叫交换带宽。一般的交换机的背板带宽从几 Gbit/s 到上百 Gbit/s 不等。一台交换机的背板带宽越高，所能处理数据的能力就越强，但同时设计成本也会越高。这个指标只针对机架式交换设备，盒式设备没有背板，所以不存在这个指标。

交换机分类：

(1) 依据是否可管，分为可网管交换机和不可网管交换机；可网管交换机具有独立的网络操作系统，可以进行配置和管理的交换机，也称为智能交换机。不可网管交换机：不能进行配置和管理的交换机，称为傻瓜交换机。

(2) 依据交换机结构，可分固定端口交换机与模块化交换机；固定端口交换机：只能提供有限数量的端口和固定类型的接口的交换机。模块化交换机：也称箱式交换机，用户可任意选择不同数量、不同速率和不同接口的模块，以适应网络需求的交换机。

(3) 依据传输速率，可分为快速、千兆与万兆交换机；快速以太网交换机：是指交换机所提供的端口或插槽全部为 100Mbit/s 的交换机。千兆以太网交换机：1000Mbit/s；万兆以太网交换机：10Gbit/s。

3.4.3　生成树协议

大型网络中线路备份是提高网络可靠性的基本方案，但会产生网络环路问题，如图 3-30 所示，假设主机 A 发送一个帧 P，且其目的地址都不在交换机 1 和交换机 2 的转发表中，则该帧经过交换机 1，将被广播出去(P1 和 P2 表示被转发的帧)。同样的，交换机 2 收到 P1 和 P2，也将这两个帧继续转发出去。由于交换机 1 和交换机 2 之间存在环路，帧 P1 和 P2 将在两个交换机之间不停地兜圈子，从而产生广播风暴，造成网络资源的浪费。

为了避免存在环路的网络产生不断兜圈子的帧，网桥/交换机使用了生成树协议 STP (Spanning Tree Protocol)。

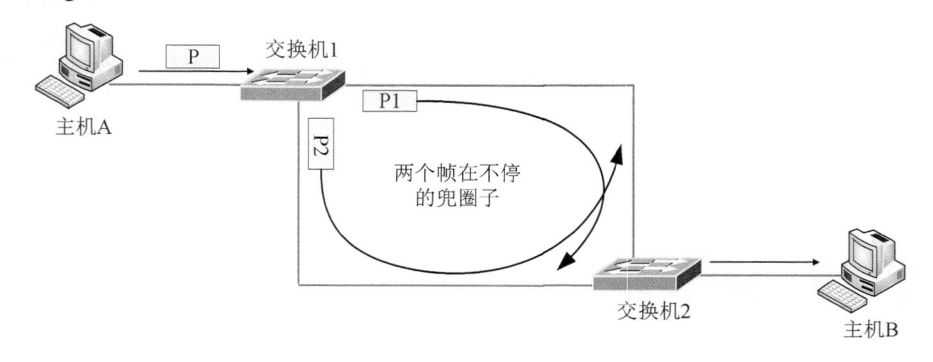

图 3-30　网络环路

STP 的主要思想是当网络中存在备份链路时，仅允许主链路激活；只有当主链路失效，备份链路才会被打开。STP 的本质就是利用图论中的生成树算法，在不改变网络物理结构的前提下，阻塞某些交换机接口，在逻辑上切断环路。如图 3-31(a)中，由 6 台交换机组成的局域网中存在着两个环路。这种环路能够为重要的节点提供备份链路，但也会使网络工作变得不稳定。在图 3-31(b)中，这些交换机运行 STP 后，将检测出网络中存在的环路，并将自动切断其中的某个接口，如交换机 2 和交换机 3 连接的接口，以及交换机 3 和交换机 5 连接的接口，以形成网络生成树。一旦网络中的某条链路出现了问题，交换机就会根据生成树算法，恢复其中断开的接口，形成新的生成树。

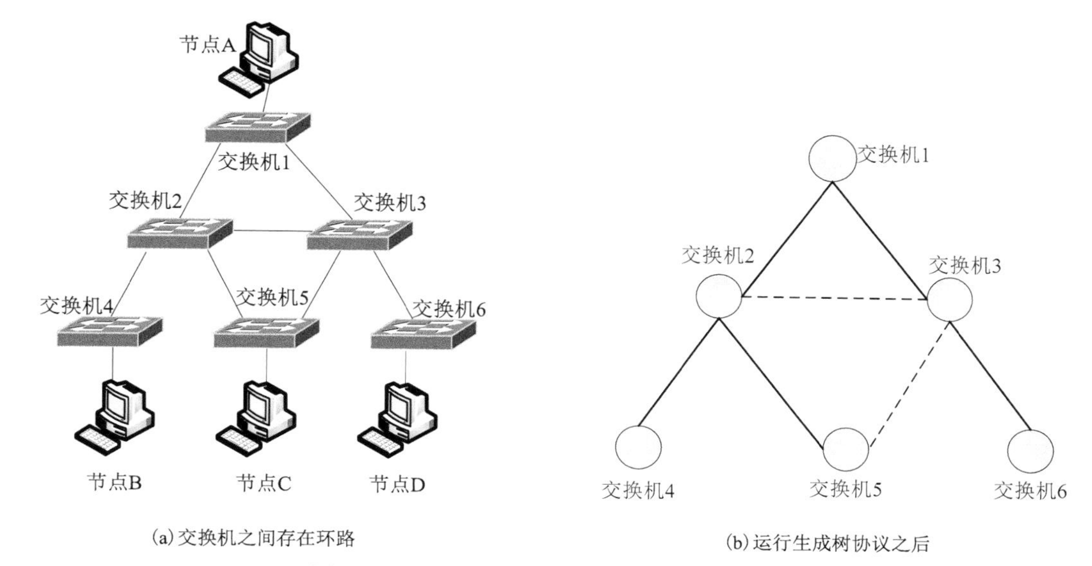

图 3-31 STP 能够自动断开交换机之间的环路

生成树协议的工作过程如下：

(1)选定根网桥

STP 协议选择网桥 ID(BID)最小的网桥为根网桥。BID=网桥优先级+网桥 MAC 地址，网桥优先级可配置，默认为 32768。因此，默认情况下根网桥将由 MAC 地址最小的网桥担任。如图 3-32 所示，当交换机打开的时候，所有的端口都处于 Listening 状态，每个网桥都会认为自己是根网桥，然后都每隔两秒就向外发送一次自己的 BPDU，如果收到的 BPDU 的 BID 比自己的小，则停止转发自己的 BPDU，开始转发更优的 BPDU；如果比自己的 BID 大或者和自己的 BID 相等，则丢弃该 BPDU。等到都扩散完毕之后开始各项的选举，这时候每个 BID 最小的网桥成了根网桥。

(2)确定根端口

每个非根桥交换机都选择一个端口作为根端口，用于连接根桥。选择的依据包括以下参数：①根路径成本最低；②直连(上游)的网桥 ID 最小；③端口类型。先依据第一参数选择，如果这个交换机上有多个接口到达根桥的开销一样，那么就比较第 2 个参数，以此类推。

(3)确定指派端口

指派端口是在每条链路上进行选举的。比较的参数和根端口比较的参数一样。

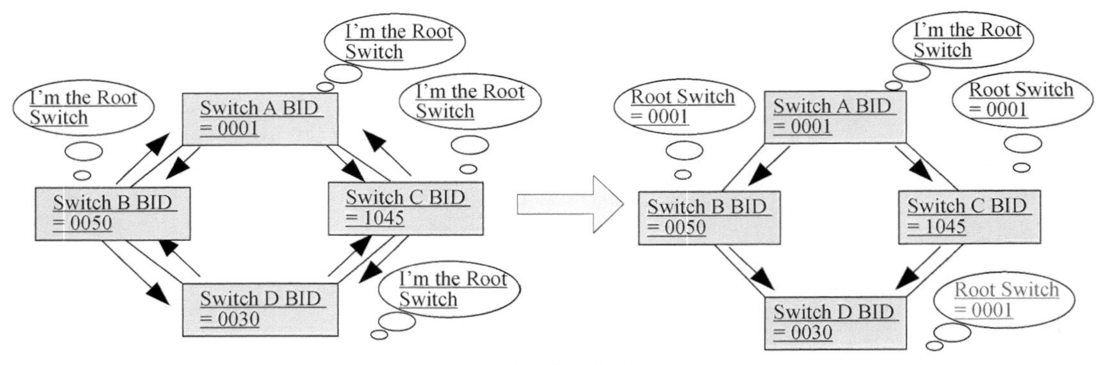

图 3-32 根网桥的选举

(4)裁剪冗余环路

当根端口和指派端口都选举出来以后，这个时候就把所有非根端口和指派端口的接口全部变为阻塞端口。当链路故障，影响网桥之间连通性时，通过启动消除环路时被阻塞的端口，重新保证网桥之间的连通性。

运行了 STP 以后，交换机将执行下列过程：

①检测并发现环路的存在。

②将冗余链路中的一条设为主链路，其他均设为备用链路。

③只通过主链路交换流量。

④定期检查所有链路的情况。

⑤如果主链路发生故障，就将流量切换到其中的一条备用链路。

3.4.4 VLAN 技术

广播域指的是目的地址为广播地址的广播帧在网络中的传播范围。同一个广播域内所有的设备都会监听相同的广播包。如果广播域太大，那么网络中将充满着广播，网络性能将急剧下降。而在以太网中，广播操作是无法避免的。如果整个以太网就是一个广播域，而广播操作又频繁地进行，网络带宽的利用率及终端的负荷都将成为问题。为了解决这个问题，可以使用三层设备路由器来分割广播域(如图 3-33 所示)。但是，使用路由器分割广播域存在一些弊端。一方面，每个广播域与路由器的一个以太网口相连，所以要求广播域内的站点在同一个物理网段；当广播域的数量较多时，要求路由器提供更多的以太网口，而一般情况下路由器的以太网接口的数量有限，从而增加组网成本；另一方面，跨广播域的通信必须通过路由器，使得网络数据传输速度下降。而 VLAN 技术可以很好地解决这些问题。

1. 虚拟局域网的概念

VLAN(Virtual Local Area Network)的中文名为“虚拟局域网”。VLAN 是一种将局域网设备从逻辑上划分成不同网段，从而实现虚拟工作组的新兴数据交换技术。VLAN 技术应用在交换机上，它是在数据链路层分割广播域的技术。在实际应用中，使用 VLAN 技术可以把同一物理局域网内的不同用户逻辑地划分为不同的 VLAN，一个 VLAN 就是一个独立的广播域。每一个 VLAN 都包含一组有着相同需求的工作站(例如：公司内同一部门员工使用的工作站、学校内同一院系使用的工作站等)。由于它是从逻辑上划分，而不是从物理上划分，所以同一个 VLAN 内的各个工作站没有限制在同一个物理范围内，即这些工作站可以在不同物理 LAN 网段。

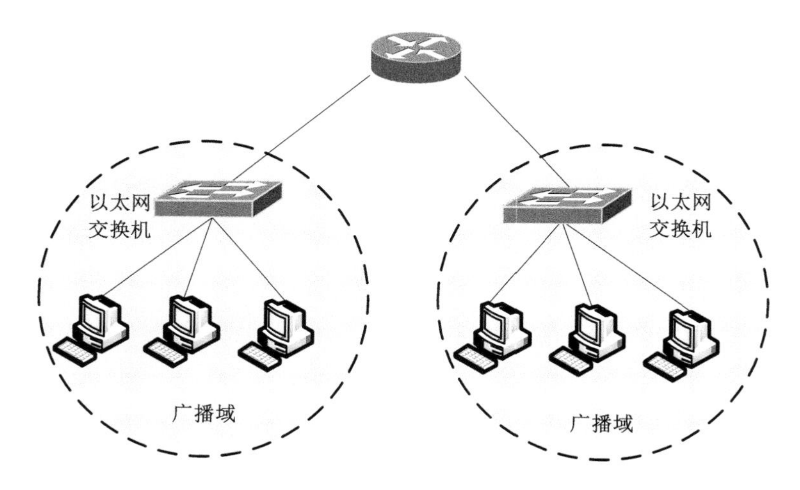

图 3-33　路由器分割广播域

如图 3-34 显示了局域网和 VLAN 的区别与联系。图中有 9 台主机分布在 3 个楼层中，通过 3 个交换机连接成 3 个局域网，即 LAN1(A1、B1、C1)、LAN2(A2、B2、C2)、LAN3(A3、B3、C3)。由于这 9 台主机根据工作要求需要划分为 3 个工作组，即 A1-A3、B1-B3、C1-C3。从图中可以看出，每一个工作组的主机并不位于同一楼层中，如要改变网络布线或搬迁主机就会带来较大的麻烦。这时可以利用交换机 VLAN 功能，将这 9 台主机按图中所示的方案分为 VLAN1、VLAN2、VLAN3，每个 VLAN 中的主机都可以通信，而 VLAN 之间的主机即使都连接在同一台交换机上，也无法彼此通信。

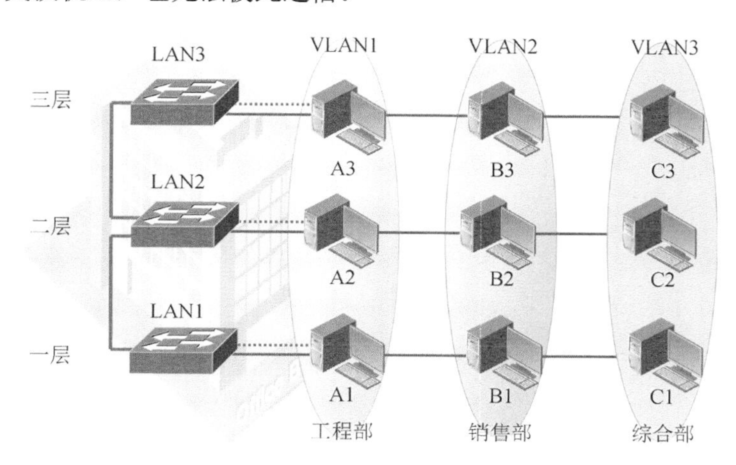

图 3-34　三个虚拟局域网的构成

2. VLAN 划分方法

VLAN 的划分可以分为单交换机 VLAN 配置和跨交换机 VLAN 配置。其中，单交换机 VLAN 配置可以采用事先固定的，也可以根据所连的计算机而动态设定。前者被称为“静态 VLAN”、后者为“动态 VLAN”。

1) 静态 VLAN

静态 VLAN 又被称为基于端口的 VLAN(Port Based VLAN)。顾名思义，就是明确指定各端口属于哪个 VLAN 的设定方法。由于需要对每个端口进行指定配置，当网络中的计算机数目超过一定数字(如数百台)后，配置工作就会变得繁杂无比。并且，客户机每次变更所连端口，都必须同时更改该端口所属 VLAN，这显然不适合那些需要频繁改变拓扑结构的网络。静态 VLAN 的划分方式如图 3-35 所示。

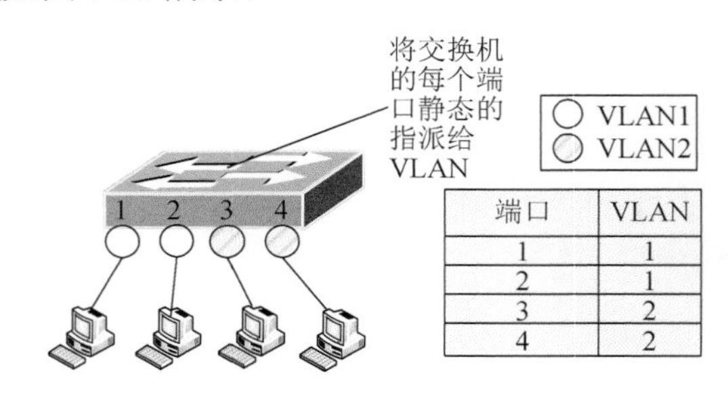

图 3-35 静态 VLAN 划分

2) 动态 VLAN

动态 VLAN 则是根据每个端口所连的计算机，随时改变端口所属的 VLAN。这就可以避免上述的更改设定之类的操作。动态 VLAN 可以大致分为 3 类：

(1) 基于 MAC 地址的 VLAN(MAC Based VLAN)；

(2) 基于子网的 VLAN(Subnet Based VLAN)；

(3) 基于用户的 VLAN(User Based VLAN)。

其间的差异，主要在于根据 OSI 参照模型哪一层的信息决定端口所属的 VLAN。

基于 MAC 地址的 VLAN，就是通过查询并记录端口所连计算机上网卡的 MAC 地址来决定端口的所属。假定有一个 MAC 地址“A”被交换机设定为属于 VLAN10，那么不论 MAC 地址为“A”的这台计算机连在交换机哪个端口，该端口都会被划分到 VLAN10 中去。计算机连在端口 1 时，端口 1 属于 VLAN10；而计算机连在端口 2 时，则是端口 2 属于 VLAN10。划分方式如图 3-36 所示。

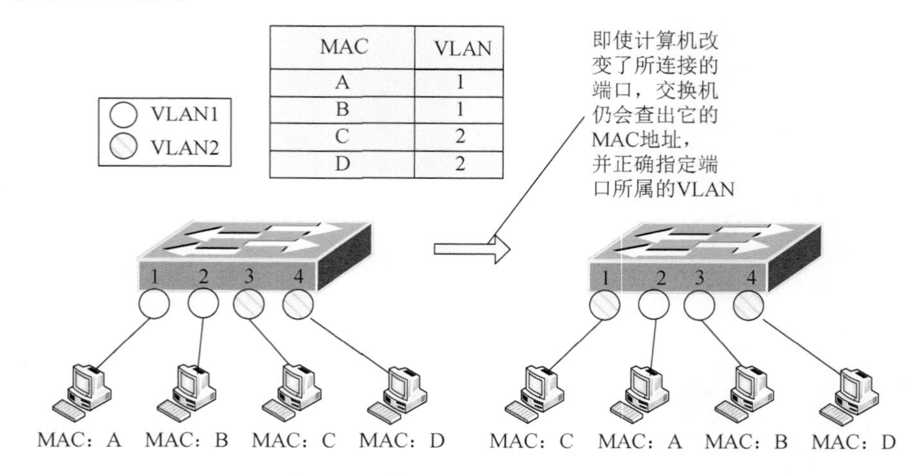

图 3-36 基于 MAC 地址的 VLAN

由于是基于 MAC 地址决定所属 VLAN 的，因此可以理解为这是一种在 OSI 的第二层设定访问链接的办法。但是，基于 MAC 地址的 VLAN，在设定时必须调查所连接的所有计算机的 MAC 地址并加以登录。而且如果计算机交换了网卡，还是需要更改设定。

基于子网的 VLAN，则是通过所连计算机的 IP 地址，来决定端口所属 VLAN 的。不像基于 MAC 地址的 VLAN，即使计算机因为交换了网卡或是其他原因导致 MAC 地址改变，只要它的 IP 地址不变，就仍可以加入原先设定的 VLAN。划分方式如图 3-37 所示。

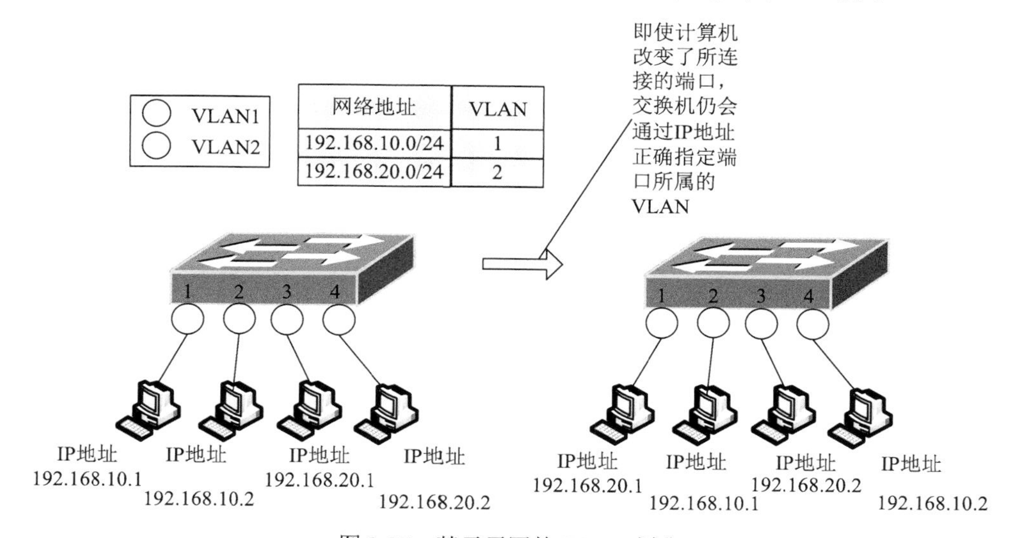

图 3-37 基于子网的 VLAN 划分

因此，与基于 MAC 地址的 VLAN 相比，能够更为简便地改变网络结构。IP 地址是 OSI 参照模型中第三层的信息，所以可以理解为基于子网的 VLAN 是一种在 OSI 的第三层设定访问链接的方法。一般路由器与三层交换机都使用基于子网的方法划分 VLAN。

基于用户的 VLAN，则是根据交换机各端口所连的计算机上当前登录的用户，来决定该端口属于哪个 VLAN。这里的用户识别信息，一般是计算机操作系统登录的用户，比如可以是 Windows 域中使用的用户名。这些用户名信息，属于 OSI 第四层以上的信息。

总的来说，决定端口所属 VLAN 时利用的信息在 OSI 中的层面越高，就越适于构建灵活多变的网络。

3）跨交换机 VLAN 配置规则

动态分割广播域的问题可以通过对以太网交换机任意配置广播域来解决，但分割的广播域仍然有着物理地域限制，真正不受物理地域限制的广播域划分是可以将一个由以太网交换机组成的大型交换式以太网的任意若干个端口组成一个广播域，如图 3-38 所示，这种划分广播域的技术称为跨以太网交换机配置 VLAN 技术。

如果两个位于不同以太网交换机的端口属于同一个 VLAN，则两个端口之间必须存在交换路径，即需要保证属于同一个 VLAN 的两个端口之间存在交换路径。

如图 3-38 所示，为了实现终端 A 和终端 C 之间互相通信，终端 B 和终端 D 之间互相通信，终端 A、B 和终端 C、D 之间不能互相通信的目标，分别在交换机 1 和交换机 2 中将连接终端 A 和终端 C 的端口配置给 VLAN1，连接终端 B 和终端 D 的端口配置给 VLAN2。在每一个以太网交换机端口只能属于一个 VLAN 的情况下，必须在交换机 1 和 2 选择两个端口，并将两个端口分别配置给 VLAN1 和 VLAN2 的两对端口。但这样做存在着一些问题，如果两个以太网交换机之间的物理距离很远，就需要配置光端口用于以太网交换机之间的互联，而且必须在以太网交换机之间铺设光缆，但每个以太网交换机的光端口数量和需要的光纤对数是不确定的，随着跨以太网交换机 VLAN 数量的变化而变化。如果是一个大型交换式以太网实现 VLAN 动态划分，用于以太网交换机之间互联的物理链路更是不可预测的，这仍将对网络的设计、实施带来困难。因此，实现跨以太网交换机 VLAN 划分必须解决的问题是，通过以太网交换机之间单一物理链路建立任何两个属于同一个 VLAN 端口之间的交换路径。

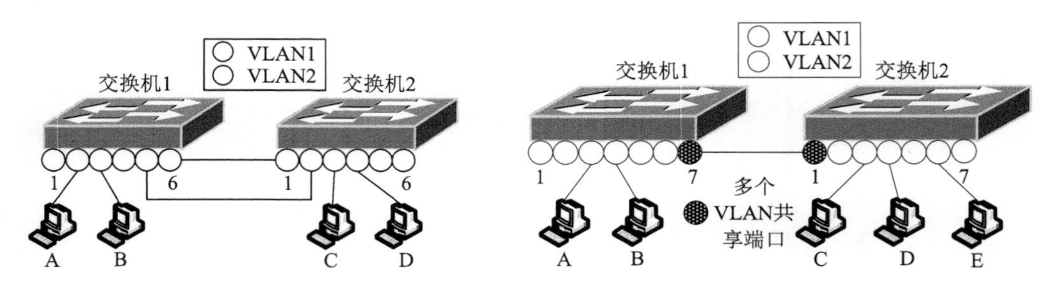

图 3-38　跨交换机 VLAN 划分　　图 3-39　单一物理链路实现跨交换机 VLAN 内终端之间通信

如图 3-39 所示，互联交换机 1 端口 7 和交换机 2 端口 1 必须同时属于 VLAN1 和 VLAN2，这种同时属于多个 VLAN 的端口为共享端口。为了能够标识从共享端口发送出去的 MAC 帧所属的 VLAN，需要对 MAC 帧标识 VLAN 标识符，即附加 VLAN 信息。因此，共享端口也是标记端口。交换机从共享端口发送 MAC 帧前必须先确定该 MAC 帧所属的 VLAN，然后标记该 MAC 帧后，再从共享端口发送出去。而从共享端口接收到的 MAC 帧，根据其标记的 VLAN 标识符确定它所属的 VLAN。

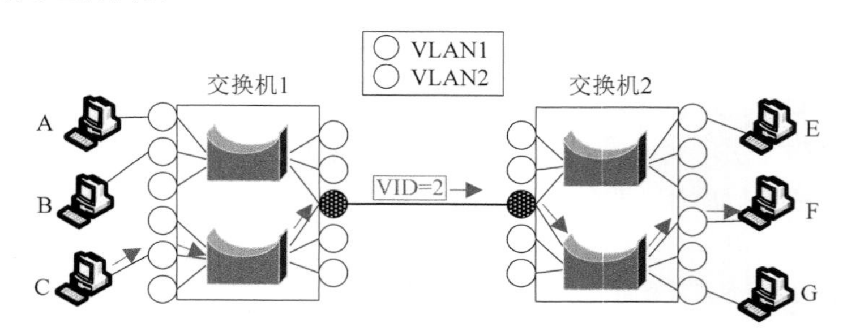

图 3-40　跨以太网交换机 VLAN 内终端之间实现通信的过程

如图 3-40 是任意 VLAN 内两个终端之间完成通信的过程。交换机 1 根据连接终端 C 的端口确定该 MAC 帧属于 VLAN2，标记上 VLAN2 标识符后，从共享端口发送出去。交换机 2 共享端口根据 MAC 帧 VLAN 标识符确定 MAC 帧属于 VLAN2，交由组成 VLAN2 的网桥转发。最后将帧送达 VLAN2 的目标终端 F。

3. VLAN 技术优点

1) 减小广播域，控制网络上的广播

在一个 VLAN 中的广播帧不会送到 VLAN 之外。同样，相邻的端口不会收到其他 VLAN

产生的广播帧。这样可以减少广播流量，释放带宽给用户应用，减少广播的产生。

2) 提高网络整体安全性

因为一个 VLAN 就是一个单独的广播域，VLAN 之间相互隔离，这大大提高了网络的安全保密性。通过路由访问列表和 MAC 地址分配等 VLAN 划分原则，可以控制用户访问权限和逻辑网段大小，将不同用户群划分在不同 VLAN，从而提高交换式网络的整体性能和安全性。

3) 增加了网络连接的灵活性和可扩展性

对于交换式以太网，如果对某些用户重新进行网段分配，需要网络管理员对网络系统的物理结构重新进行调整，甚至需要追加网络设备，增大网络管理的工作量。但借助 VLAN 技术，就能将不同地点、不同网络、不同用户组合在一起，形成一个虚拟的网络环境，就像使用本地 LAN 一样方便、灵活、有效。VLAN 可以降低移动或变更工作站地理位置的管理费用，特别是一些业务情况有经常性变动的网络使用了 VLAN 后，这部分管理费用大大降低。

4. VLAN 帧结构

在交换机的汇聚链接上，可以通过对数据帧附加 VLAN 信息，构建跨越多台交换机的 VLAN。附加 VLAN 信息的方法，最具有代表性的有：IEEE 802.1Q 协议和 ISL 协议。

IEEE 802.1Q，俗称“Dot One Q”，是经过 IEEE 认证的对数据帧附加 VLAN 识别信息的协议。如图 3-41 所示，IEEE 802.1Q 所附加的 VLAN 识别信息，位于数据帧中“发送源 MAC 地址”与“类别域”之间。具体内容为 2 字节的 TPID 和 2 字节的 TCI。在数据帧中添加了 4 字节的内容，那么 CRC 值自然也会有所变化。这时数据帧上的 CRC 是插入 TPID、TCI 后，对包括它们在内的整个数据帧重新计算后所得的值。

基于 IEEE 802.1Q 附加的 VLAN 信息，就像在传递物品时附加的标签。因此，它也被称作“标签型 VLAN (Tagging VLAN)”。

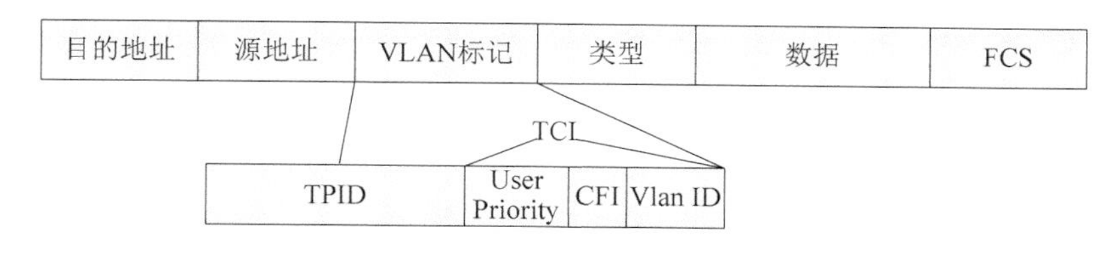

图 3-41　VLAN 帧结构

(1) TPID (Tag Protocol Identifier，即 EtherType)：是 IEEE 定义的新的类型，表明这是一个加了 802.1Q 标签的帧。TPID 包含了一个固定的值 0x8100。

(2) TCI (Tag Control Information)：包括用户优先级 (User Priority)、规范格式指示器 (Canonical　Format Indicator) 和 VLAN ID。

User Priority：该字段为 3 bit，用于定义用户优先级，总共有 8 个 (2^3) 优先级别。

IEEE 802.1Q 为 3 比特的用户优先级位定义了操作。最高优先级为 7，应用于关键性网络流量，如路由选择信息协议 (RIP) 和开放最短路径优先 (OSPF) 协议的路由表更新。优先级 6 和 5 主要用于延迟敏感 (delay-sensitive) 应用程序，如交互式视频和语音。优先级 4 到 1 主要用于受控负载 (controlled-load) 应用程序，如流式多媒体 (streaming multimedia) 和关键性业务流量 (business-critical traffic)。例如，SAP 数据——以及“loss eligible”流量。优先级 0 是缺省值，并在没有设置其他优先级值的情况下自动启用。

CFI：CFI 值为 0 说明是规范格式，1 为非规范格式。它被用在令牌环/源路由 FDDI 介质访问方法中来指示封装帧中所带地址的比特次序信息。

VID：该字段为 12 bit，VLAN ID 是对 VLAN 的识别字段，在标准 802.1Q 中常被使用。支持 4096 (2^{12}) VLAN 的识别。在 4096 可能的 VID 中，VID＝0 用于识别帧优先级。4095 (FFF) 作为预留值，所以 VLAN 配置的最大可能值为 4094。所以有效的 VLAN ID 范围一般为 1~4094。

ISL 协议是 Cisco 提出的一种与 IEEE 802.1 Q 类似的、用于在汇聚链路上附加 VLAN 信息的协议。使用 ISL 后，每个数据帧头部都会被附加 26 字节的“ISL 包头(ISL Header)”，包头里包含了 VLAN 的编号。并且在帧尾带上通过对包括 ISL 包头在内的整个数据帧进行计算后得到的 4 字节 CRC 值。换而言之，就是总共增加了 30 字节的信息。在使用 ISL 的环境下，当数据帧离开汇聚链路时，只要简单地去除 ISL 包头和新 CRC 就可以了。由于原先的数据帧及其 CRC 都被完整保留，因此无需重新计算。

IEEE 802.Q 和 ISL 都是显式标记，即帧被显式标记了 VLAN 的信息。不同的是 IEEE 802.1Q 是公有的标记方式，ISL 是 Cisco 私有的，ISL 采用外部标记的方法，802.1Q 采用内部标记的方法，ISL 标记的长度为 30 字节，802.1Q 标记的长度为 4 字节。

3.5　PPPoE 协议

Modem 接入技术面临一些相互矛盾的目标，既要通过同一个用户前置接入设备连接远程的多个用户主机，又要提供类似拨号一样的接入控制、计费等功能，而且要尽可能地减少用户的配置操作。

PPPoE 的目标就是解决上述问题，1998 年后期问世的以太网上点对点协议(PPPoverEthernet)技术是由 Redback 网络公司、客户端软件开发商 RouterWare 公司以及 Worldcom 子公司 UUNET Technologies 公司在 IETFRFC 的基础上联合开发的。通过把最经济的局域网技术-以太网和点对点协议的可扩展性及管理控制功能结合在一起，网络服务提供商和电信运营商便可利用可靠和熟悉的技术来加速部署高速互联网业务。它使服务提供商在通过数字用户线、电缆调制解调器或无线连接等方式，提供支持多用户的宽带接入服务时更加简便易行。同时该技术亦简化了最终用户在选择这些服务时的配置操作。

PPPoE 在标准 PPP 报文的前面加上以太网的报头，使得 PPPoE 提供通过简单桥接接入设备连接远端接入设备，并可以利用以太网的共享性连接多个用户主机。在这个模型下，每个用户主机利用自身的 PPP 堆栈，使用熟悉的界面。接入控制、计费等都可以针对每个用户来进行。

PPPoE 协议具有以下优点：

(1) 安装与操作方式类似于以往的拨号网络模式，方便用户使用。

(2) 用户处的 XDSL 调制解调器无须任何配置。

(3) 允许多个用户共享一个高速数据接入链路。

(4) 适应小型企业和远程办公的要求。

(5) 终端用户可同时接入多个 ISP，这种动态服务选择的功能可以使 ISP 容易创建和提供新的业务。

(6) 兼容现有所有的 XDSL Modem 和 DSLAM。

(7) 可与 ISP 有接入结构相融合。

1. PPPoE 帧格式

VER (0x01)	TYPE (0x01)	CODE (8bits)	SESSION ID (16bits)	LENGTH (16bits)

图 3-42 PPPoE 帧格式

如图 3-42 所示为 PPPoE 帧格式，各个字段解释如下：

(1) Ver 域：4 位，PPPoE 版本号，值为 0x1。

(2) Type 域：4 位，PPPoE 类型，值为 0x1。

(3) Code 域：8 位，PPPoE 报文类型。Code 域为 0x00，表示会话数据。Code 域为 0x09，表示 PADI 报文；Code 域为 0x07，表示 PADO 或 PADT 报文；Code 域为 0x19，表示 PADR 报文；Code 域为 0x65，表示 PADS 报文。

(4) Session_ID 域：16 位，对于一个给定的 PPP 会话，该值是一个固定值，并且与以太网 Source_address 和 Destination_address 一起实际地定义了一个 PPP 会话。值 0xffff 为将来的使用保留，不允许使用。

(5) Length 域：16 位，定义 PPPoE 的 Payload 域长度。不包括以太网头部和 PPPoE 头部的长度。

2. PPPoE 协议工作过程

如图 3-43 所示，PPPoE 协议的工作过程可分为三个阶段，即发现阶段、会话阶段和结束阶段。

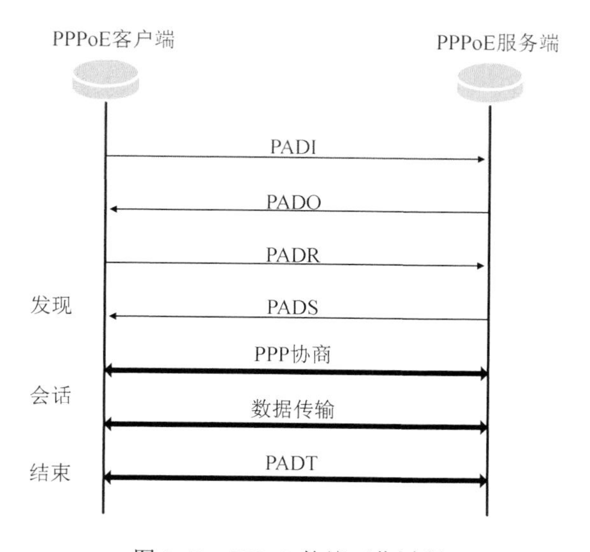

图 3-43 PPPoE 协议工作过程

发现阶段：

发现阶段由四个过程组成。完成之后通信双方都会知道 PPPoE 的 Session_ID 以及对方以太网地址，它们共同确定了唯一的 PPPoE Session。

(1) PPPoE 客户端广播发送一个 PADI 报文，在此报文中包含 PPPoE 客户端想要得到的服务类型信息。

(2)所有的 PPPoE 服务端收到 PADI 报文之后，将其中请求的服务与自己能够提供的服务进行比较，如果可以提供，则单播回复一个 PADO 报文。

(3)根据网络的拓扑结构，PPPoE 客户端可能收到多个 PPPoE 服务端发送的 PADO 报文，PPPoE 客户端选择最先收到的 PADO 报文对应的 PPPoE 服务端作为自己的 PPPoE 服务端，并单播发送一个 PADR 报文。

(4)PPPoE 服务端产生一个唯一的会话 ID(SESSION ID)，标识和 PPPoE 客户端的这个会话，通过发送一个 PADS 报文把会话 ID 发送给 PPPoE 客户端，如果没有错误，会话建立后便进入 PPPoE 会话阶段。

会话阶段：

PPPoE 发现阶段的工作为 PPPoE 客户端和 PPPoE 之间建立了会话，之后 PPPoE 便进入了会话阶段。会话阶段可划分为两部分，一是 PPP 协商阶段，二是 PPP 报文传输阶段。PPPoE 会话上的 PPP 协商和普通的 PPP 协商方式一致，分为 LCP、认证、NCP 三个阶段。

(1)LCP 阶段主要完成建立、配置和检测数据链路连接。

(2)LCP 协商成功后，开始进行认证工作，认证协议类型由 LCP 协商结果(CHAP 或者 PAP)决定。

(3)认证成功后，PPP 进入 NCP 阶段，NCP 是一个协议族，用于配置不同的网络层协议，常用的是 IP 控制协议(IPCP)，它负责配置用户的 IP 和 DNS 等工作。PPPoE 会话的 PPP 协商成功后，其上就可以承载 PPP 数据报文。在 PPPoE 会话阶段所有的以太网数据包都是单播发送的。

结束阶段：

PPP 通信双方应该使用 PPP 协议自身(比如 PPP 终结报文)来结束 PPPoE 会话，但在无法使用 PPP 协议结束会话时可以使用 PADT 报文。

进入 PPPoE 会话阶段后，PPPoE 客户端和 PPPoE 服务端都可以通过发送 PADT 报文的方式来结束 PPPoE 连接。PADT 数据包可以在会话建立以后的任意时刻单播发送。在发送或接收到 PADT 后，就不允许再使用该会话发送 PPP 流量了，即使是常规的 PPP 结束数据包。

3.6　无线局域网

无线局域网(Wireless LAN，WLAN)是一种利用无线电波在自由空间的传播实现终端互联的计算机网络。无线局域网的突出优点是终端之间不需要铺设线缆，这一特性不仅使无线局域网非常适用于不便铺设线缆的网络应用环境，同时解决了网络终端的移动通信问题。

3.6.1　无线局域网架构

从系统框架来看，无线局域网可分为两大类：有固定基础设施和无固定基础设施。

1. 有固定基础设施

1997 年 IEEE802 工作组为有固定基础设置的无线局域网制定了 802.11 标准系列。如图 3-44(b)所示。它使用星型拓扑，中心节点称为接入点(Access Point，AP)，在 MAC 层使用 CSMA/CA 协议。凡使用 802.11 系列协议的局域网又称为 Wi-Fi。

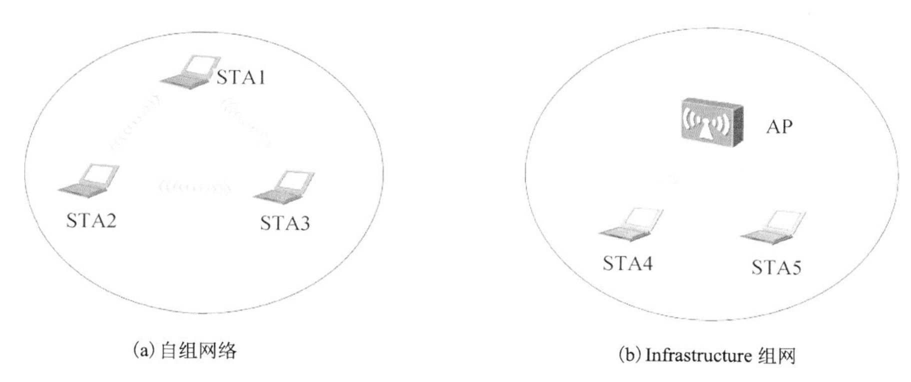

(a) 自组网络　　　　　　　　　　　　(b) Infrastructure 组网

图 3-44　自组网络

802.11 标准规定无线局域网的最小构件是基本服务集 BSS(Basic Service Set)。一个基本服务集 BSS 包括一个基站和若干个移动站，移动站间的通信都必须通过本 BSS 的基站。接入点 AP 就是基本服务集内的基站(base station)。一个 AP 具有一个单字或双字的服务集标示符(Service Set Identifier，SSID)和一个信道号。

一个基本服务集也可通过 AP 连接到一个分配系统 DS(Distribution System)，然后再连接到另一个基本服务集，这样就构成了一个扩展的服务集 ESS(Extended Service Set)，如图 3-45 所示。所谓 ESS，就是利用骨干网络将几个 BSS 串联在一起。

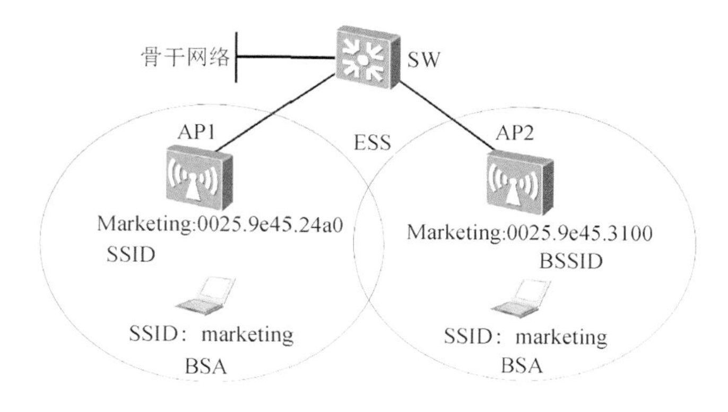

图 3-45　扩展服务集 ESS

2. *无固定基础设施*

又称为做自组网络，如图 3-44(a)所示。自组网络没有接入点 AP，而是由一些平等的移动站之间相互通信组成的临时网络。自组网络没有预先建好的网络固定基础设施(基站)，因此，自组网络的服务范围通常是受限的，而且自组网络一般也不和外界的其他网络相连接。移动自组网络也就是移动分组无线网络。

3.6.2　无线局域网的物理层

现代的无线通信主要有两个特点：一方面，由于传输速率与信噪比和带宽成正比，在传输速率不变的前提下，可以通过增加带宽来降低信噪比，即降低发射信号的能量。另一方面，通过扩频技术和纠错码解决干扰，即用传输速率换取可靠性。

802.11 物理层主要使用了三种不同无线扩频通信技术：

1) 跳频 (Frequency hopping，FH 或 FHSS)

跳频扩频是以一种预定的伪随机模式快速变换传输频率，它是最常用的扩频方式之一。其工作原理是收发双方传输信号的载波频率按照预定规律进行离散变化的通信方式，也就是说，通信中使用的载波频率受伪随机变化码的控制而随机跳变。与定频通信相比，跳频通信也具有良好的抗干扰能力，即使有部分频点被干扰，仍能在其他未被干扰的频点上进行正常的通信。

2) 直接序列 (Direct sequence，DS 或 DSSS)

直接序列传输技术是通过精确的控制将 RF 能量分散至某个宽频带。当无线电载波的变动被分散至较宽的频带时，接收器可以通过相关处理找出变动所在。扩频技术能够很好地防止干扰：DSSS 采用 11 chip barker 编码方式，只要 11 位中的 2 位正确就能识别原来的数据。DSSS 采用的调制方式为：BPSK、QPSK。

3) 正交频分复用 (Orthogonal Frequency Division Multiplexing，OFDM)

正交频分复用是一种多载波调制技术。其主要思想是：将信道分成若干正交子信道，将高速数据信号转换成并行的低速子数据流，调制到每个子信道上进行传输。OFDM 的调制方式包括：BPSK (Binary Phase Shift Keying) 二进制相移键控；QPSK (Quadrature Phase Shift Keying) 正交相移键控；QAM (Quadrature Amplitude Modulation) 正交幅度调制。QAM 同时利用了载波的振幅和相位来传递信息，OFDM 技术结合 QAM 调制方式让速率达到 54Mbit/s。

根据物理层采用的频段和通信技术不同，802.11 无线局域网可进一步细分为不同类型网络，主要包括 802.11a、802.11b、802.11g、802.11n 和 802.11ac 等，具体说明如下：

(1) 802.11a 是 IEEE 802.11 工作组为 5GHz ISM 频段定义的 WLAN 物理层协议。它采用正交频分复用 (OFDM)，具有 54Mbit/s 的吞吐能力，支持 6、9、12、18、24、36、48 和 54Mbit/s 数据速率，具有 23 个非重叠信道，信号的平均覆盖范围 10~100 米。

(2) 802.11b 标准具有 11Mbit/s 吞吐能力，它采用直序扩频 (DSSS)，支持 1、2、5.5 和 11Mbit/s 的数据速率，工作在 2.4GHz 的 ISM 频段，支持 13 个信道，具有 3 个不重叠信道。信号的平均覆盖范围 50 多米。

(3) 802.11n 标准的最高速率可达 600Mbit/s。802.11n 协议为双频工作模式，支持 2.4GHz 和 5GHz。802.11n 采用 MIMO 与 OFDM 相结合，其传输距离大大增加，网络的吞吐量性能也明显提高。技术优点主要体现在：①更多的子载波：有 52 个子载波；②编码率提升；③更短的帧间保护间隔；④信道绑定 40M 频宽模式；⑤MIMO 及波束成形技术；⑥帧聚合技术。

(4) 802.11ac 标准作为 802.11n 标准的延续，802.11ac 主要工作频段为 5GHz 频率，支持 MIMO 技术，并在此基础上技术改进与创新，以求达到 1Gbit/s 吞吐量的目标。802.11ac 将向后兼容 802.11 全系列现有及即将发布的所有标准和规范。安全性方面，它将完全遵循 802.11i 安全标准的所有内容。802.11ac 技术改进：①更大信道带宽，最大 160MHz；②更多空间流，最多 MIMO 通道；③更高阶调制方式，最大 256QAM。

802.11 的不同物理层标准的对比，如表 3-1 所示。

表 3-1　802.11a/b/g/n/ac 对比

协议	频段	兼容性	理论最高速率	实际速率
802.11a	5GHz	—	54Mbit/s	22Mbit/s 左右
802.11b	2.4GHz	—	11Mbit/s	5Mbit/s 左右
802.11g	2.4GHz	兼容 802.11b	54Mbit/s	22Mbit/s 左右
802.11n	2.4GHz 5GHz	兼容 802.11a/b/g	600Mbit/s	100Mbit/s 以上
802.11ac	2.4GHz 5GHz	兼容 802.11a/b/g/n	1.56Gbit/s（80MHz，4Tx） 6.93　Gbit/s（160MHz，8Tx）	Gbit/s

从 802.11 系列标准的演进过程来看，最大数据传输速率的变化是一个关键点，从 802.11a 和 802.11b 到 802.11n 再到 802.11ac，MAC 层和 PHY 层技术上的改进基本上都是为了能够实现更稳定更高速的数据传输。PHY 层方面，随着 802.11ac 的出现，WLAN 的传输速率提高到 Gbit/s 阶段。

3.6.3　无线局域网的 MAC 层协议

无线局域网的 MAC 层不能直接使用 CSMA/CD 协议。这是因为 CSMA/CD 是采用碰撞检测方法来处理碰撞问题。在有线网络中，信号是均匀衰减的，站点很容易地实现一边发送信号一边进行碰撞检测。但在无线局域网中，由于信号衰减问题，接收信号的强度通常远小于发送信号的强度，因此要实现这种碰撞检测功能的花费太大。而且无线信号容易受到环境干扰和障碍物影响，其信号衰减是不均匀的，即使我们能够实现碰撞检测的功能，站点也无法检测到全部碰撞，例如隐终端问题。下面我们分析一下无线通信存在的两个特殊问题：

（1）隐藏终端问题：指当某个终端发送数据时，属于同一 BSA（基本服务区）的另一个终端可能检测不到该终端发送的载波信号，误认为物理信道不忙的情况，即在无线网络中“检测不到信号并不代表信道空闲”。

如图 3-46 所示，当终端 A 向终端 B 发送数据时，由于终端 C 检测不到终端 A 发送的载波信号，导致终端 C 也向终端 B 发送数据，使得双方发送的数据在终端 B 发生冲突。另外，发生隐蔽站问题的原因还有很多，如 BSS 中，两个终端都能和 AP 进行通信，但两个终端之间的距离已超出电磁波的有效通信距离等。

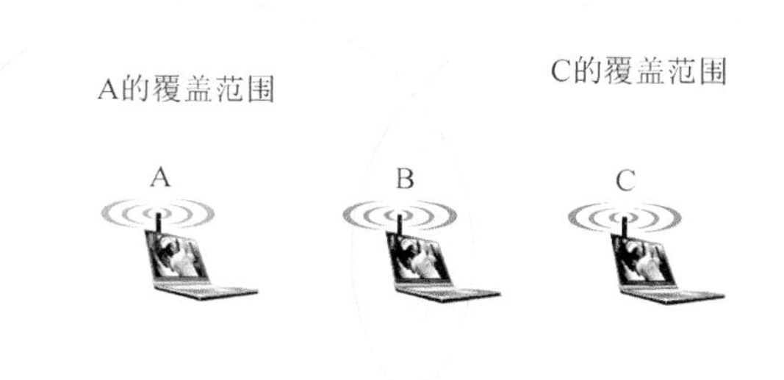

图 3-46　隐蔽站问题

(2)暴露站问题：暴露终端问题是指“检测到信号也不代表信道忙”。如图 3-47 所示，站点 B 向 A 发送数据，而 C 又想和 D 通信。但 C 检测到信道忙，于是就停止向 D 发送数据，其实 B 向 A 发送数据并不影响 C 向 D 发送数据。这就是暴露站问题(exposed station problem)。

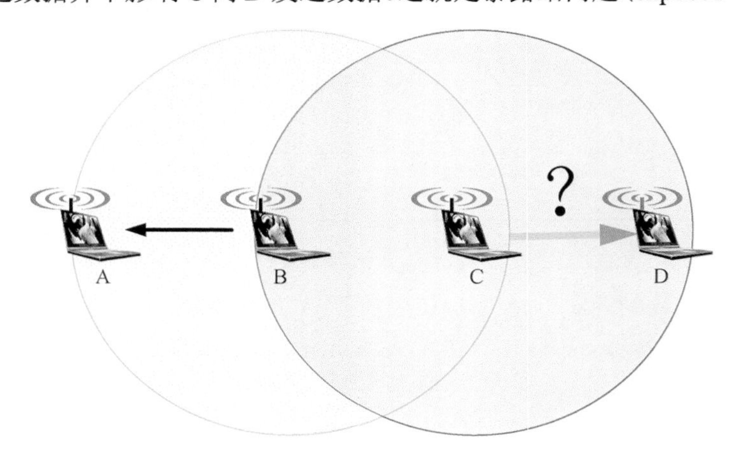

图 3-47　暴露站问题

既然无线局域网不能使用碰撞检测，那么就应该尽量减少碰撞的发生。为此，802.11 委员会对 CSMA/CD 协议进行了修改，把碰撞检测改为碰撞避免(Collision Avoidance，CA)。这样，802.11 局域网就使用了 CSMA/CA 协议。

1. 802.11 的 MAC 层

802.11 的数据链路层由两个子层构成，逻辑链路控制子层 LLC 和媒体访问控制子层 MAC。802.11 使用和 802.2 完全相同的 LLC 层以及 48 位的 MAC 地址，这使得无线和有线之间的桥接非常方便。但是 IEEE 802.11 物理层的无线信道决定了 WLAN 具有独特的信道访问控制机制。

IEEE 802.11 支持两种不同的 MAC 机制：第一种方案是分布式协调功能(Distributed Coordination Function，DCF)，DCF 采用分布式控制，所有要传输数据的用户拥有平等接入网络的机会；第二种机制是点协调功能(Point Coordination Function，PCF)，基于接入点控制的轮询访问方式，主要用于传输实时业务，PCF 只能用于存在 AP 设备的网络场合。MAC 子层由 DCF 和 PCF 两部分组成。其中分布协调功能 DCF 是数据传输的基本方式，直接位于物理层之上，作用于信道竞争期(CP)，所有站点均支持 DCF，其核心是 CSMA/CA 技术。点协议功能 PCF 建立在 DCF 基础上，工作于非竞争期。两者总是交替出现，先由 DCF 竞争媒体使用权，然后进入非竞争期(CFP)，由 PCF 控制数据传输。

2. CSMA/CA 协议

CSMA/CA 协议是无线局域网基本的 MAC 协议，用于解决站点共享无线信道的问题。CSMA/CA 协议比较复杂，采用了很多机制来解决无线信道的共享问题，具体说明如下：

1) 帧间间隔

为了尽量避免碰撞，802.11 规定所有的站在完成发送后，必须再等待一段很短的时间才能发送下一帧。这段时间称为帧间间隔 IFS。帧间间隔的大小取决于发送帧的类型。高优先级帧的IFS比较小，因此可以优先获得发送权。IFS主要有以下三类：

(1) SIFS，即短帧间间隔(short IFS)。SIFS是最短的帧间间隔，用来分隔开属于同一次对话的各帧。使用SIFS的帧类型有：ACK帧、CTS帧等。

(2) PIFS，即点协调功能帧间间隔。PIFS比SIFS长，是为了在开始使用PCF方式时优先获得接入到媒体中。PIFS的长度是SIFS加一个时隙时间长度。

(3) DIFS，即分布协调功能帧间间隔，DIFS比PIFS多了一个时隙时间长度。使用DIFS的帧类型有：数据帧和管理帧等。

2) 基于CSMA的发送机制

CSMA/CA算法的特点是争用信道。站点在发送前会先检测信号，当信道持续空闲DIFS时间，即认为信道空闲，就可以发送数据。此外，为了降低能耗，8802.11采用了一种叫做虚拟载波监听地的机制。源站把它要占用的信道时间(包括目的站发回确认帧所需时间，以微秒为单位)写入到所发送的数据帧中。当站点检测到正在通信中传送的帧“持续时间”字段时，就调整自己的网络分配向量NAV。NAV指出了信道处于忙状态的持续时间。这样，信道处于忙状态就可能是物理层的载波监听检测到信道忙，或者是MAC层的虚拟载波监听机制指出信道忙。

3) 停等协议

无线信道的传输质量比较差，误码率非常高。为了提高数据传输的可靠性，CSMA/CA引入了停-等可靠传输协议，使发送方确信接收方正确接收到数据帧。如图3-48所示，发送站点每发送一个数据帧后，要等待收到目的站点的确认帧后才继续发送下一帧。而接收方在收到一个数据帧后，在进行CRC校验后才发回确认帧。如果发送方等待确认帧超时，就认为发送出错，将重新发送该数据帧。如果重传若干次仍失败，则将放弃该数据帧。

4) 碰撞避免机制

即信道预约机制，碰撞避免机制是802.11MAC协议中一个可选机制，用于解决载波监听可能检测不到信道中所有碰撞的问题。其基本思想是使用短的预约帧尝试预约信道，避免长数据帧的碰撞，有效提高了MAC协议的信道利用率。IEEE 802.11协议定义了请求发送(Request To Send，RTS)控制帧和允许发送(Clear To Send，CTS)控制帧来预约对信道的访问。当发送方要发送一个数据帧时，它首先发送一个RTS帧，并指出传输数据帧和确认帧需要的总时间。在接收方收到RTS帧后，它广播一个CTS帧作为响应，以给发送方一个明确的允许发送指令，同时也指示其他站点在预约期内不要发送任何帧。

如图3-49所示，站点A在传输数据帧前，首先广播一个RTS帧，该帧能被位于它信号覆盖范围内的所有站点听到(包括AP)，AP在经过SIFS后，就回应一个CTS帧，该帧也被它所覆盖范围中其他站点听到(包括站点B)。隐蔽终端站点B在听到CTS后，将在CTS帧中指明的时间内抑制发送帧。站点A在接收到AP发送给它的CTS之后，经过SIFS，开始发送数据帧。

使用RTS和CTS帧会使整个网络的效率有所下降。但这两种控制帧都很短，与数据帧相比开销不算大。相反，若不使用这种控制帧，则一旦发生碰撞而导致数据帧重发，则浪费的时间就更多。由于RTS/CTS交换同样引入了时延以及增加了信道资源开销，因此在实际应用中，每个无线站点可以设置一个RTS门限值，仅当数据帧的长度超过该门限值，才使用RTS/CTS机制。因此，802.11MAC层协议有两种随机访问方式：CSMA/CA+ACK和

RTS/CTS+DATA+ACK。第一种是基本的 CSMA/CA 协议执行过程。第二种则增加了 RTS/CTS 预约信道的功能，降低隐藏终端的影响。

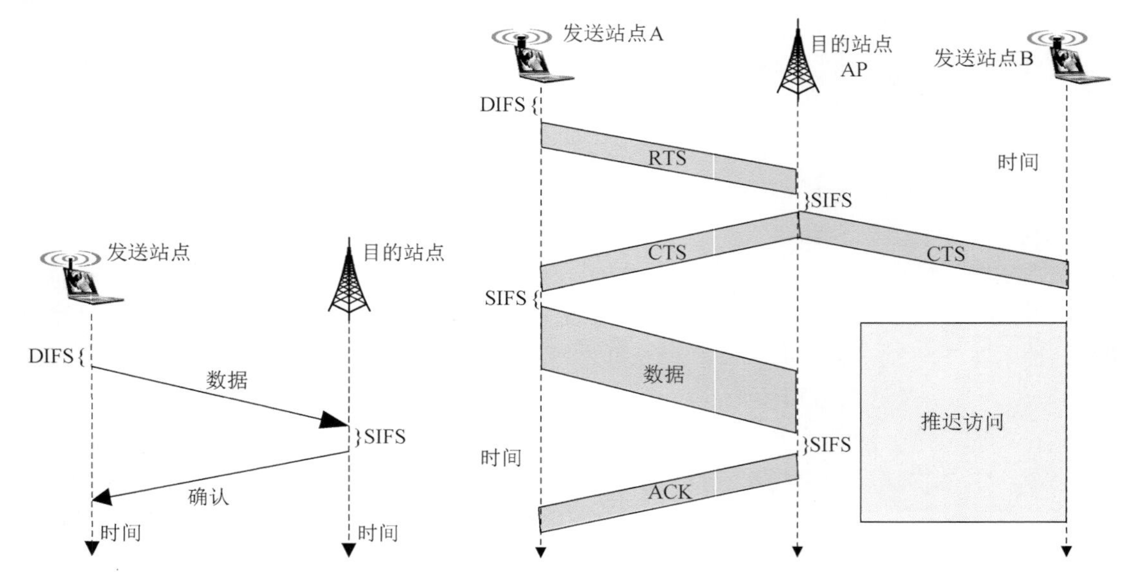

图 3-48　IEEE 802.3 的停等协议　　　　图 3-49　使用 RTS 和 CTS 帧的碰撞避免

5) 退避算法

为了提高信道的吞吐量和降低信道冲突的概率，每个发送站点如果检测到信道忙，就要执行退避算法，等待一段时间后再发送数据，以减小信道上冲突。802.11 的退避算法与以太网的截断二进制指数退避算法略有不同。终端首先设置最大和最小争用窗口（CW_{MIN}=7 和 CW_{MAX}=255）；若 i 是重传次数，则 $CW=2^{2+i}-1$，CW 初始为 CW_{MIN}，直到 $CW=CW_{MAX}$；然后在［0～CW］中随机选择一个整数 R，并计算退避时间 $T=R\times ST$，ST 是固定时隙，取决于无线局域网的物理层协议标准和数据传输速率。一旦发送端接收到确认应答，则将 CW 设置成初值 CW_{MIN}。

退避时间选定后，就相当于设置了一个退避计时器。站点每个经历一个时隙，就检测信道。如果信道忙，则退避延迟计数器将停止倒计时，并将当前值锁定为下一个退避的延迟时间；如果信道空闲，则退避计时器继续倒计时。

6) CSMA/CA 协议的工作过程

根据上述的讨论，我们可以总结 CSMA/CA 算法的工作过程如下：

(1) 若站点有新数据帧要发送（不是重传），并且检测到信道空闲，在等待 DIFS 时间后，就发送该数据帧。

(2) 否则，该站点根据退避算法，等待一个随机时间。

(3) 当退避计时器时间减少到零时（这时信道只可能是空闲的），站点就发送整个的帧并等待确认。

(4) 目的站点收到数据后，在等待 SIFS 后，向发送站发送确认应答 ACK。发送站若收到确认后，就可以跳到步骤 1) 发送第二帧。如果未收到确认，就要回到步骤 2) 中的退避阶段，尝试重新发送该数据帧。

3. 点协调功能 PCF

DCF 在操作过程中，BSS 内各终端自由、公平地争用信道，但是这种信道争用机制存在以下两个问题：(1)终端传输时延不可预测，传输时延变化大，不适合传输多媒体数据。(2)终端数目过多，则冲突概率将会变高，导致信道利用率降低。因此，无线局域网对于存在 AP 的 BSS，提出了采用查询方式的 PCF。

PCF 是可选功能，面向连接，提供无竞争帧传送。PCF 支持实时性强的业务，提供一定的 QoS 保证。PCF 的操作过程如下：(1) AP 通过发送包含较大持续时间字段值的信标帧来控制信道，接着根据事先建立的查询列表按序逐个查询终端；(2)若 AP 缓冲器中存有发送给被查终端的数据，则将数据包含在查询帧中；(3)若被查询的终端存在需要发送给 AP 的数据，经过 SIFS 后，向 AP 发送数据帧，并需要在数据帧中捎带确认应答(ACK)。

3.6.4 MAC 帧

802.11 帧共有三种类型，即控制帧、数据帧和管理帧。802.11 帧的最大长度 2346 字节，基本结构如图 3-50 所示。

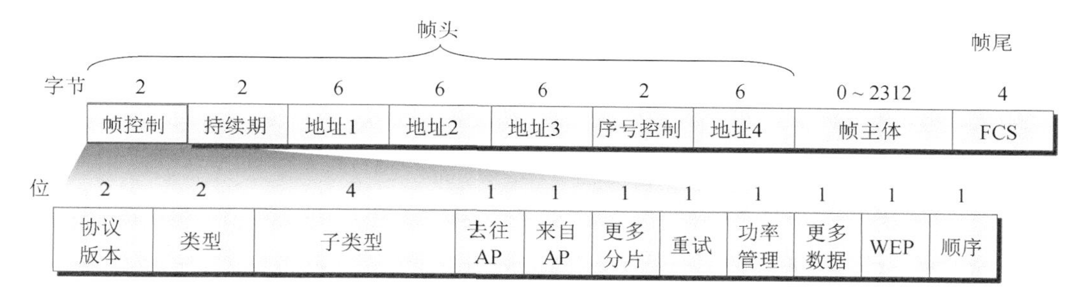

图 3-50 MAC 帧结构

802.11 的帧比较复杂，其帧首部就有 30 字节，各字段的含义说明如下：

(1)帧控制域：所有帧的开头均是长度两字节的帧控制字段，由多个子域组成，完成帧控制功能，具体包括：

- 版本：表示的是 802.11MAC 协议的版本号，现在是 0；
- 类型：标识帧的类型属于数据帧、管理帧或控制帧；
- 子类型：和类型共同标识特定帧的类型；
- 到 DS：所有发送到 DS 的数据帧置 1；其他帧置 0；
- 从 DS：所有 DS 发送的数据帧置 1；其他帧置 0；
- 更多分片：1 表明这个帧属于一个帧的多个分片之一；
- 重试：表示该帧是否是重传的帧；
- 功率管理：表示 STA 功率管理的状态；
- 更多数据：用于通知处于节能模式的 STA，AP 缓冲区中有待传输的数据帧；
- WEP：用于表示数据是否进行了 WEP 加密；
- 顺序：用于 MSDU 或分段的 Strictly Order 类型数据帧。

(2)持续期：用来记载网络分配矢量(NAV)的值。访问介质的时间限制是由 NAV 所指定。

(3) 地址域：802.11 帧中有 4 个地址域，这与无线局域网传输有关。地址 1 表示目的 MAC 地址，地址 2 表示源 MAC 地址，地址 3 表示转发 AP 的 MAC 地址，地址 4 用于自组织网络。控制位和地址字段的逻辑关系如表 3-2 所示。

表 3-2　802.11 的地址字段

去往 AP	来自 AP	地址 1	地址 2	地址 3	地址 4
0	1	目的地址	AP 地址	源地址	——
1	0	AP 地址	源地址	目的地址	——

(4) 序号控制：长度为 2 字节，用来重组帧片段以及丢弃重复帧，它由 4 位的 fragment number（片段编号）位以及 12 位的 sequence number（顺序编号）位所组成。

(5) 帧主体：亦称为数据位，负责在工作站间传送上层数据（payload）。802.11 帧最多可以传送 2312 字节的上层数据。

(6) 帧校验域（FCS）：长度为 4 字节的 CRC 校验，校验范围为 MAC 帧头与数据域。

3.6.5　用户的接入过程

一个移动站若要加入到一个基本服务集 BSS，就必须先关联该 BSS 的接入点 AP，然后才能通过该 AP 收发数据。只有关联的 AP 才向这个移动站发送数据帧，而这个移动站也只有通过关联的 AP 才能向其他站点发送数据帧。用户接入一个 AP 共需要经过扫描、认证和关联三个步骤，如图 3-51 所示。

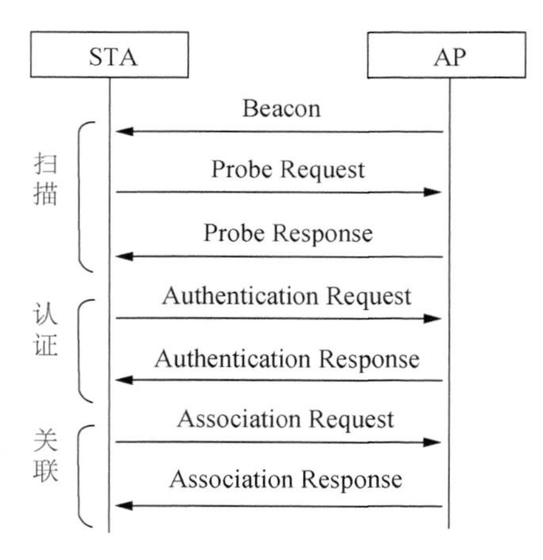

图 3-51　802.11 的接入过程

具体步骤说明如下：

(1) 扫描发现周围的无线服务（也叫热点）

无线客户端有两种方式可以获取到周围的无线网络信息。一是被动扫描，即移动站等待接收接入站周期性发出的信标帧（Beacon）。信标帧中包含有若干系统参数（如服务集标识符 SSID 以及支持的速率等）。二是主动扫描，即移动站依次在每个信道上发送 Probe Request 报文，然后等待从 AP 发回的探测响应帧（Probe Response）；从 Probe Response 中获取 BSS 的基本信息，Probe Response 包含的信息和 Beacon 帧类似，如图 3-52 所示。

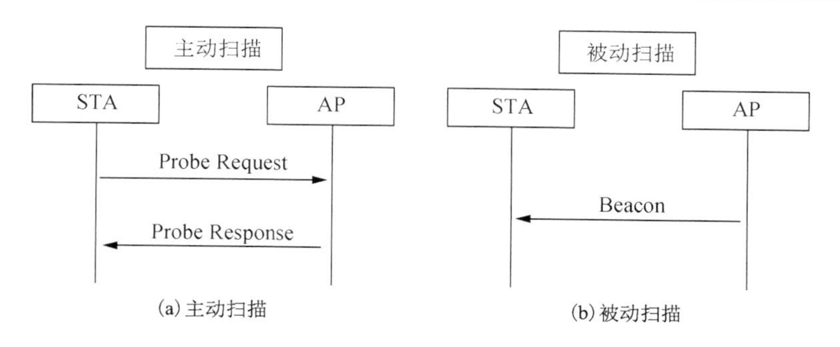

图3-52 802.11的扫描方式

(2)认证阶段

为了保证无线链路的安全，接入过程中AP需要完成对客户端的认证，只有通过认证后才能进入后续的关联阶段。802.11链路定义了两种认证机制：开放系统认证和共享密钥认证。开发系统认证等同于不需要认证，没有任何安全防护能力。可以通过其他方式来保证用户接入网络的安全性，例如address filter、用户报文中的SSID。共享密钥型认证要求参与认证过程的两端具有相同的“共享”密钥或密码。共享密钥型认证需要手动设置客户端和接入点。共享密钥认证的三种类型现在都可应用于家庭或小型办公室无线局域网环境，包括：WEP、WPA、WPA2，如图3-53所示。

(3)关联阶段

终端关联过程实质上是链路服务协商的过程。完成了802.11的链路认证后，WLAN客户端会继续发起802.11链路服务协商，具体的协商通过Association报文或者Re-association报文实现，如图3-54所示。

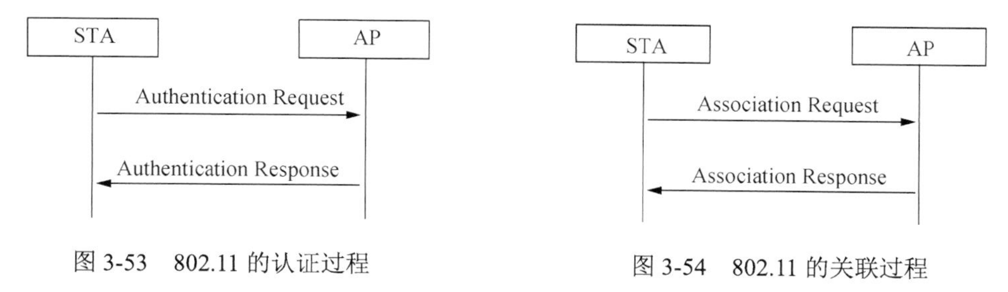

图3-53 802.11的认证过程

图3-54 802.11的关联过程

课后习题

3-1 数据链路层需要解决哪些基本问题？

3-2 简述CSMA/CD协议的工作原理。

3-3 常用的局域网的网络拓扑结构有哪些种类？试述各类拓扑结构的特点。

3-4 网桥的工作原理和特点是什么？网桥与以太网交换机有何异同？

3-5 什么是广播风暴？试述广播风暴产生的原因。

3-6 什么是帧定界？以太网是如何实现帧定界的？

3-7 要发送的数据为101110，采用CRC的生成多项式是$P(x)=x^4+x+1$。试求应添加在数据后面的余数。

3-8　一串数据 1111011101110110001 使用 CRC 校验方式，已知校验使用的二进制数为 1010111，生成多项式是什么？发送序列是什么？

3-9　PPP 协议的主要特点是什么？为什么 PPP 协议不能使数据链路层实现可靠传输？

3-10　PPP 协议使用同步传输技术传送比特串 0110111111111100。试问经过零比特填充后变成怎样的比特串？若接收端收到的 PPP 帧的数据部分是 0001110111110111110110，问删除发送端加入的零比特后变成怎样的比特串？

3-11　如下图，网桥 B1 和 B2 连接 3 个局域网 LAN1、LAN2、LAN3；初始化时，B1 和 B2 的转发表为空，则根据下表提示，完成表中的有关数据。

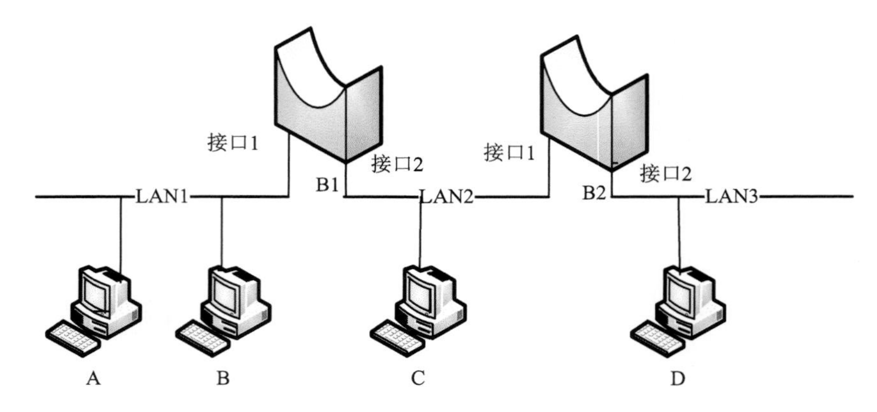

次序	发送的帧	能收到该帧的主机集合
1	A->B	
2	B->A	
3	C->A	

3-12　在使用 CSMA/CD 的以太网中，数据传输速率为 10Mb/s，信号传输速率为 2.1×10^5km/s，假设最短帧长为 64B，试求出最大连接长度。

3-13　长 2km、数据传输率为 10Mbit/s 的基带总线 LAN，信号传播速度为 200m/μs，试计算：

(1) 1000 比特的帧从发送开始到接收结束的最大时间是多少？

(2) 若两相距最远的站点在同一时刻发送数据，则经过多长时间两站发现冲突？

3-14　能否使用一个单一的以太网构建覆盖全球的 Internet。

3-15　分析无线网络中介质访问控制的难点所在？

3-16　在 CSMA/CD 协议中，将网络速率从 10M 提升到 100M，为了确保能检测到所有冲突，则需要增大帧长或者缩短网络直径，试分析哪种方案比较可行？

3-17　为什么现在的链路层不提供可靠的传输服务？

3-18　试分析二层网络环路会产生广播风暴的原因？

第4章 互联网络

互联网主要涉及网络层技术，用于解决大规模异构网络的互联问题，因此是协议栈中最复杂的层次，也是网络知识学习中最具有挑战性部分。本章主要讨论大规模计算机网络的基础性问题，包括异构网络的互联方法、转发与路由选择、直接交付与间接交付等内容；重点分析了因特网中的转发问题和路由选择问题。

4.1 本章概述

4.1.1 网络的互联问题

随着计算机网络规模的不断扩大，就产生了网络的互联问题。直连网络一般是采用平面的编址方案，单个网络的主机规模不能太大。例如，以太网采用 48 位的 MAC 地址(也称物理地址)，虽然理论上，一个以太网可以容纳 2^{48} 个网络接口，但对于交换机而言，其转发表会随着主机数量的增加而快速膨胀，网络性能将急剧下降，无法支持具有海量主机的计算机网络(如 Internet)。因此，大规模的计算机网络一般采用分层的组网技术来降低寻址的复杂性，即通过把多个直连网络互联起来，从而组成一个更大规模的计算机网络。

另一方面，在计算机网络的发展过程中，许多计算机公司分别推出了各自不同类型的计算机网络，如以太网、WiFi、令牌环网，PSTN、ATM 等等。在考虑这些网络互联时，首先面临一个异构网络间的兼容性问题：不同计算机网络在体系结构和通信协议方面往往存在较大差异，如数据封装格式、编址方案、可靠机制和转发机制等不同，因此，相互间无法直接通信。一种直观的解决方案就是，为每两种不同的网络都相应设计一种转接设备，用于实现这两种网络间的协议转换和互联。但这种方案的可扩展性差，假设已有 N 种计算机网络需要互联，则需要设计 C_N^2 种转接设备，才能满足所有网络的互联需求。并且，将来每增加一种新型网络，都要相应地新增 N 种转接设备。另一种更合理方案就是，增加一层与具体传输网络无关的、在逻辑上统一的虚拟网络，只要各物理网络都支持传输该虚拟网络的数据分组，就可以实现任意物理网络的互联互通。在计算机网络体系结构中，这个为网络互联而新增的虚拟网络就是 IP 网络。

网络层所要考虑的核心问题就是如何解决现有计算机网络的互联问题。主要解决三方面问题：①大规模网络的互联问题；②异构网络的互联问题；③传输机制。在 Internet 中，网络层所采用的通信协议是网际协议 IP(Internet Protocol)。因此，虚拟的互联网络也称 IP 网络。IP 协议规定了统一的且与传输网络地址标识无关的、可以分层的 IP 地址格式；也规定了统一的且与传输网络数据封装格式无关的 IP 分组格式。IP 网络的数据单元称为 IP 分组，而具有网络层功能的中间互联设备称为路由器。IP 分组经过路由器逐跳传输，最终实现源主机至目的主机的传输过程。每个路由器都必须建立用于指明转发路径的路由表。当有许多异构网络需要互联时，如果这些网络都支持 IP 协议，那么就可以很方便地通过路由器互联起来。我们举个例子说明。

如图 4-1 所示，三个不同类型的网络通过路由器互联起来。当位于网络 N1 中的源主机 H1 要将一个 IP 分组发送给网络 N3 中的目的主机 H2 时，H1 首先将 IP 分组封装成网络 N1 的数据帧 F1，然后通过网络 N1 发送给路由器 R1；R1 取出 F1 中的 IP 分组后，进行转发处理并重新封装成网络 N2 的数据帧 F2，然后通 N2 转发给路由器 R2；同理，R2 也将 IP 分组重新封装成 N3 的数据帧 F3，并通过网络 N3 发送到 H2。如果仅从网络层分析，那 IP 分组就是在虚拟网络中传输路径就是 H1→R1→R2→H2。

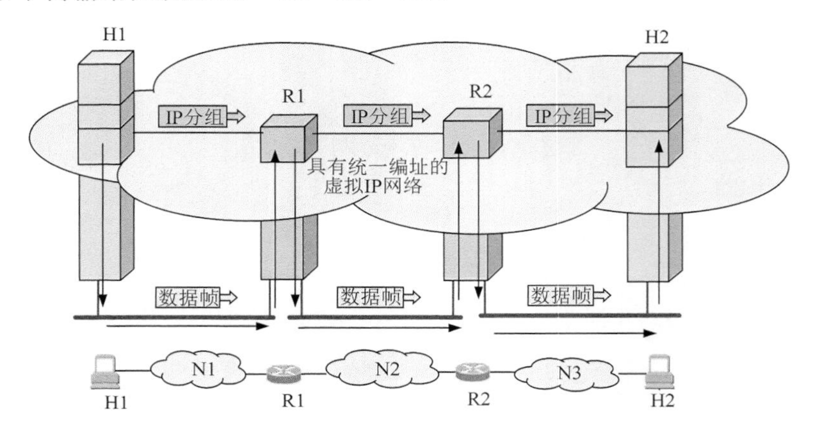

图 4-1　虚拟的 IP 网络示意图

IP 网络规定了统一的且与传输网络地址标识方式无关的 IP 地址格式，也规定了统一的且与传输网络数据封装格式无关的 IP 分组格式。源终端和路由器必须建立用于指明通往目的终端的路由表；必须由单个传输网络连接当前跳和下一跳，通过传输网络实现 IP 分组当前跳至下一跳的传输过程。IP 分组经过逐跳传输，实现源终端至目的终端的传输过程。

4.1.2　网络层的服务模型

网络层实现了网络互联，其主要目的是为传输层提供主机到主机的通信服务。在计算机网络领域中，网络层应该向运输层提供可靠的服务还是尽力而为的服务呢？这曾经引起了长期的争论，争论焦点的实质就是：在计算机通信中，可靠交付应当是由网络负责还是由端系统负责？如果网络(既网络层)是提供可靠服务，则意味着网络可以保证为主机发送的每一个数据包，都能正确地交付给接收方，并且是按顺序、没有重复和丢失。所谓“尽力而为的服务”，是指网络并不会随意地丢弃分组，只有在资源耗尽或网络出现故障时，才可能出现不可靠性。

网络层所能提供的服务与其采用的通信方式有关。提供可靠服务的网络一般采用面向连接的通信方式。在这种通信方式中，发送方在传输数据之前，需要与目标主机以及中间路由器先创建一条虚拟连接，并在传输结束后拆除该连接。建立虚拟连接的目的是预约资源和建立转发路径。而无连接的通信方式则不存在上述过程，发送方可以直接发送的数据分组。无连接的通信方式具有快速简洁、通信开销小、无状态等优点，但由于没有事先建立连接，数据传输有可能因接收方未做好准备或者网络资源不足等原因造成失败。提供尽力而为服务的网络一般采用无连接的通信方式。

在网络层采用面向连接通信方式的计算机网络称为虚电路网络(Virtual Circuit)，电信网(如ATM和帧中继)等都是属于虚电路网络。而采用无连接通信方式的计算机网络称为数据报网络(Datagram)，因特网就是一种数据报网络。

1. 虚电路网络

之所以称为“虚电路”，是因为它的通信方式和电路交换相似，需要经历三个过程：建立连接、数据传输和拆除连接。但虚电路只是一种逻辑连接(也可称为逻辑信道)，它并不独占电路资源，两端的资源仍然是采用统计时分复用方式预留。因此，每个节点可以同时和其他节点建立多条虚电路，甚至两个节点之间也可以同时建立多条虚电路连接。

如图 4-2 所示，在虚电路网络中，两台主机在进行通信时，需要先建立一条虚电路，以保证双方通信所需的一切资源，然后双方就沿着该连接发送分组。这样，虚电路网络中的分组就无需携带完整的地址信息，只需指明其使用的虚电路的标志即可，这也大大提高了转发路由器的工作效率。而每个转发路由器都需要建立一张虚电路表，用以记录经过该点的各条虚电路所占用的逻辑信道号。

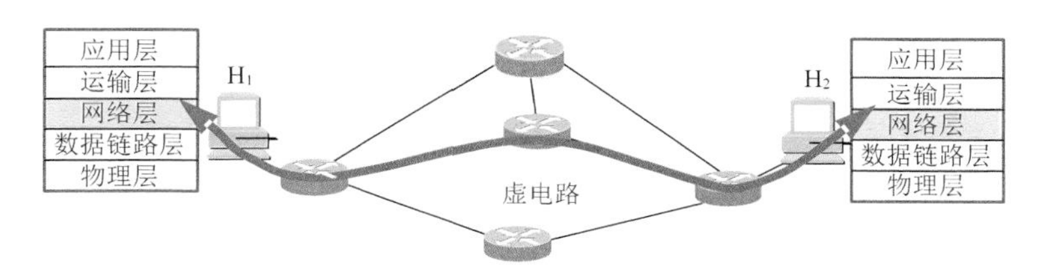

图 4-2 虚电路网络

虚电路网络转发分组的工作过程如下：

(1)虚电路建立：在建立阶段，当发送方向接收方发出呼叫时，发送方高层与网络层联系，指定接收方地址，等待该网络建立虚电路。

网络层决定发送方与接收方之间的路径，即该虚电路的所有分组要通过的链路与路由器序列。网络层也为该路径上的每条链路分配一个 VC 号。最后，网络层在路径上的每台路由器的转发表中增加一个表项，该表项还可以标识在该虚电路路径上预留的资源，这样形成发送方到接收方的端到端连接。以下为虚电路转发表的一个实例，如表 4-1 所示。

其中，图 4-3 为网络示意图，表 4-1 为路由器 R1 对应的转发表。

表 4-1 路由器 R1 的转发表

入接口	入 VC 号	出接口	出 VC 号
1	12	2	22
2	63	1	18
3	7	2	17
1	97	3	87
….	….	….	….

(2)数据传输：创建了虚电路后，收发双方就可以开始沿着该虚电路传输分组了。

(3)虚电路拆除：当发送方(或接收方)希望终止该虚电路时，就拆除虚电路，然后由网络层通知网络另一侧的端系统结束呼叫，并将路径上每台路由器中的转发表的相应表项删除。

由于采用面向连接的通信方式，虚电路网络可以提供比较丰富的网络传输服务，不仅能确保可靠交付，而且可以提供具有时延上界的确保交付和确保最大时延抖动等。OSI 体系的支持者主张网络层使用虚电路服务，也曾经推出网络层中虚电路服务的著名标准——ITU-T 的 X.25 建议书。由于每个路由器都需要维护每条连接的状态信息，因此大型网络的转发表中的连接状态往往太多，会导致路由器性能下降，如图 4-3 所示。

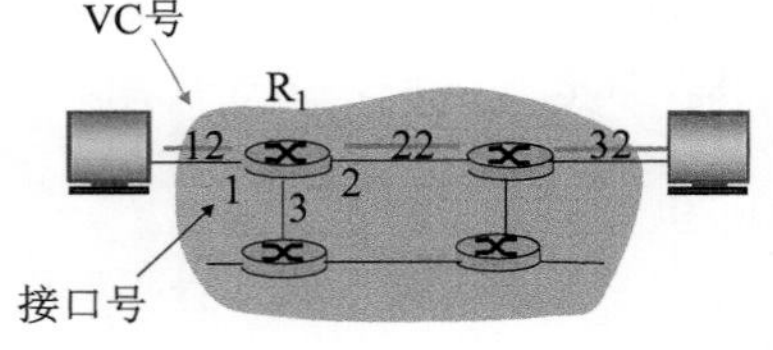

图 4-3　某虚电路网络

2. 数据报网络

数据报网络没有建立连接的过程，当主机需要通信时就直接发送数据分组。这些分组都是独立发送的，与前后的其他分组无关，并且需要携带完整的地址信息。而网络中的每个路由器都备有一张形如<目的地址，输出接口>的路由转发表，用于指示分组的转发接口。当一个分组到达时，路由器就使用该分组携带的目的地址在转发表中查找适当的输出接口，然后转发该分组。

如图 4-4 所示，数据报网络只提供尽力而为的网络传输服务，不保证可靠交付。分组有可能出错、丢失、重复和时序。另外，由于没有连接建立过程，传输分组前既不了解传输路径的状况，也不可能对经过传输路径的流量进行规划，因此，传输时延和传输时延抖动是无法控制的。并且，由于每个分组都是独立发送，因此，同一个通信过程中的分组，可能因路由器的路由表发送变化而走不同路径。

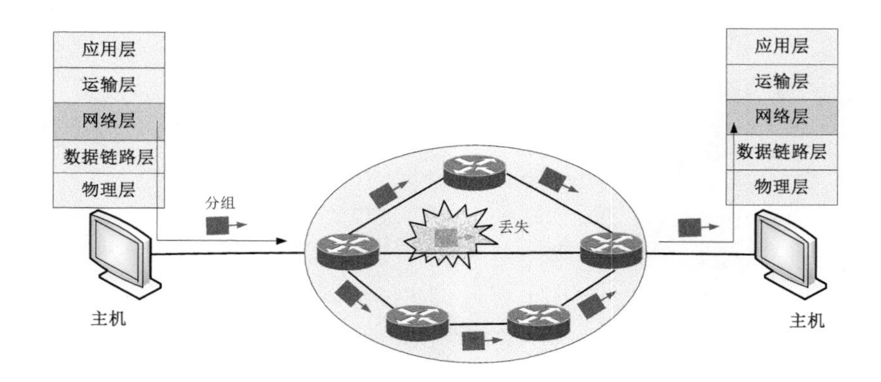

图 4-4　数据报网络

在数据报网络中，路由器不需要为了连接预留带宽和缓存，也不需要对分组进行检错和纠错，以及记忆转发分组的前后顺序，因此大大简化了设计和降低网络造价。另外，数据报模式也提高了网络运行方式的灵活性，使得各种异构网络(如卫星、以太网、光纤或无线等)的互联更容易。而且，数据报网络具有较好的鲁棒性，网络故障时容易恢复，网络链路瞬间中断产生的影响很小，对于链路中断能够自动选路避开。

因特网的网络层是采用数据报模式，它对网络层具有最小限度的需求，将“网络智能位于网络边缘”，网络层只提供最少的服务保证。因此，因特网被定义成不可靠、尽力而为和无连接的分组交付系统。因特网能够发展到今日的规模，也充分证明当初采用数据报模式的正确性。

4.2　网际协议 IP

IP(Internet Protocol)协议是 Internet 网络层的核心协议，目前常用的版本是 IPv4。IP 协议用于实现互联网络间的数据通信，为主机提供一种无连接、不可靠的、尽力而为的数据报传输服务。IP 协议屏蔽了底层各种物理网络的差异性，实现了地址和数据单元格式的统一，为传输层提供一种逻辑统一的虚拟互联网络，即实现了 IP over everything 和 everything over IP 两个目标。为了能适应异构网络，IP 协议强调适应性、简洁性和可操作性，并且在可靠性做了一定的牺牲。IP 协议不保证分组的交付时限，并且所传送分组有可能出现丢失、重复、延迟或乱序等问题。IP 协议的主要内容包含三方面：IP 地址的编址方法、分组的封装格式以及分组的转发规则。

还有四个协议用于支持 IP 协议的正常运行：地址解析协议 ARP(Address Resolution Protocol)、逆地址解析协议 RARP(Reverse Address Resolution Protocol)、网际控制报文协议 ICMP(Internet Control Message Protocol)和网际组管理协议 IGMP(Internet Group Management Protocol)。

4.2.1　IP 编址方案

把整个因特网看成为一个单一的、虚拟的网络，则 IP 地址就是用于给每个连接在因特网上的主机或路由器的接口分配一个全网唯一的 32 位标识符。IP 地址现在是由因特网名字与号码指派公司 ICANN(Internet Corporation for Assigned Names and Numbers)进行统一管理。如图 4-5 所示，为了便于记忆，常用十进制的点分制来表示 IP 地址，如 128.11.3.31。

为了提高 IP 地址的利用率和寻址效率，IP 地址的编址方案也不断在研究和改进。迄今为止，IP 网络编址方案的发展大致经历四个阶段：分类的 IP 地址、可划分子网的 IP 地址、无分类编址方法 CIDR 以及网络地址转换 NAT。

1. 分类的 IP 地址

这是最基本的编址方法，在 1981 年就通过了相应的标准协议。分类的 IP 地址最主要的特征就是分层和分类。所谓“分层分类”是指将 IP 地址划分为若干类型，每一类地址都由两个固定长度的字段组成：IP 地址::= {<网络号>, <主机号>}；其中，网络号(net-id)标识接口所连接到的网络，而主机号(host-id)用于标识该接口，一个主机号在它所属网络内必须是唯一的。图 4-6 给出各类 IP 地址的网络号字段和主机号字段，其中：A、B、C 类为单播地址，D 类为组播地址，E 类保留以后用。

其中，A、B 和 C 类地址的主机号空间分别为 24、16 和 8 位，因此每种网络可以容纳的主机数量也是不同的。A 类地址具有最大的主机号空间，因此，每个网络可以容纳最多主机数。此外，还有一些特殊的 IP 地址不能分配给主机，例如：主机号全 0 的 IP 地址是指该网络，主机号全 1 的 IP 地址是用于对该网络进行广播，A 类中的 127 段用于回送地址，用于网络软件测试和本地进程间的通信。因此，各类 IP 地址的地址指派范围如表 4-2 所示。

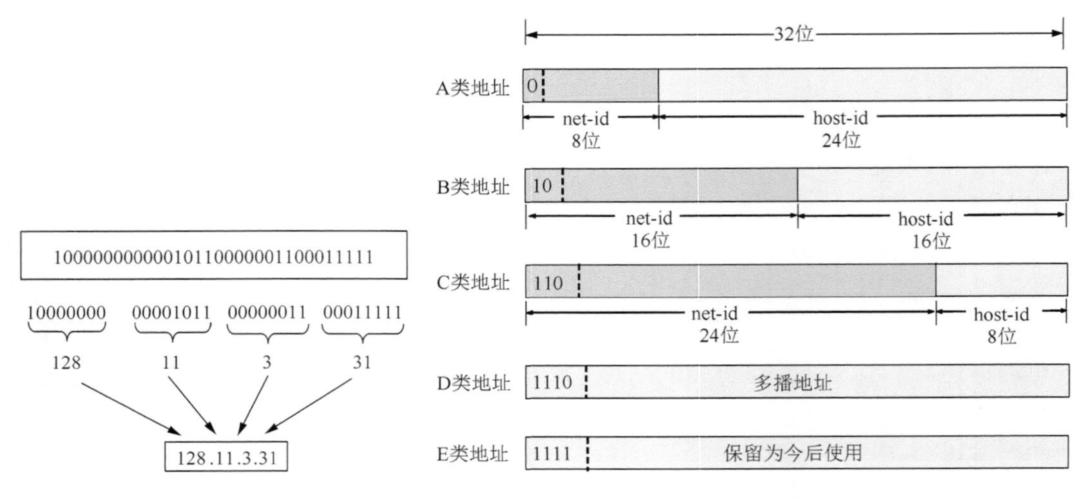

图 4-5　IP 地址的点分制记法　　　　图 4-6　标准分类的 IP 地址

表 4-2　IP 地址的指派范围

类型	网络数量	可用的网络号范围	每个网络可容纳的主机数
A	126 (2^7–2)	1.0.0.0～126.0.0.0	16，777，214 (2^{24}–2)
B	16，383 (2^{14}–1)	128.1.0.0～191.255.0.0	65，534 (2^{16}–2)
C	2，097，151 (2^{21}–1)	192.0.1.0～223.255.255.0	254 (2^8–2)

之所以要将 IP 地址分类，是因为 Internet 中的不同物理网络的规模大小不同，将 IP 地址分成 A、B、C 三类，分别分配给大、中、小型网络，这样可以减少 IP 地址的浪费，提高 IP 地址的分配效率。如终端数量小于 254 的网络可以使用 C 类地址，大于 254 且小于 65534 的网络可以使用 B 类地址，而大于 2^{16}–2 的网络只能用 A 类地址。

而将 IP 地址分成网络号和主机号两层的主要目的是便于编址和寻址。路由器仅根据目的地址中的网络号来转发分组(而不考虑主机号)，这样就可以使路由表中的项目数大幅度减少，从而减小了路由表所占的存储空间，也提高了查表速度。此外，IP 地址管理机构在分配 IP 地址时只分配网络号，而剩下的主机号则由得到该网络号的单位自行分配。这样就大大方便了 IP 地址的管理。

2. 可划分子网的 IP 地址

随着因特网规模的不断扩大，分类的 IP 地址越来越显不够合理。一方面，IP 地址空间(特别是 B 类地址)的利用率有时很低。一个主机数量大于 254 的网络往往就需要申请一个 B 类的 IP 地址，然而每一个 B 类地址网络都可以连接 65535 台主机，大多数网络的主机数量远远达不到这个量。例如，一个 10BaseT 以太网的主机数量最多为 1024，这样的网络如果使用 B 类地址，则至少浪费 6 万多个 IP 地址。另一方面，采用两级结构的 IP 地址不够灵活，不便于网络划分子网。

为了解决上述问题，从 1985 年起在 IP 地址中又增加了一个“子网号字段”，使两级的 IP 地址变成为三级的 IP 地址，这种做法叫做划分子网(subnetting)。划分子网已成为因特网的正式标准协议 [RFC 950]。如图 4-7 所示，划分子网的基本思想是允许将网络划分为多个部分供内部使用，但是对外仍然表现为一个网络一样。

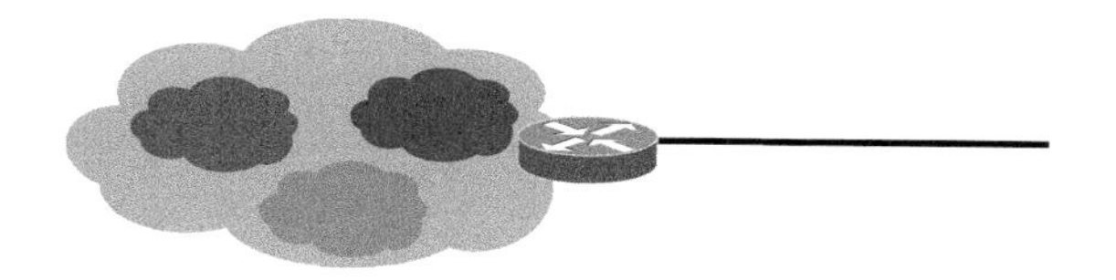

图 4-7　划分子网的思想

三级结构的 IP 地址由三个字段组成：IP 地址::= {<网络号>，<子网号>，<主机号>}。具体做法是：从主机号借用若干个位作为子网号(subnet-id)，而主机号也就相应减少了若干个位。凡是从其他网络发送给本单位某个主机的 IP 数据报，仍然是根据 IP 数据报的目的网络号，先找到连接在本单位网络的网关路由器。然后此路由器在收到 IP 分组后，再按目的网络号和子网号找到目的子网。最后就将 IP 分组直接交付目的主机。

如图 4-8 所示，某个单位拥有一个 B 类网络，网络地址为 145.43.0.0，凡是目的地址为 145.43.X.X 的数据报都被送到这个网络上的路由器 R1。现在把这个 B 类网络划分为两个子网，如图 4-9 所示。这里子网号为 8 位，因此主机号就只有 8 位。两个子网分别为 145.43.1.0 和 145.43.2.0。在划分子网以后，整个网络对外部仍表现为一个网络，其网络地址为 145.43.0.0。但路由器 R1 在收到外来的数据后，再根据数据报的目的地址把它转发到相应的子网。

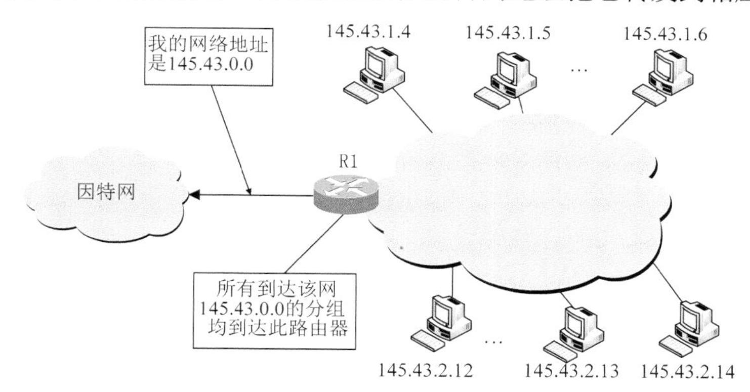

图 4-8　一个 B 类网络 145.43.0.0

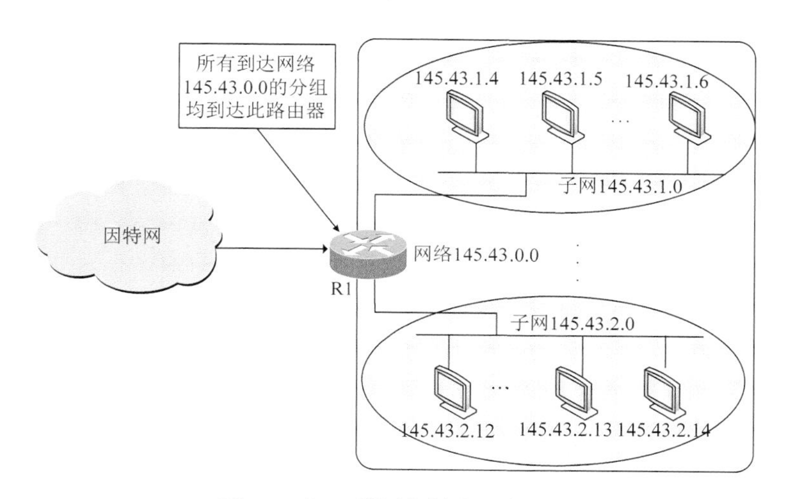

图 4-9　把 B 类网络划分两个子网

当一个网络被划分子网后，还面临的一个技术问题，就是如何从一个 IP 地址中提取子网号？人们提出了一种称为子网掩码的方法。与 IP 地址类似，子网掩码也是由 32 位二进制数组成，具体是由一串 1 和跟随的一串 0 组成。利用子网掩码和 IP 地址进行“逻辑与”运算，就可以算出带子网的网络号(即网络号+子网号)。例如：某主机的 IP 地址为 145.43.11.13，其子网掩码为 255.255.255.0(即 11111111 11111111 11111111 00000000)，经两者的逻辑与运算(AND)，即可查出该主机带子网的网络号为 145.43.11.0。如图 4-10 所示，不管网络有没有划分子网，只要把子网掩码和 IP 地址进行逐位的“与”运算，就立即得出网络地址。

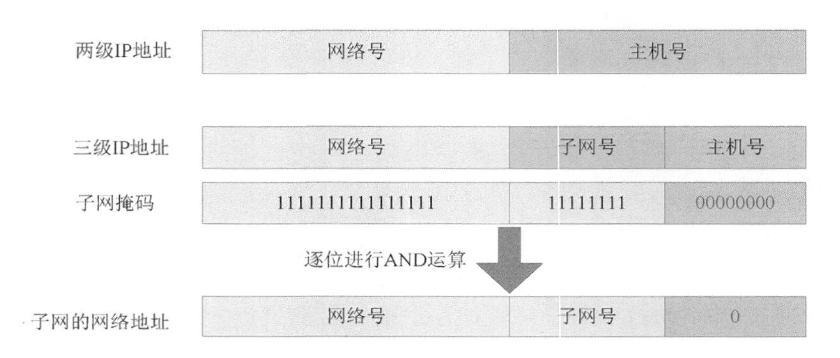

图 4-10　子网掩码

显然，A 类地址的默认子网掩码为 255.0.0.0，B 类地址的默认子网掩码为 255.255.0.0，C 类地址的默认子网掩码为 255.255.255.0，具体如图 4-11 所示。

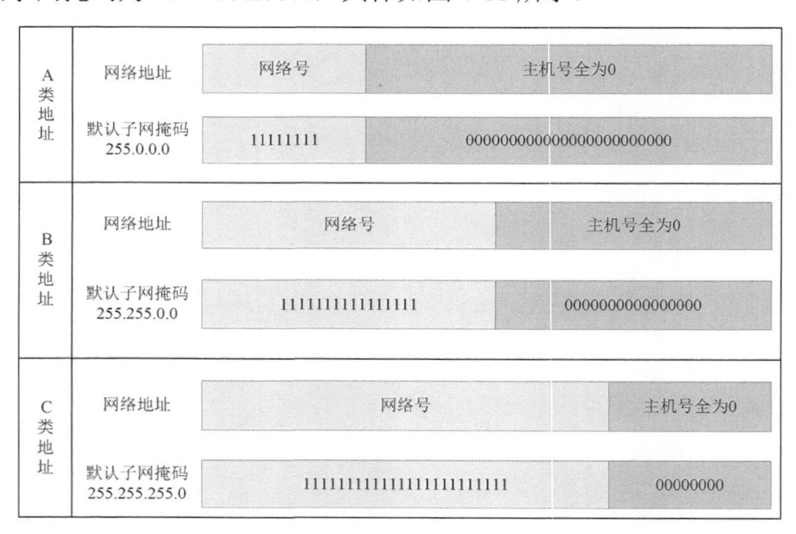

图 4-11　默认的子网掩码

利用划分子网的技术，就可以将一个 B 类 IP 地址划分为多个部分，平均分配给不同网络使用，减少 IP 地址的浪费，提高分配效率。另外，IP 划分子网技术能较好地解决 VLAN 的 IP 地址分配问题，提高网络配置的灵活性。而且，由于划分子网是网络的内部问题，不会增加路由器中路由表项目的数量，这有利于在网络规模扩大的情况下保持的网络性能。

3. 无分类编址方法 CIDR

划分子网提高了 IP 编址的灵活性，在一定程度上也缓解了因特网在发展中遇到的困难。但随着规模的不断膨胀，现行的因特网编址方案也逐渐呈现出诸多缺陷。首先，各单位网络的主机数量是随意的，很难符合三类地址的终端数，如 1000 台终端，用 C 类地址不够，用 B 类地址浪费，而划分子网也不能解决问题。IP 地址的利用率仍然太低，这也造成了 IP 地址的分配日益紧张。在 1992 年时，预计 B 类地址在 1994 年将全部分配完毕。其次，因特网主干网上的路由表项急剧增长，从几千个增长到几万个，这导致了网络性能的不断恶化。再次，带子网的 IP 编址方案仍然无法支持子网的多级划分，也不能根据子网规模的大小，量身定制其地址空间的大小。

为了进一步提高 IP 地址的分配效率，因特网于 1993 年引入一种称为无分类域间路由选择 CIDR(Classless Inter-Domain Routing)的地址编址方案。CIDR 使用“网络前缀”来代替分类地址中的网络号和子网号，IP 地址从三级编址(使用子网掩码)又回到了两级编址，即 IP 地址::={<网络前缀>，<主机号>}。并且，CIDR 采用可变长的掩码来动态调整网络前缀的长度，消除了传统的 A 类、B 类和 C 类地址以及划分子网的概念，因此也被称为无分类编址。这样，就可以根据每个网络的具体主机数量来确定其前缀和主机位，让主机数量越大的网络使用更多的主机位，因此可以更加有效地分配 IP 地址空间。例如：一个有 1000 台主机的网络，可申请一个具有 22 位前缀的 IP 地址空间，从而可获得($2^{10}-2$)=1022 个 IP 地址空间，使得 IP 地址的浪费程度达到最小。

CIDR 把同一网络前缀的、连续的 IP 地址空间称为“CIDR 地址块”。并使用“斜线记法”来表示一个地址块，即在 IP 地址后面加上一个斜线“/”，然后写上网络前缀所占的位数(这个数值对应于三级编址中子网掩码中 1 的个数)。如图 4-12 所示，“128.14.32.0/20”地址块，因为网络前缀的位数是 20，所以这个地址块的主机号是 12 位，共有 2^{12} 个地址，其中，最小地址为 128.14.32.0，最大地址为 128.14.47.255。全 0 和全 1 的主机号地址一般不使用。CIDR 虽然不使用子网了，但仍然可使用“掩码”来表示前缀，如 128.14.32.0/20=128.14.32.0/255.255.240.0。

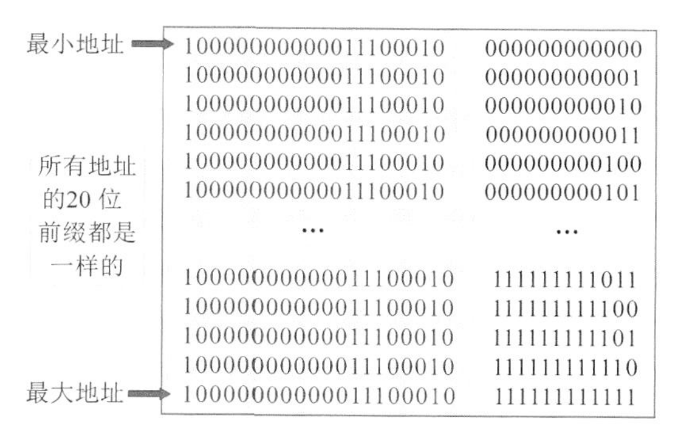

图 4-12 CIDR 地址块

CIDR 还有一个重要的特性就是路由聚合。所谓路由聚合就是通过缩短网络前缀，将多个地址块合并成一个连续的地址块。如图 4-13 所示，192.2.0.0/24～192.2.7.0/24 等八个地址块的前面 21 位前缀是相同，因此，就可以聚合成一个地址块 192.2.0.0/21。路由聚合也称为构成超网(supernetting)，通过路由聚合使得路由表中的一个项目可以表示很多个(例如上千个)原来传统分类地址的路由。它的意义在于通过合并地址块，减少路由表的规模，从而提高网络性能。

图 4-13　路由聚合

图 4-14 为一个 CIDR 编址的综合实例。假设某 ISP 拥有一个地址块 202.22.64.0/18，该地址块包含了 64 个传统的 C 类地址。现在有个公司需要 800 个 IP 地址。则该 ISP 就给该公司分配一个地址块 202.22.68.0/22，它包括 1024 个 IP 地址。这个公司又自行给其各个子公司分配地址块，而各子公司可以再进一步划分自己的地址块给各部门。从图上可以清楚地看到路由聚合的概念。如果不采用 CIDR 技术，则在与该 ISP 的路由器交换路由信息的每一个路由器的路由表中，就需要 64 个项目。使用路由聚合后的一个项目 202.22.64.0/18 就能找到该 ISP。同理，这个公司共有 3 个子公司。在 ISP 的路由器的路由表中，也是需要使用 202.22.68.0/22 这个项目。

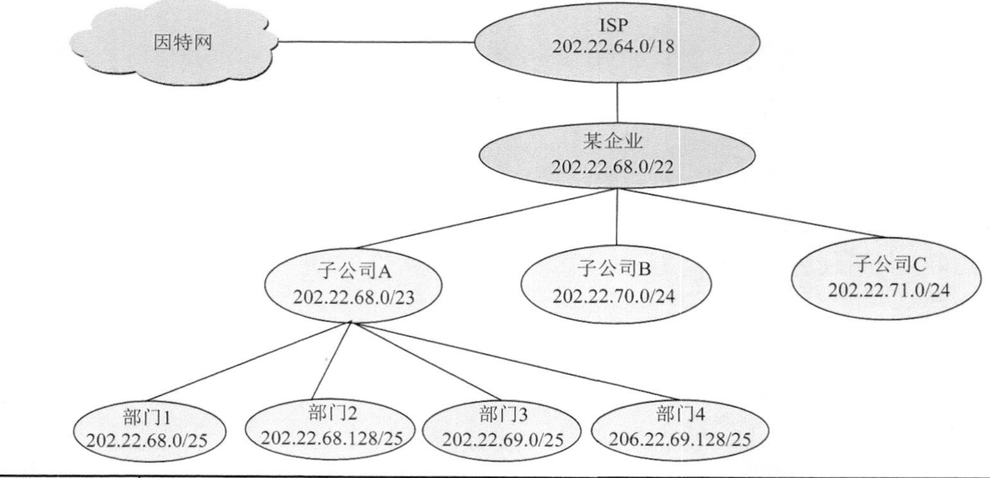

单位	地址块	二进制表示	地址数
ISP	202.22.64.0/18	11001010.00010110.01*	16384
公司总部	202.22.68.0/22	11001010.00010110.010001*	1024
子公司 A	202.22.68.0/23	11001010.00010110.0100010*	512
子公司 B	202.22.70.0/24	11001010.00010110.01000110.*	256
子公司 C	202.22.71.0/24	11001010.00010110.01000111.0*	256

图 4-14　CIDR 地址规划实例

使用 CIDR 时，路由表中的每个项目由“网络前缀”和“下一跳地址”组成。在查找路由表时可能会得到不止一个匹配结果，应当从匹配结果中选择具有最长网络前缀的路由，即最长前缀匹配(longest-prefix matching)，也称最长匹配或最佳匹配。因为，网络前缀越长，其地址块就越小，因而路由就越具体。

举例：假设子公司 C 希望 ISP 把转发给子公司 C 的数据报直接发到子公司 C 而不需要经过公司总部的路由器，但又不想改变自己使用的 IP 地址块。因此，在 ISP 的路由器的路由表中，至少要有以下两个项目：202.22.68.0/22(公司总部)和 202.22.71.0/25(子公司 C)。现假设收到一个数据报，其目的 IP 地址为 P=202.22.71.22。把该 IP 地址和路由表中这两项的掩码逐位相与。结果如下：

P 与 11111111 11111111 11111100 00000000 逐位相与=202.22.68.0/22 匹配

P 与 11111111 11111111 11111111 10000000 逐位相与=202.22.71.0/25 匹配

现在同一个 IP 地址 P 可以在路由表里找到两个相匹配的目的网络。根据最长前缀匹配的原理，应该选择后者，即选择地址更为具体的一个。

4. NAT 技术

随着因特网和移动互联网的发展，越来越多的移动设备和家庭网络通过 ISP 连入因特网，因此，可用的 IP 地址越来越少了，要想从 ISP 处申请到新的 IP 地址越来越困难。针对这种困境，IETF 于 1994 年推出一种新的编址方案——网络地址转换技术(Network Address Translation, NAT)。如表 4-3 所示，ICANN 分别从三类网络地址中指定一些网络地址作为本地地址(也称为私用地址，见 RFC1918)，这些地址仅供企业网、校园网等专用网的内部使用，因特网中的路由器不会转发使用本地地址的 IP 分组。如图 4-15 所示，任何机构的内部网络都可以自由使用本地地址，只有直连到因特网的设备接口才使用全局地址 IP_G，这样就可以大大节约了宝贵的全球 IP 地址资源。因为本地地址仅供内部使用，因此不会与其他网络发生地址冲突问题。

表 4-3　本地地址

网络类型	网络号	包含网络数
A	10.0.0.0	1
B	172.16.0.0～172.31.0.0	16
C	192.168.0.0～192.168.255.0	256

图 4-15　本地地址和全局地址

另外，为了解决使用私有地址的设备访问因特网的问题，出口路由器上需要安装 NAT 软件，它至少有一个全球地址，当使用内部主机要访问 Internet，由路由器将数据分组中的本地地址转换成全球地址。这种通过共享少量的公有 IP 地址的方式，大大减缓可用 IP 地址空间的枯竭问题。如图 4-16 所示，NAT 路由器收到主机 A 发送给因特网中主机 B 的数据分组，其源地址是 10.0.0.1，目的地址是 210.5.32.66；在转发时，将数据分组中的源 IP 地址转换为 NAT 路由器的全球 IP 地址 138.76.29.7。当 NAT 路由器收到因特网上的主机 B 返回的 IP 数据报时，还要进行一次 IP 地址转换，把数据分组中的目的 IP 地址 138.76.29.7 恢复为原来的 10.0.0.1。

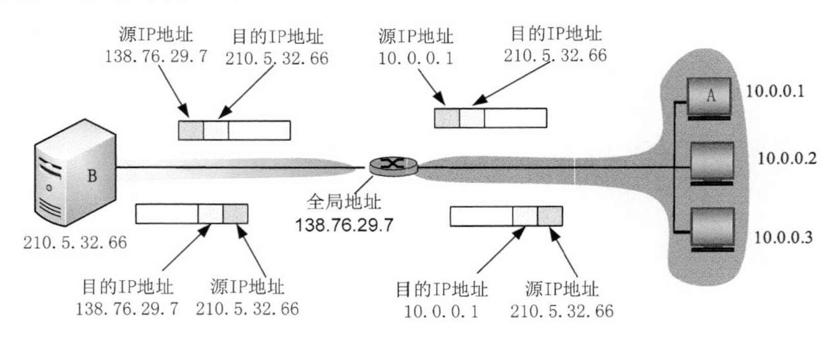

图 4-16　NAT 路由器的工作原理

NAT 的实现方式大致可以有三种：

1) 静态转换

采用一对一方式将私有 IP 地址转换为公有 IP 地址，这种转换是一成不变的，某个私有 IP 地址只转换为某个公有 IP 地址。静态转换将建立本地地址和全球 IP 地址的固定关联，这样，允许外部网络随时通过该全球 IP 地址访问对应的本地地址所标识的内部主机。

2) 动态转换

采用随机分配方式将私有 IP 地址转换为公有 IP 地址，所有被授权访问 Internet 的私有 IP 地址可随机转换为任何指定的合法 IP 地址。

3) 端口多路复用

改变外出数据包的源端口并进行端口转换，即端口地址转换(Port Address Translation，PAT)。采用端口多路复用方式，内部网络的所有主机均可共享一个合法外部 IP 地址实现对 Internet 的访问，从而最大限度地节约 IP 地址资源。同时，又可隐藏网络内部的所有主机，避免来自 Internet 的攻击。因此，目前网络中应用最多的就是端口多路复用方式。

图 4-17 为一个基于端口地址转换的实例过程：①主机 10.0.0.1 发送数据报到 200.5.3.1，目的端口号为 80，源端口为 21001；②NAT 路由器分别改变数据报的源地址和源端口为 128.10.10.1 和 3500；并将转换信息记入 NAT 转换表；③回答的数据报到达的目的地址和目标端口分别为 128.10.10.1 和 3500；④NAT 路由器查询转换表，并分别改变数据报目的地址和端口为 10.0.0.1 和 21001。

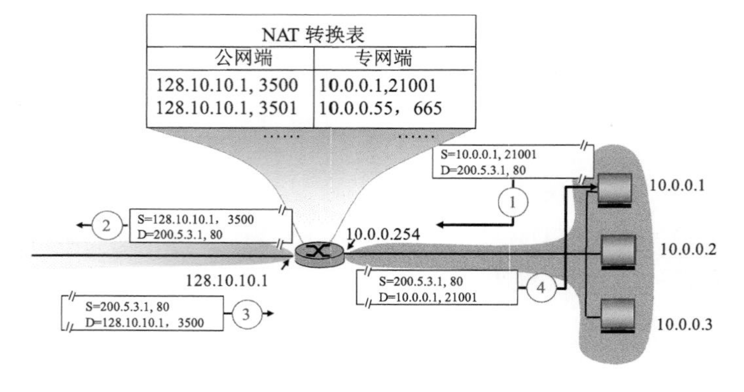

图 4-17　端口地址转换原理

4.2.2　IP 分组的封装格式

一个 IP 数据报由首部和数据两部分组成。首部的前一部分是固定长度，共 20 字节，是所有 IP 数据报必须具有的。在首部的固定部分的后面是一些可选字段，其长度是可变的。图 4-18 为 IP 数据分组的完整格式。

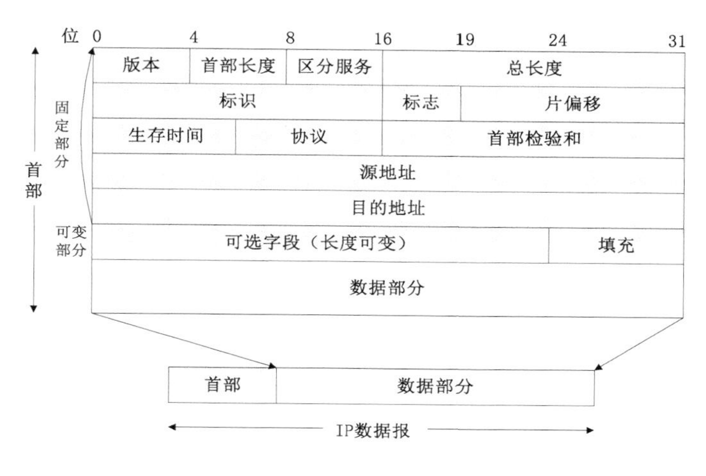

图 4-18　IP 格式

其中，各字段的含义分别如下：

(1)版本号：占 4 位，指 IP 协议的版本。目前的版本号为 4(即 IPv4)。

(2)首部长度：占 4 位，可表示的最大数值是 15(一个单位表示 4 字节)，因此 IP 的首部长度的最大值是 60 字节。

(3)服务类型：占 8 位，用来获得更好的服务。在旧标准中叫做服务类型，但实际上一直未被使用过。1998 年这个字段改名为区分服务。只有在使用区分服务(DiffServ)时，这个字段才起作用。

(4)分组长度：IP 分组的总长度。IP 分组的最大长度理论上可达 65535 字节，但实际长度通常不会超过 1500 字节。

(5)标识、标志和片偏移：这三个字段用于 IP 的分片。

如图 4-19 所示，一个 IP 分组从源主机传输到目的主机可能需要经过多个不同的网络。由于各种物理网络的链路层都有一个最大传输单元 MTU 的限制，例如，以太网的 MTU 是 1500;因此，当路由器在转发 IP 分组时，如果分组的大小超过了出口链路的最大传输单元时，则会将该 IP 分组分解成很多足够小的片段，以便能够在目标链路上进行传输。这些 IP 分片在到达目的主机时才会被重组起来。

标识：用于标识分片，以便能够正确地重新装配成原始分组。当数据报由于长度超过网络的最大传送单元 MTU 而必须分片时，这个标识字段的值就被复制到所有相关数据报片的标识字段中。

标志：目前仅定义了前两位。标志字段最低位记为 MF。MF=1 即表示后面“还有分片”的数据报；MF=0 表示这是若干数据报片中的最后一个。标志字段中间一位记为 DF，表明“不能分片”。只有当 DF=0 时才允许分片。

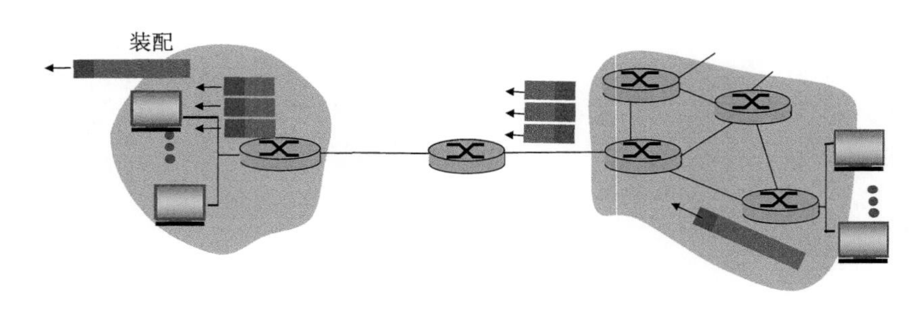

图 4-19　分片原理

片偏移：指明分片在原分组中的相对位置。片偏移以 8 字节为偏移单位，即每个分片的长度一定是 8 字节(64 比特)的整数倍。

分片举例：设有一个分组的总长度为 3620 字节，其数据部分为 3600 字节长，需要分成长度不超过 1420 字节的数据报片。因固定首部长度为 20 字节，所以每个数据报片的长度不能超过 1400 字节。该分组可以分为 3 个数据报片，它们的数据部分的长度分别为 1400 字节、1400 字节和 800 字节。初始分组的首部被复制到各数据报片的首部，但必须修改相关字段中的值，如图 4-20 所示。

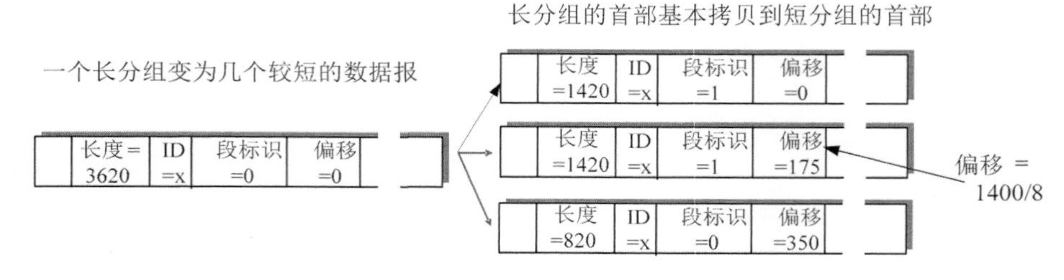

图 4-20　分片实例

(6) 生存时间：每当数据报经过一台路由器时，生存时间(TTL)字段的值就减 1。若 TTL 减为 0，则该数据报必须丢弃。该字段用于保证即使网络出现路由环路，分组也不会在网络中无止境地绕圈。

(7) 协议：该字段值指明了 IP 分组的数据部分应交给哪个运输层的协议。

(8) 首部检验和：该字段将整个 IP 首部视为一个 16 比特的序列进行计算，使用二进制反码相加，并对结果取反码。如果首部的比特出差错，收到的分组检验和计算得到的检验和不一致，则可检测出差错。路由器将丢弃出错的数据报。首部检验和的计算过程如图 4-21 所示。

(9) 源和目的 IP 地址：每个分组都包含一个目的地址，路由器根据该字段进行转发。源地址是接收方用来决定是否接收并进行应答的。

(10) 选项(可变长)：选项字段使 IP 首部能够扩展出其他信息，增加除上述字段以外的其他字段。但这也增加了处理的复杂性。绝大多数数据报都不包括选项字段。

(11) 数据：IP 分组中的数据字段通常包含有上层交付的有效载荷。既可以承载运输层报文段，也可以承载其他类型的数据。

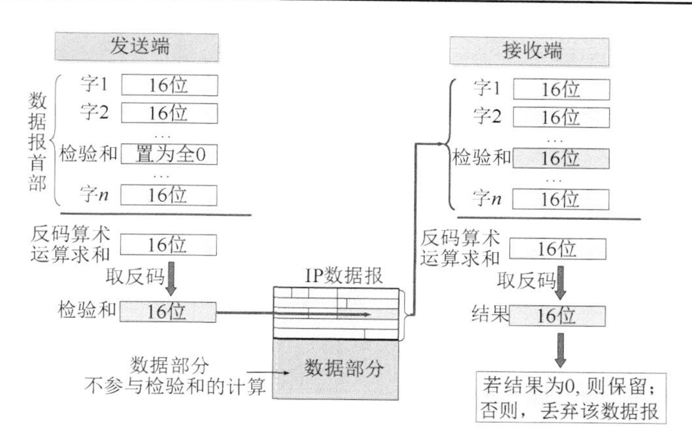

图 4-21　校验和计算过程

IP 分组格式的设计思想主要有三方面：①分片功能体现互联网的设计理念，支持异构网络的互联，提高灵活性；②仅采用简单的首部校验，只尽力而为，不支持可靠性，简化核心网的设计；③协议字段用于支持多种上层传输协议，实现 everything over IP。

4.2.3　分组交付方法

在互联网中，当源主机与目的主机位于同一个网段时，IP 分组可以通过直连网，从源主机直接传递给目的主机，这种交付方法称为直接交付。如图 4-22 所示，主机 A 和主机 B 位于同一个网络中，主机 A 发送给主机 B 的分组将被封装成帧，并通过物理网络直接传递到主机 B。如果源目的主机不在同一个网络，则需要经路由器转发，这种交付方式称为间接交付。当源主机发送一个分组给其他网段的主机时，会将该分组发送给默认网关（路由器），由网关进行转发。该分组在互联网中会从一个路由器转发到下一个路由器，直到某个路由器与目的主机位于同一网络，然后再由该路由器通过直接交付的方式传递到目的主机。例如，当主机 A 与主机 C 通信时，分组要经 R1、R2 和 R3 的转发才到达主机 C，前面两跳的转发是采用间接交付，最后一跳的传输才是直接交付。

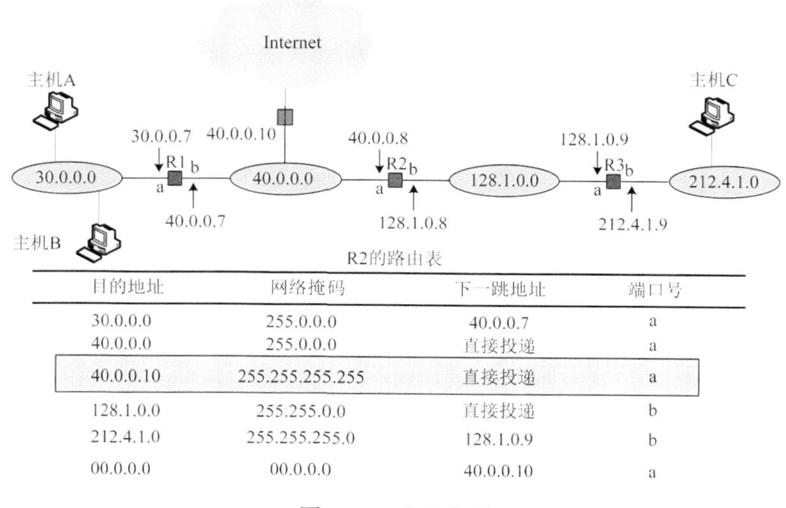

目的地址	网络掩码	下一跳地址	端口号
30.0.0.0	255.0.0.0	40.0.0.7	a
40.0.0.0	255.0.0.0	直接投递	a
40.0.0.10	255.255.255.255	直接投递	a
128.1.0.0	255.255.0.0	直接投递	b
212.4.1.0	255.255.255.0	128.1.0.9	b
00.0.0.0	00.0.0.0	40.0.0.10	a

图 4-22　分组交付

路由器转发一个分组需要处理几方面工作：①首部校验，并丢弃无效的分组；②路由选择，查找路由表为分组选择转发路径；③首部中的 TTL 减一，并丢弃到期的分组；④重新计算首部校验和，由于 TTL 减一，因此需要重新计算首部校验和；⑤分片处理，如果 IP 分组超过目标链路的 MTU 限制，则需要进行分片处理。

在路由表中，每条路由信息最主要是包含两项内容：{目的网络地址，下一跳地址}。一般情况下，路由器是按照网络前缀来查找分组的路由，即根据目的 IP 地址中的网络地址来确定下一条路由器。此外还有一些特殊情况：①特定主机路由，这种路由是为特定的目的主机指明一个路由；采用特定主机路由，可使网络管理人员能更方便地控制网络和测试网络，同时，也可在需要考虑某种安全问题时，采用这种特定主机路由。如 R2 路由表中的突出部分。②默认路由，是指当路由表中找不到匹配的出口表项时，路由器采取的路由选择。默认路由可减少路由表所占用的空间和搜索路由表所用的时间。这种转发方式在一个网络只有很少的对外连接时是很有用的。如 R2 路由表中的最后一行，0.0.0.0 一般指默认路由。③如果路由表中没有对应的路由信息，也没有默认路由，则路由器将丢弃数据包。

4.3　ARP 协议

ARP，即地址解析协议，用于实现从 IP 地址到 MAC 地址的动态解析。由于 IP 地址只是一个逻辑地址，它实现了对互联网进行统一编址，但实际的物理网络仍然是采用自身的物理地址(也称 MAC 地址)来唯一识别设备。因此，在网络中传输分组时，最终还是需要使用 MAC 地址来封装成数据帧，如图 4-23 所示。

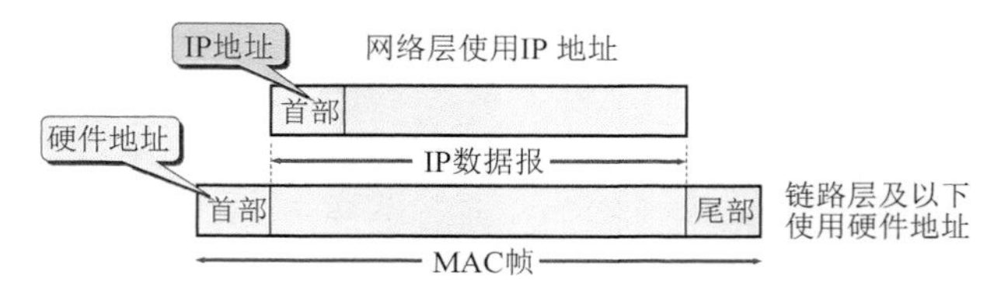

图 4-23　IP 地址与物理地址的区别

ARP 协议用于在同一个物理网络中实时查找目标 MAC 地址。其工作原理是采用以太网的广播功能，通过查询和响应机制，获得目标设备的 MAC 地址。为了提高效率，每个设备的内存中都设置一个 ARP 高速缓存，用于存储其他设备的 IP 地址到物理地址的映射表。ARP 表的内容主要为：<IP 地址；MAC 地址；TTL>，其中，TTL 为地址映射被忘记的时间。发送方只有当在 ARP 缓存中查询不到目标 MAC 地址时，才执行 ARP 协议。

我们通过一个实例来说明 ARP 的工作原理，如图 4-24 所示。

(1)当主机 A 要向主机 B 发送分组时，就先在其 ARP 缓存中查找 209.0.0.6 的 MAC 地址。如果查不到，则 A 的 ARP 进程就在本网络中广播一个 ARP 请求分组，查询 209.0.0.6 主机的 MAC。

(2)B 主机收到 ARP 请求分组时，会回应一个 ARP 响应分组，告诉 A 其 MAC 地址为 08-00-2B-00-EE-0A。

(3)主机 A 收到响应分组后，就将 B 的 MAC 地址写入其 ARP 缓存中，以便将来使用。

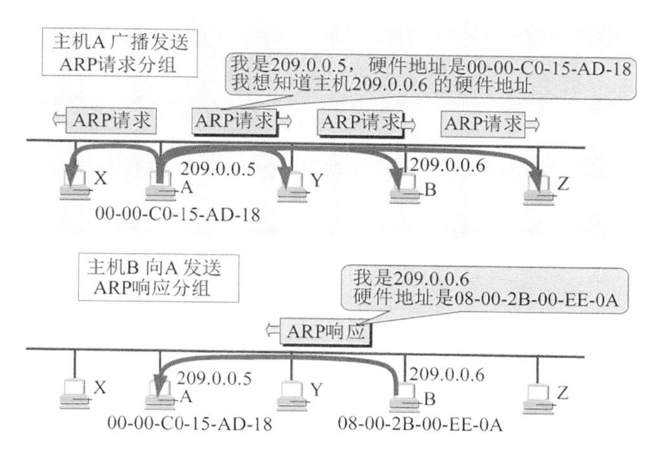

图 4-24 ARP 的工作原理

考虑到一个网络可能经常有设备动态加入或者撤出，并且更换设备的网卡或 IP 地址也都会引起主机地址映射发生变化，因此，ARP 缓存定时器将会删除在指定时间段内未使用的 ARP 条目，具体时间因设备而异。例如，有些 Windows 操作系统存储 ARP 缓存条目的时间为 2min，如果该条目在这段时间内被再次使用，其 ARP 定时器将延长至 10min。ARP 缓存可以提高工作效率。如果没有缓存，每当有数据帧进入网络时，ARP 都必须不断请求地址转换，这样会延长通信延时，甚至造成网络拥塞。反之，保存时间过长也可能导致离开网络或者更改第 3 层地址的设备出错。

ARP 可解决同一个局域网上的主机或路由器的 IP 地址和硬件地址的映射问题。如果所要找的主机和源主机不在同一个局域网上，那么就要通过 ARP 找到一个位于本局域网上的某个路由器的硬件地址，然后把分组发送给这个路由器，让这个路由器把分组转发给下一个网络。剩下的工作就由下一个网络来做。

4.4 ICMP 协议

ICMP 是 Internet Control Message Protocol（Internet 控制报文协议）的缩写。它是 TCP/IP 协议族中的一个子协议，用于在 IP 主机、路由器之间传递网络通不通、主机是否可达、路由是否可用等控制消息。这些控制消息虽然并不传输用户数据，但对于保证 TCP/IP 的可靠运行是至关重要的。IP 只提供无连接的、尽力而为的数据报服务；TCP 在 IP 基础上建立有连接的传输服务，解决了网络底层的数据报丢失、重复、延迟或乱序等问题，但仍无法解决因网络故障所导致的分组无法传输的问题。因此，ICMP 提供了一种 IP 包无法传输的差错报告机制，可以帮助发送方了解为什么无法传递，网络发生了什么问题，以便解决网络故障问题。

ICMP 报文使用 IP 数据报封装（IP 分组的协议字段为 1）。报文格式如图 4-25 所示，其中前 4 字节是统一的格式，共有三个字段：即类型、代码和检验和，接着的 4 字节的内容与 ICMP 的类型有关。ICMP 报文类型包括有 5 种差错报告报文和 4 种询问报文，见表 4-4。

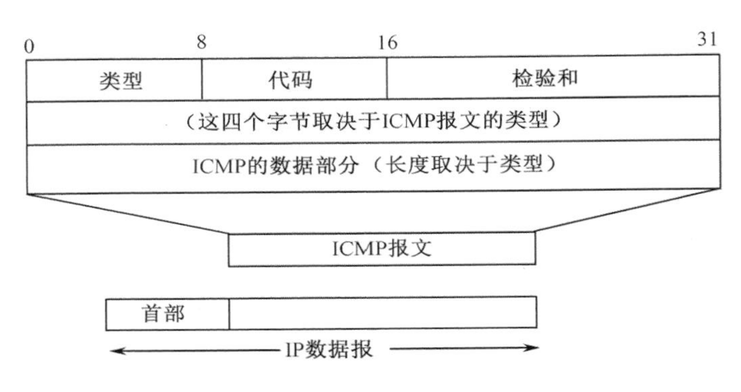

图 4-25　ICMP 报文分装

表 4-4　常见的 ICMP 报文类型

ICMP 报文类型	类型值	说明
差错报告报文	3	目的站不可到达
	4	源站抑制
	11	超时
	12	参数出错
	5	路由重定向
询问报文	8 或 0	回送请求或应答
	13 或 14	时间戳请求或应答

Ping 程序是一个应用层直接使用 ICMP 的典型例子。该程序使用了 ICMP 的回送请求与应答报文，用于测试目的主机或路由器是否能够到达。网络管理员或用户常使用该命令来诊断网络故障。图 4-26 为 ping 程序的运行实例。

```
C:\Documents and Settings\XXR>ping mail.sina.com.cn

Pinging mail.sina.com.cn [202.108.43.230] with 32 bytes of data:

Reply from 202.108.43.230: bytes=32 time=368ms TTL=242
Reply from 202.108.43.230: bytes=32 time=374ms TTL=242
Request timed out.
Reply from 202.108.43.230: bytes=32 time=374ms TTL=242

Ping statistics for 202.108.43.230:
    Packets: Sent = 4, Received = 3, Lost = 1 (25% loss),
Approximate round trip times in milli-seconds:
    Minimum = 368ms, Maximum = 374ms, Average = 372ms
```

图 4-26　ping 程序

Tracert 程序是 Windows 自带的一个路由跟踪实用小程序，用于跟踪一个 IP 数据包从源点到终点的路径。Tracert 命令利用 IP 生存时间（TTL）字段和 ICMP 错误报告消息来确定从一个主机到网络上其他主机的路由。Tracert 从源主机向目标主机发送一连串的 IP 包，数据包封装的是回送请求的 ICMP 报文；第一个数据包的 TTL 设置为 1，第二个设置为 2，依此类推；路由器转发数据包时将 TTL 减 1，如果 TTL 等于 0 时，则丢弃数据包并向源主机发送一个 ICMP 超时的差错报告；当有数据包到达目的主机时，目的主机也会向源主机发送一个 ICMP 应答报告。依据各路由器和目标主机报告的消息，源主机即可获得到达目标主机所经过的路由器的 IP 地址以及所需的往返时间。如图 4-27 为 Tracert 程序的运行实例。

```
C:\Documents and Settings\XXR>tracert mail.sina.com.cn

Tracing route to mail.sina.com.cn [202.108.43.230]
over a maximum of 30 hops:

  1    24 ms    24 ms    23 ms  222.95.172.1
  2    23 ms    24 ms    22 ms  221.231.204.129
  3    23 ms    22 ms    23 ms  221.231.206.9
  4    24 ms    23 ms    24 ms  202.97.27.37
  5    22 ms    23 ms    24 ms  202.97.41.226
  6    28 ms    28 ms    28 ms  202.97.35.25
  7    50 ms    50 ms    51 ms  202.97.36.86
  8   308 ms   311 ms   310 ms  219.158.32.1
  9   307 ms   305 ms   305 ms  219.158.13.17
 10   164 ms   164 ms   165 ms  202.96.12.154
 11   322 ms   320 ms  2988 ms  61.135.148.50
 12   321 ms   322 ms   320 ms  freemail43-230.sina.com [202.108.43.230]

Trace complete.
```

图 4-27　Tracert 程序

4.5　路 由 协 议

在互联网中，路由器是依据路由表来转发 IP 分组。因此，如何建立路由表是路由器的关键问题之一。

4.5.1　路由协议概述

路由器的路由表信息有三种来源：直连路由、静态路由和动态路由。直连路由是由物理接口的链路层协议自动发现的。当某个接口处于活动状态时，路由器会自动学习到连接到该接口的网络地址信息，并将该路由信息添加到路由表中去。如图 4-22 中，路由器 R2 直连到网络 40.0.0.0 和网络 128.1.0.0；因此，这两个路由信息是由直接路由自动添加的。直连路由只能发现邻居网络的路由信息。静态路由是由网络管理者根据网络拓扑，使用命令在路由器上配置的路由信息。静态路由要求管理员要了解整个网络的拓扑信息和链路信息，且当网络拓扑或链路状态发生变化时，所有路由器的路由表都需要进行人工调整，因此，只适用于简单的网络环境。默认路由就是一种特殊的静态路由。动态路由是路由器通过运行路由协议，自动获得的路由信息。在因特网中，路由器主要是依靠路由协议来建立路由表。

1. 路由算法

路由协议的核心就是路由算法。一个理想的路由选择算法应具备以下若干特点。

- 算法必须是正确的和完整的，即分组一定能够最终到达目的网络和目的主机，这是最基本的要求。
- 算法在计算上应简单的，即算法不应使网络增加太多的计算开销。
- 算法是自适应性，即算法能自适应地改变路由以均衡各链路的负载。
- 算法具有稳定性：在通信量和网络拓扑相对稳定的情况下，路由算法应收敛于一个可以接受的解。
- 算法应该是公平的，路由选择算法应对多数用户是平等的；
- 算法应该是最佳的：所谓的“最佳”，只能是相对于某一种特定要求下得出的较为合理的选择而已，比如最短路径。

路由算法是利用路由器间的相互学习来发现通往各个网络的路径信息。根据运行机制不同，路由算法可以分两大类：分散式路由选择算法和全局式路由选择算法。分散式路由算法是以迭代、分散式的方式计算出最短路径。每个节点都和邻居节点周期性地交换路由表，学习对方的路由信息，并通过不断迭代计算，最终每个节点都能够计算出到达各目标网络的最短路径。一种典型算法就是距离向量算法(Distance-Vector，简称 DV 算法)。而全局路由算法是依据整个网络的拓扑和链路状态来计算路径信息，因此，节点需要采用链路状态算法(link algorithm，LS 算法)等方法，获得整个网络的拓扑和链路信息，然后，使用最短路径算法计算出到达每个网络的最佳路由。

2. 分层路由

当网络规模越大，路由算法的计算、存储和通信开销就会越来越复杂，并且路由信息的更新和收敛时间也越来越慢。由于因特网规模庞大，具有上亿个目的地址，因此必须采用分层路由来解决路由选择与管理问题。因特网将整个互联网划分成许多较小的自治系统(Autonomous System，AS)。所谓自治系统 AS 是指一组在单一技术管理下的路由器。目前，一个大的 ISP 就是一个自治系统，其路由器的数量一般不会超过 100 个。这样，一个路由算法的运行范围就限制在一个 AS 内，内部的路由器也只需建立和维护本 AS 内部网络的路由信息。在此基础上，不同 AS 系统再采用域间路由算法来交换路由信息，从而建立起整个互联网的路由选择机制。这种路由选择就是层次路由选择(hierarchical routing)。

这样，因特网的路由协议就可分为两大类：内部网关协议(Interior Gateway Protocol，IGP)和外部网关协议(External Gateway Protocol，EGP)。IGP 是在一个自治系统内部使用的路由选择协议，主要包括 RIP 和 OSPF 协议。EGP 用于将路由选择信息传递到另一个自治系统，目前使用最多的是 BGP-4。

如图 4-28 中，互联网被划分为三个自治系统 A、B 和 C，每个 AS 可以自行决定本系统内部使用的路由协议，如 RIP 或者 OSPF。但每个自治系统需要指定一些路由器(如 A.a、A.c、B.a、C.b)，除了运行本系统的内部路由协议外，还要运行自治系统间的路由选择协议。

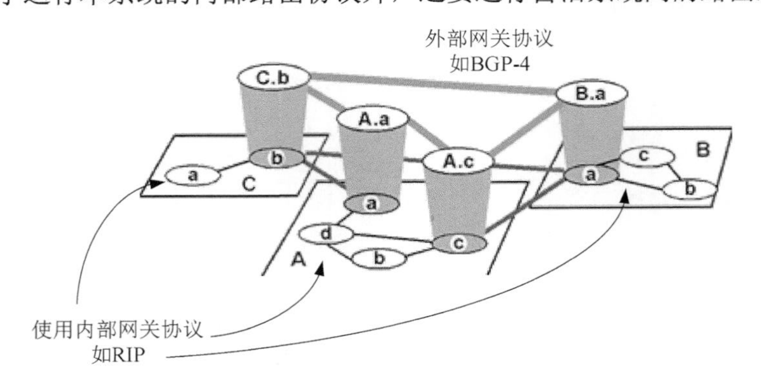

图 4-28　自治系统与路由算法

4.5.2　路由信息协议

路由信息协议(Routing Information Protocol，RIP)是最先得到广泛使用的内部网关协议(［RFC1058，1388］)，它是一种分布式的基于距离向量的路由选择协议。RIP 协议是 Xerox 公司在 20 世纪 70 年代开发的，目前共有三个版本：RIP-1，RIP-2，RIP-ng。为了改善 RIP-1

的不足，RIP-2 定义了一套有效的改进方案，包括支持子网路由选择，支持 CIDR，支持组播，并提供了验证机制。RIP-ng 用于 IPv6。随着 OSPF 和 IS-IS 的出现，许多人认为 RIP 已经过时了。但事实上 RIP 也有它自己的优点。对于小型网络，RIP 具有简单、通信开销小，易于配置、管理和实现。因此，在规模较小的网络中，使用 RIP 协议的仍然占多数。

1. 工作原理

在 RIP 协议中，每个路由器都要维护一个自身到其他网络的距离记录，并每隔 30 秒就和邻居路由器交换路由表；在收到邻居路由器的路由表后，采用距离矢量算法更新本地路由表。如果一个路由在 180s 内未被刷新，则相应的距离就被设定成无穷大，并从路由表中删除该表项。RIP 中的“距离”定义为“跳数”，即每经过一个路由器则距离加 1，并规定到直接连接的网络的距离为 1。图 4-29 为 RIP 工作原理的示意图，R1 到达 192.1.1.0 的距离最短(直连网络的距离为 1)，它将这个信息告诉给 R2；R2 获悉后，即可计算出它到达网络 192.1.1.0 的距离为 2，并同样公告给 R3；这样，R3 也可计算出到达 192.1.1.0 的距离为 3。RIP 认为一个好的路由就是它通过的路由器的数目少，即“距离短”，并且允许一条路径最多只能包含 15 个路由器。“距离”的最大值为 16 时即相当于不可达。

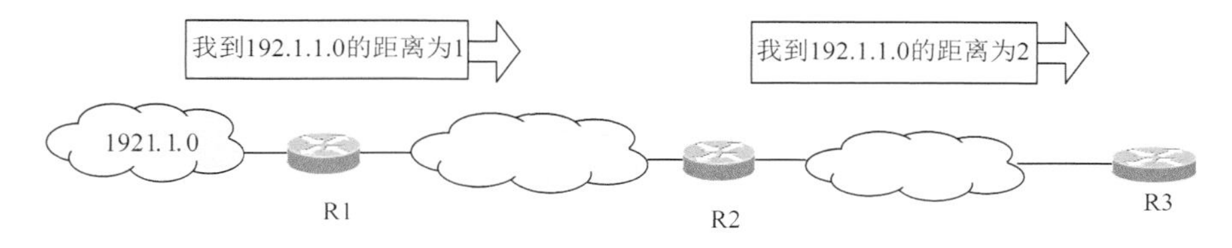

图 4-29 RIP 工作原理

2. 距离矢量算法

距离矢量算法(简称 DV 算法)，也称为 Bellman-Ford 路由算法，是 RIP 协议的核心。目前基于距离矢量算法的协议包括 RIP、IGRP、EIGRP、BGP。DV 算法的基本思想是：如果邻居知道到达目的地的距离，且自己知道到达邻居的距离，则能算出自己到达目的地的距离。在 DV 算法中，每个节点周期性地向其邻居发送自己距离矢量，当节点 x 接收到来自邻居的新 DV 估计，它使用 Bellman-Ford 方程更新其自己的 DV：

$D_x(y) \leftarrow \min_v\{c(x, v)+ D_v(y)\}$ 对每个节点 $y \in N$

其中，N 表示所有已经加入到生成树的节点，v 表示所有未加入到生成树的节点，$d_x(y)$表示从 x 到 y 最低费用路径的费用，$c(x, v)$表示从 x 到 v 的链路开销。在规模较小和网络正常的条件下，估计值 $D_x(y)$收敛在实际最小费用 $d_x(y)$。DV 算法的伪代码如下：

1．在每个节点 x；
2．初始化；
3．对所有在 N 中的目的地 y；
4．$D_x(y)=c(x, y)$；
5．对每个邻居 w；
6．$D_w(y)=\infty$所有在 N 中的目的地 y；
7．对每个邻居 w；

8．向 w 发送邻居距离矢量 D_x=[$D_x(y)$:N 中的 y]；

9．loop；

10．wait（直到发现对每个邻居 w 链路费用变化或从每个邻居 w 受到一个距离矢量）；

11．对在 N 中的每个 y；

12．$D_x(y) \leftarrow \min_v\{c(x，v)+D_v(y)\}$；

13．If $D_x(y)$对任何目的地 y 变化；

14．向所有的邻居发送距离矢量 D_x=[$D_x(y)$:N 中的 y] ；

15．forever。

用一个实例来描述 DV 算法的更新方法。如图 4-30 所示，收到 R2 发送过来的路由表后，R1 更新自身的路由表。其中，往 N1 改为更近的路径，经 C 可达，距离为 3+1=4；往 N2 的距离改为 5+1=6，因为 C 到达 N2 的距离变为 5；往 N3 保持不变；往 N4 的路由为新知识，经 C 可达，距离为 6+1=7；往 N5 保持不变。

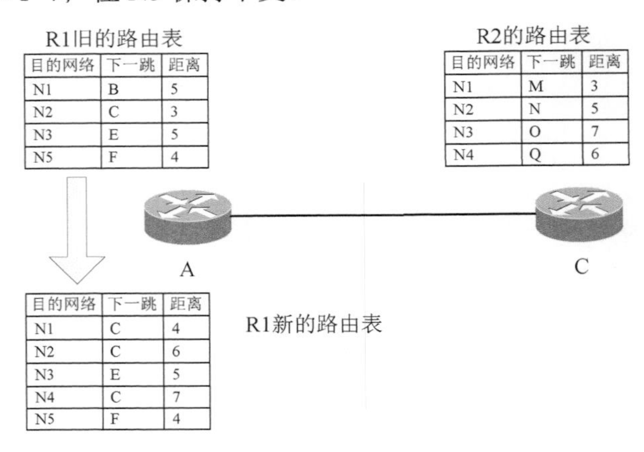

图 4-30　DV 算法更新实例

当网络出现坏情况时，DV 算法容易发生路由收敛慢的问题，即坏消息传得慢问题（也称无穷计数问题）。在 DV 算法中，Bellman-Ford 方程容易造成“真正的坏消息”被“假的好消息”所掩盖。如图 4-31，假设某时刻 Y 到 X 的路径开销由 4 增加到 60。此时，节点 Z 的距离向量为 $d(X)=5$，$d(Y)=1$，$d(Z)=0$。于是 Y 在更新向量时会发现：可以经 Z 到 X；距离更新为 $d(x)=5+1=6$。可以发现，这个逻辑显然是错误的，因为 Z 到 X 的距离为 5 的前提是要经过 Y，但 Y 更新后的路径又要经过 Z，这就形成了一个选路环路问题。接着，当 Y 的距离向量更新后，会公告给 Z。Z 获悉后，发现经过 Y 的路径距离改为 $1+6=7$，于是也更新距离向量，并又反馈给 Y。Y 收到后又更新向量为 8，然后再发给 Z。这样循环往复，更新报文在 Y 和 Z 之间传递，直到第 44 次迭代后，Z 算出它经由 Y 的路径费用大于 50 为止。

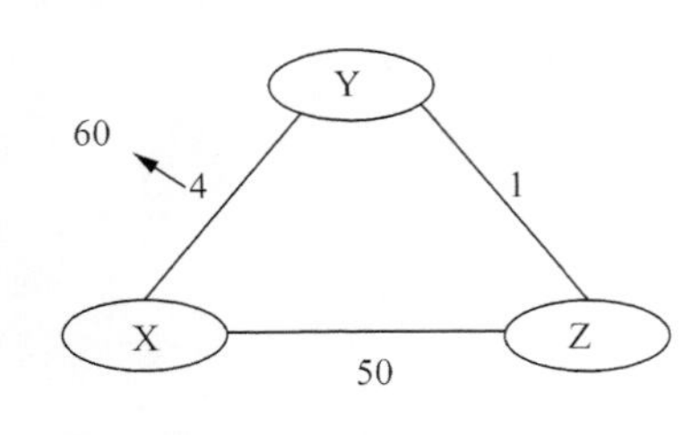

图 4-31　DV 算法的无穷计数问题

一种解决无穷计数问题的有效方法是毒性逆转。如果 Z 的最短路径要通过邻居 Y，那么它将告诉 Y 自己到目的节点的距离是∞。这样，Z 向 Y 撒了一个善意的谎言，使得只要 Z 经过 Y 选路到 X，它就会一直持续讲述这个谎言，这样 Y 也就永远不会尝试从 Z 选路到 X 了，也就避免了环路问题。但是，当涉及 3 个或更多节点(而不仅仅是两个直接相连的邻居节点)的环路将不能被毒性逆转技术检测到。

3. RIP 报文格式

RIP 报文只在邻居路由器间传递，因此只使用简单的 UDP 报文传送，端口号为 520。RIP 报文由首部和路由部分组成，具体的封装格式如图 4-32 所示。

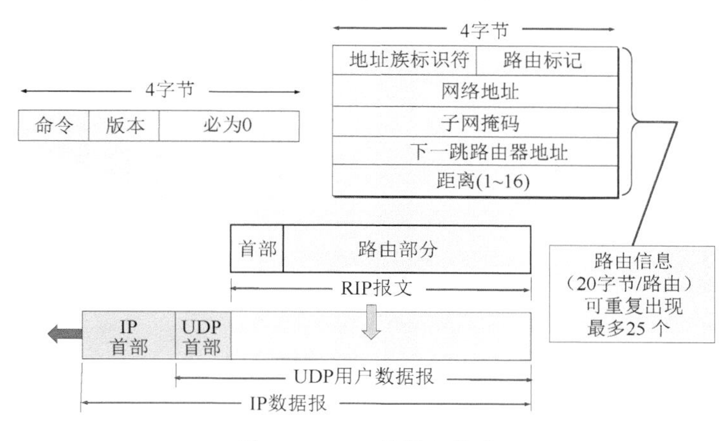

图 4-32　RIP 的报文格式

RIP 首部固定为 4 字节，包括三个字段：

- 命令：指出报文的意义，1 表示请求路由信息，2 表示对请求路由信息的响应或未被请求而发出的路由更新报文。
- 版本：指生成 RIP 报文时所使用的版本，RIP 只有两个版本：版本 1 和版本 2。
- 必为 0：为了 4 字节字的对齐。

路由部分由若干路由信息组成，每个信息需要 20 字节，具体如下：

- 地址族标识(Address Family Identifier)：报文中所携带地址的类型，提供了和以前版本的兼容性。
- 路由标记(Route Tag)：路由标记字段的存在是为了支持外部网关协议(BGP)。这个字段被期望用于传递自治系统的标号给外部网关协议及边界网关协议(BGP)。
- IP 地址(IP Address)：这个地址可以是主机、网格，甚至是一个缺省网关地址。这个地址内容如何变化看两个例子：在一个单表项请求报文中，这个地址包括报文发送者的地址；在一个多表项应答报文中，这个地址包括报文发送者路由表中存储的 IP 地址。
- 子网掩码(Subnet Mask)：包含子网掩码是改进 RIP 协议最初的意图。子网掩码信息是 RIP 协议在多种环境中变得更有用，并且允许在网络中使用变长掩码。
- 下一跳地址(Next Hop)：支持下一跳地址优化了在使用多种路由协议的网络环境中的路由器。例如，如果 RIP-2 协议在网络中与另一个路由协议共同使用，并且有一个路由器同时运行两种协议，那么这个路由器就可以告诉其他使用 RIP-2 协议的路由器一个对于给定目的的更好的下一跳地址。
- 距离：这个域包含报文的度量计数。这个值经过路由器时被递增。数量标准有效的范围是在 1～15 之间。度量标准实际上可以递增至 16，但是这个值和无效路由对应。因此，16

是度量标准域中的错误值，不在有效范围内。

总之，RIP 突出的问题是当网络出现故障时，要经过比较长的时间才能将此信息传送到所有的路由器。因此，RIP 限制了网络的规模，它能使用的最大距离为 15(16 表示不可达)。另一方面，路由器之间交换的路由信息是路由器的完整路由表，因而，随着网络规模的扩大，开销也随之增加。由此可见，RIP 只适用于小型互联网。其最大的优点就是实现简单，开销较小。

4.5.3 OSPF 协议

为了满足建造越来越大IP网络的需要，克服 RIP 协议的缺点，IETF建立了一个工作组，并在 20 世纪 80 年代末期开发的一种基于分布式的链路状态路由算法的内部网关协议，即 OSPF 协议(Open Shortest Path First，开放式最短路径优先)。OPEN 代表 OSPF 是一个开放的标准，与具体厂家无关。最新 RFC 文档为 RFC2328，也叫 OSPFV2。与 RIP 不同的是，OSPF 不是交换路由表，而是合作发现网络拓扑结构和线路状况，可适应大规模网络。OSPF 协议具有以下特点：

(1) 路由变化收敛速度快，这是 OSPF 最重要的优点；

(2) 以较低的频率(每 30 分钟)定期发送链路状态刷新，只有在链路状态发生变化时，才采用发送触发更新；

(3) 支持区域划分，为了适应大型的网络，OSPF 可以在 AS 内划分多个区域，每个路由器只维护所在区域的完整的链路状态信息，从而减少协议对路由器的资源消耗；

(4) 支持简单口令和 MD5 验证；

(5) 支持等价负载均衡；

(6) 支持以组播地址发送协议报文。

1. 工作原理

OSPF 的主要特征就是采用了链路状态路由选择算法(Link State Routing)。其工作原理是：当链路状态发生变化时，该算法使用洪泛法向本自治系统中所有路由器发送与本路由器的邻接关系(到达所有相邻路由器的链路状态信息)，即本路由器都和哪些路由器相邻，以及该链路的“度量”(Metric)，每个路由器接收到所有的链路状态信息后，可以总结出整个网络的拓扑，并利用 Dijkstra 算法计算到其他路由器路径，如图 4-33 所示。(a)为网络拓扑，其中链路上的数字表示网络号。最初，RA 只知道直连的 3 个网段 10、20、30，RB、RC、RD 也一样，如(b)和(c)所示。接着，直连的路由器之间建立邻接关系，并互相“交流”链路信息。最终，每个路由器就可以刻画出整个网络的完整拓扑，如(d)所示。

链路状态路由选择算法建立路由表的过程，可以归纳为三个步骤：①发现邻居，并确定到达各个邻居的开销；②组装一个链路状态信息分组，并发布到全网；③每个路由器接收到所有的链路状态信息后，建立链路状态数据库，并采用 Dijkstra 算法计算路由表。具体的工作流程如下。

(1) 每个运行 OSPF 的路由器发送 HELLO 报文到所有启用 OSPF 的接口。如果在共享链路上两个路由器发送的 HELLO 报文内容一致，那么这两个路由器将形成邻居关系。

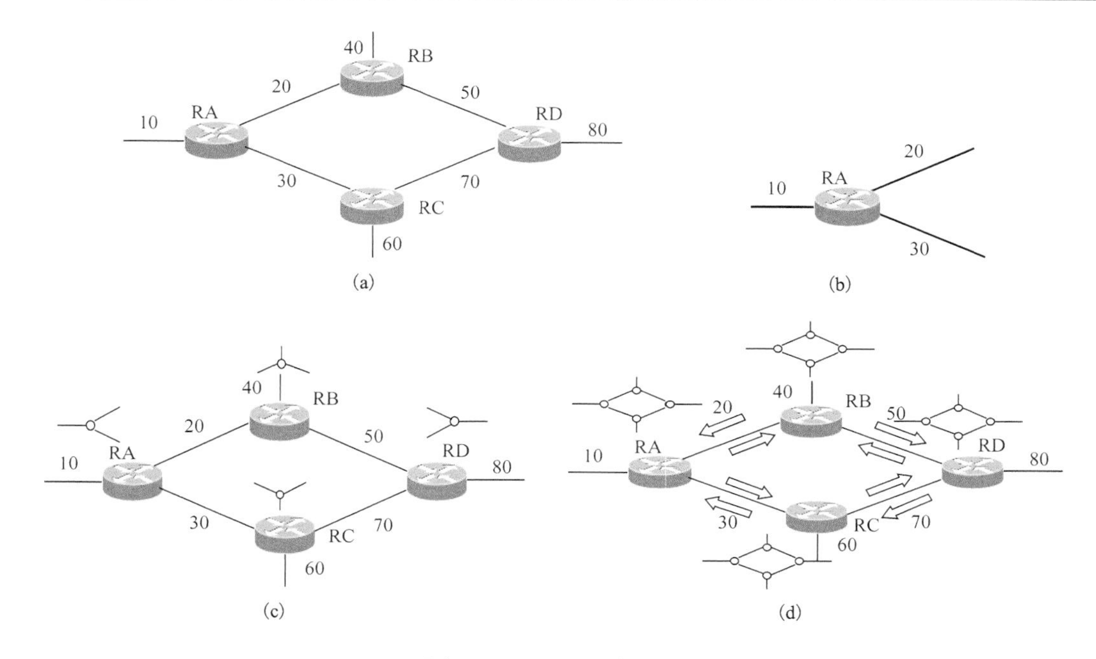

图 4-33 OSPF 工作原理

(2) 从这些邻居关系中，部分路由器形成邻接关系。邻接关系的建立由 OSPF 路由器交换 HELLO 报文和网络类型来决定。

(3) 形成邻接关系的每个路由器都宣告自己的所有链路状态。

(4) 每个路由器都接收邻居发送过来的 LSA，记录在自己的链路数据库中。

(5) 通过在一个区域中泛洪，使得给区域中的所有路由器同步自己数据库。

(6) 当数据库同步之后，OSPF 通过 SPF 算法，计算到目的地的最短路径，并形成一个以自己为根的无自环的最短路径树。

(7) 每个路由器根据这个最短路径树建立自己的路由转发表。

在广播网络中，为了提高建立邻接关系的工作效率，OSPF 引入"指定路由器"(DR)的概念。如图 4-34 所示，广播网络中有 5 个路由器 A、B、C、D、E，如果相互之间都建立邻接关系，则需要维护 10 个邻接关系；如果选择路由器 D 为指定路由器 DR，其他路由器都只和 D 建立邻接关系，则只需维护 4 个邻接关系。

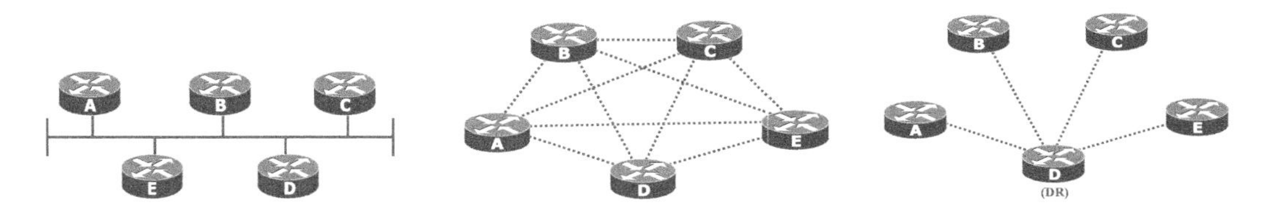

图 4-34 OSPF 的 DR

为完成上述步骤，OSPF 定义了 5 种类型报文，分别是 Hello、数据库描述、链路状态请求、链路状态更新和链路状态确认报文，如图 4-35 所示。这些报文的作用和包含的内容将在后面详细介绍。

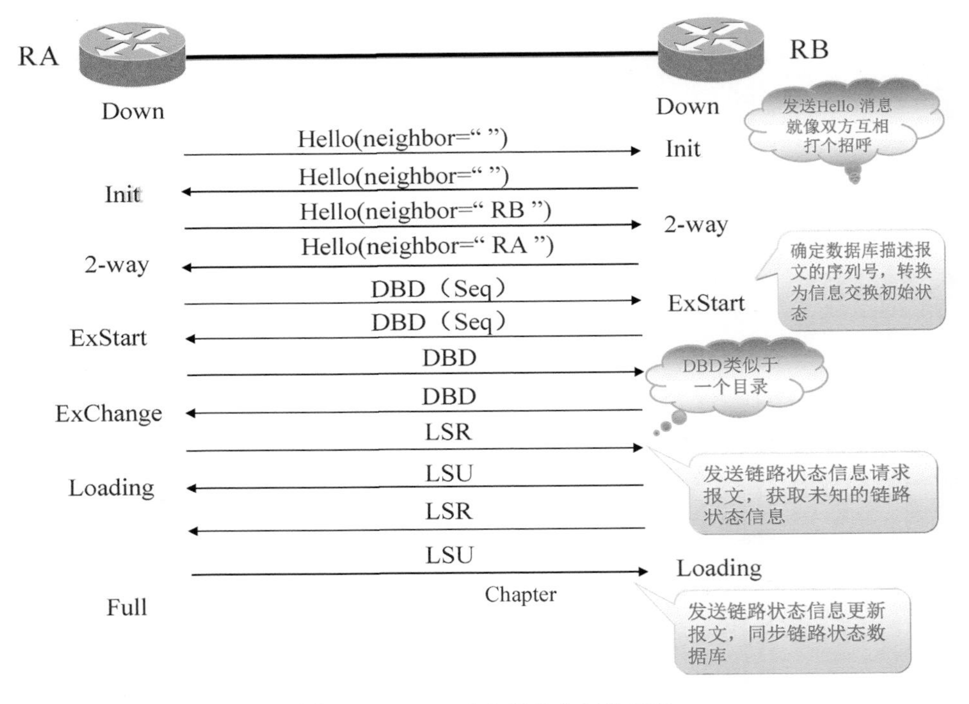

图 4-35　OSPF 建立邻接关系的过程

2. OSPF 区域划分

为了使 OSPF 能够适用于规模很大的网络，OSPF 可将一个自治系统再划分为若干个更小的范围，叫做区域(area)，每个区域都有一个 32 位的区域标识符(用点分十进制表示)，一个区域也不能太大，一般区域内的路由器不超过 200 个。

在 OSPF 路由协议中，每一个区域中的路由器都按照该区域中定义的链路状态算法来计算网络拓扑结构，这意味着每一个区域都有着该区域独立的网络拓扑数据库及网络拓扑图，区域内的每台路由器都向该区域内的其他路由器广播其链路状态。对于每一个区域，其网络拓扑结构在区域外是不可见的。同样，在每一个区域中的路由器对其域外的其余网络结构也不了解。这意味着 OSPF 路由域中的网络链路状态数据广播被区域的边界挡住了，这样做有利于减少网络中链路状态数据包在全网范围内的广播，也是 OSPF 将其路由域或一个 AS 划分成很多个区域的重要原因。

划分区域的好处就是将利用洪泛法交换链路状态信息的范围局限于每一个区域而不是整个的自治系统，这就减少了整个网络上的通信量。在一个区域内部的路由器只知道本区域的完整网络拓扑，而不知道其他区域的网络拓扑的情况。OSPF 使用层次结构的区域划分。在上层的区域叫做主干区域(backbone area)。主干区域的标识符规定为 0.0.0.0。主干区域的作用是用来连通其他在下层的区域。从其他区域来的信息都有区域边界路由器(area border router)进行概括。图 4-36 为 OSPF 划分区域的示例。其中 R1、R3、R4 为区域边界路由器，每个区域至少应当拥有一个区域边界路由器。在主干区域内的路由器叫做主干路由器(backbone router)，如 R1、R2、R3 和 R4。主干区域内还有一个专门和本自治系统外的其他自治系统交换路由信息的自治系统边界路由器(图中 R2)。在 OSPF 路由协议中，其余区域必须与骨干区域直接相连。骨干区域主要工作是在其余区域间传递路由信息。当一个区域的路由信息对外广播时，其路由信息是先传递至骨干区域，再扩散到其余区域。

区域边界路由器同时运行两个分别作用于主干区域和所在区域的 OSPF 进程，如区域边界路由器 R1，一方面运行作用于区域 0.0.0.1 的 OSPF 协议，计算出到达区域 0.0.0.1 内网络 1、网络 2 和网络 3 的传输路径和距离。另一方面，又运行作用于主干区域 0.0.0.0 的 OSPF，计算出到达其他区域的路径和距离。如 R_1 在主干区域内洪泛的链路状态更新报文中不仅给出了标明主干区域内路由器之间相邻关系的链路状态，还需给出到达它所在区域内网络 1、网络 2 和网络 3 的距离。这样，主干区域内路由器最终建立的链路状态数据库不仅包含了和主干区域拓扑结构相对应的链路状态，还包含了各个区域内边界路由器到达其所在区域内网络的距离。因此，以此为根据构建的路由表能够给出到达其他区域内网络的传输路径和距离。

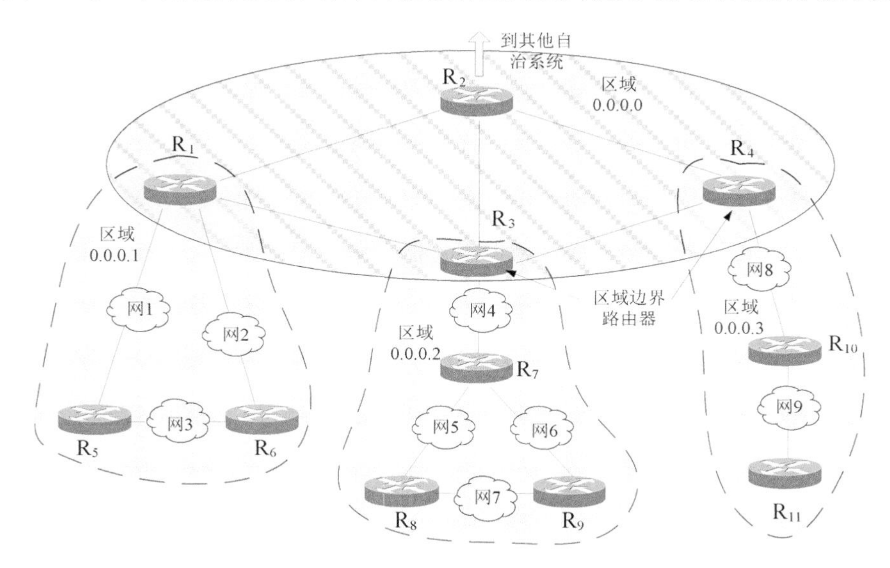

图 4-36　OSPF 的区域划分

3. OSPF 的报文格式

OSPF 构成的数据报很短，这样可有效减少路由信息的通信量。为了便于组播，OSPF 分组直接使用 IP 数据报传送(协议字段值为 89)。OSPF 的分组首部固定为 24 字节，如图 4-37 所示，首部个字段的含义如下：

(1) 版本：当前的版本号为 2；

(2) 类型：可以是五种类型分组中的一种；

(3) 分组长度：包括 OSPF 首部在内的分组长度，以字节为单位；

(4) 路由器标识符：标志发送该分组的路由器的接口的 IP 地址；

(5) 区域标识符：分组所属的区域的标识符；

(6) 校验和：用来检测分组中的差错；

(7) 鉴别类型：目前只有两种——0(不用)和 1(口令)；

(8) 鉴别：鉴别类型为 0 时就填入 0；鉴别类型为 1 时则填入 8 个字符的口令。

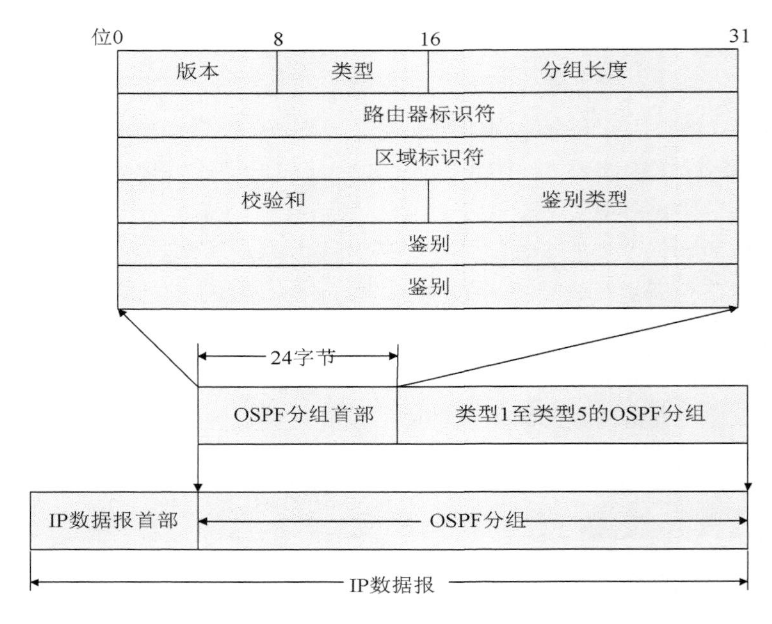

图 4-37 OSPF 报文格式

总之，OSPF 最主要的特征是使用分布式链路状态协议(Link State Protocol)。OSPF 协议要求路由器发送的信息是本路由器与哪些路由器相邻，以及链路状态的度量(metric)。链路状态“度量”主要是指费用、距离、延时、带宽等。OSPF 协议要求当链路状态发生变化时用洪泛法(flooding)向所有路由器发送此信息，而 RIP 仅向自己相邻的几个路由器交换路由信息，不管网络拓扑有没发生变化，路由器之间都要定期交换路由表的信息。由于执行 OSPF 协议的路由器之间频繁地交换链路状态信息，因此所有的路由器最终都能建立一个链路状态数据库(Link State Database)，这个数据库实际上就是全网的拓扑结构图，并且在全网范围内是保持一致的。RIP 的每一个路由器虽然知道所有的网络距离以及下一跳路由器，但不知道全网的拓扑结构。

4.5.4 边界网关协议 BGP

边界网关协议(Border Gateway Protocol，BGP)是一种常用的外部路由协议。边界指的是自治系统的边界，用于在自治系统间传播路由信息。BGP 较新版本是 2006 年 1 月发表的 BGP-4，即 RFC4271-4278，可以将 BGP-4 简写为 BGP。与内部网关协议不同的是，当一条路径通过几个不同 AS 时，要想对这样的路径计算出有意义的代价是不太可能的，因此，对于自治系统之间的路由选择，要寻找最佳路由是很不现实的。自治系统之间的路由选择首先要考虑的是有关策略，因此，BGP 协议只能是力求寻找一条能够到达目的网络且比较好的路由(不能兜圈子)，而并非要寻找一条最佳路由。

BGP 通过在路由信息中增加 AS 路径和其他等附带属性信息，构造自治系统的拓扑图，从而消除路由环路，并实施用户配置的策略。BGP 并不关心跳数和量度，而是关心所要经过的自治系统。其着眼点是选择最好的路由并控制路由的传播，而不在于发现和计算路由。发现和计算路由是 IGP 的事。BGP 的提出是面向 AS 之间的路由选择。

BGP-4 采用了路径向量路由协议。在配置 BGP 时，每一个自治系统的管理员要选择至少一个路由器作为该自治系统的“BGP 发言人”，一个 BGP 发言人与其他自治系统中的 BGP 发言人要交换路由信息。BGP 所交换的网络可达性的信息是指要到达某个网络所要经过的一系列 AS。当 BGP 发言人互相交换了网络可达性的信息后，各 BGP 发言人就根据所采用的策略从收到的路由信息中找出到达各 AS 的较好路由。如图 4-38 中，三个自治系统 AS1、AS2 和 AS3，自治系统 AS1 的 BGP 发言人为路由器 b，自治系统 AS2 的 BGP 发言人为路由器 a 和 c，而自治系统 AS3 的 BGP 发言人为路由器 a。

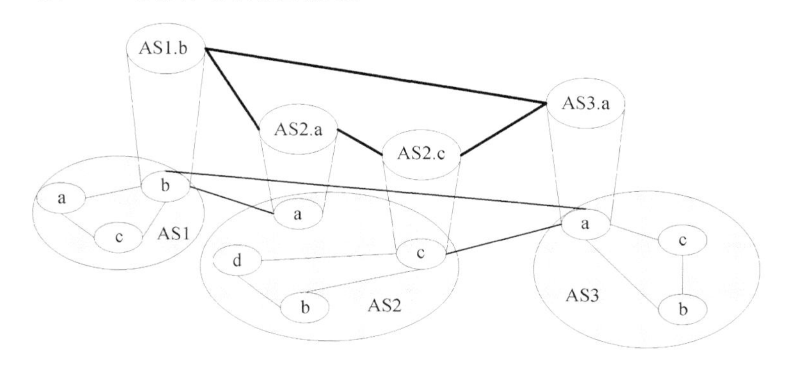

图 4-38 BGP 协议工作过程

BGP 的工作过程可以概括为：首先，每一个自治系统可以通过各自的内部网关协议建立到达自治系统内各个网络的传输路径。这样，BGP 发言人也建立了到达自治系统内部网络的传输路径。然后，BGP 发言人之间交换路由消息，给出通过 BGP 发言人可以到达的网络。然后由 BGP 发言人选择经过的自治系统最少的传输路径作为通往某个外部网络的传输路径，并记录在路由表中，最终建立完整的路由表。

BGP 邻居刚建立时，发送整个 BGP 路由表交换路由信息，但以后只需要在发生变化时更新有变化的部分。这样做对节省网络带宽和减少路由器的处理开销方面都有好处。更新报文中给出通过它所在的自治系统能够到达的网络，通往这些网络的传输路径经过自治系统序列及下一跳路由器地址，如果交换更新报文的两个 BGP 发言人属于不同的自治系统，下一跳路由器地址给出的是 BGP 发言人发送更新报文的接口的 IP 地址，而这一接口通常和相邻自治系统的 BGP 发言人的其中一个接口连接在同一个网络上，如果交换更新报文的两个 BGP 发言人属于同一个自治系统，下一跳路由器地址是原始更新报文中给出的地址。

如图 4-39 所示，位于自治系统 AS2 的主机 1 要与位于自治系统 AS3 的主机 2 进行通信，首先在 AS2 内运行 AS2 的内部网关协议，寻得一条到达 AS2 的 BGP 发言人 AS2.c 的路径，AS2 的 BGP 发言人 AS2.c 查找自己的路由表，找到能够到达主机 2 的下一跳路由器地址，该地址为图中自治系统 AS3 的 BGP 发言人 AS3.a 的某个接口，AS3.a 运行 AS3 的内部网关协议，找到一条到达主机 2 的传输路径。此后，AS2 的边界发言人 AS2.c 发出通告，要到达主机 2 所在的网络可以沿着路径(AS2、S3)。

总之，BGP 协议交换路由信息的节点数量级是自治系统数的量级，这要比这些自治系统中的网络数少很多。每一个自治系统中 BGP 发言人(或边界路由器)的数目是很少的。这样就使得自治系统之间的路由选择不致过分复杂。为了确保通信的可靠性，BGP 使用 TCP 连接，这也简化了路由选择协议。BGP 支持 CIDR，因此 BGP 的路由表也就应当包括目的网络前缀、下一跳路由器，以及到达该目的网络所要经过的各个自治系统序列。

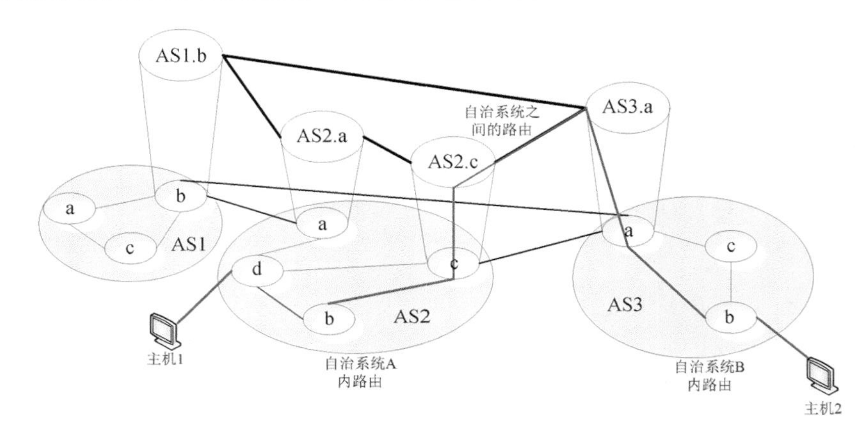

图 4-39　不同 AS 间的路由过程

课 后 习 题

4-1　异构网络互联存在哪些技术问题？Internet 采用什么方式实现异构网互联？

4-2　简述虚电路服务和数据报服务的区别。

4-3　对比虚电路网络与数据报网络的优缺点。

4-4　IP 地址与 MAC 地址的区别是什么？

4-5　IP 地址分为几类？各如何表示？IP 地址的主要特点是什么？

4-6　试简单说明下列协议的作用：ARP 和 ICMP。

4-7　一个数据报数据部分长度为 3400 字节(使用固定首部)。现在经过一个网络传输，该网络的 MTU 为 820 字节，试问：应该分为几个数据报片？每个数据报片的数据字段长度为多少？各数据报片的片偏移值是多少？

4-8　假设某单位拥有一个 200.35.16.0/22 的地址块；现在要 IP 地址块分给 3 个子网，子网 A 有 500 个主机，子网 B 有 200 个主机，子网 C 也有 200 主机；其中，子网 A 又进一步分成两个相同大小的子网 A1 和 A2。请给出各子网的地址分配方案。

4-9　假设取得网络地址 195.10.4.0，子网掩码为 255.255.255.0。现在一个子网有 100 台主机，另外 4 个子网有 20 台主机，请问如何划分子网，才能满足要求。请写出五个子网的子网掩码、网络地址、主机地址范围。

4-10　某公司给下属部门分配了一段 IP 地址 192.168.5.0/24，现在该部门有两层办公楼(1 楼和 2 楼)，统一从 1 楼的路由器上公网。1 楼有 100 台电脑联网，2 楼有 53 台电脑联网。如果你是该公司的网管，你该怎么去规划这个 IP？

4-11　有如下的四个/24 地址块，试进行最大可能的聚合。

192.52.132.0/24，192.52.133.0/24，192.52.134.0/24，192.52.135.0/24

4-12　简述 RIP 的工作原理，并说明 RIP 的无穷计数问题及其解决方法。

4-13　NAT 技术是在什么样的背景下提出的？试描述 NAT 的工作原理。

4-14　OSPF 为什么要划分区域？OSPF 优于 RIP 的地方是什么？

4-15　BGP 获得的到达其自治系统内网络的传输路径是最短路径吗？试解释原因。

4-16　因特网引入 IP 层的意义是什么？

第 5 章　端到端传输

前面所介绍的物理层、数据链路层与网络层实现了网络中主机之间的数据通信，然而数据通信并不是组建计算机网络的最终目的。计算机网络的本质活动是实现分布在不同地理位置的主机中进程之间的通信，以实现应用层的各种网络服务功能。传输层的主要功能恰恰是为了实现主机中进程之间的通信，因此，传输层是实现各种网络应用的基础。

本章围绕运输层实现的各种功能展开，除了介绍运输层中 UDP 与 TCP 的基本知识点之外，重点介绍了运输层中面向连接的 TCP 协议的重要功能：连接管理、可靠性、接收流量控制及拥塞控制，帮助读者更好地理解从“点-点”通信到“端-端”通信这一质的飞跃。

本章主要介绍计算机网络中解决端到端传输问题的传输层，它是整个计算机网络体系结构模型的核心所在，是面向网络通信的低三层和面向信息处理的高三层之间的中间层，起到桥梁的作用。

本章首先介绍传输层的基本知识点，包括进程之间的通信、端口号、套接字、多路复用与多路分解等；接着介绍运输层的两大协议 UDP 和 TCP 的报文段首部格式；重点介绍 TCP 协议的各种功能，包括连接管理、可靠传输、接收流量控制及网络流量控制(也称为拥塞控制)的实现原理。

5.1　概　　述

OSI 七层模型中的物理层、数据链路层和网络层，它们是面向网络通信的低三层协议。而会话层、表示层和应用层则是面向信息处理的高三层。运输层是第四层，处于低三层和高三层之间，即通信子网和资源子网之间，是整个协议层次中最为核心的一层。从通信和信息处理的角度看，运输层向它上面的应用层提供通信服务，它属于面向通信部分的最高层，同时也是资源子网中的最低层，如图 5-1 所示。

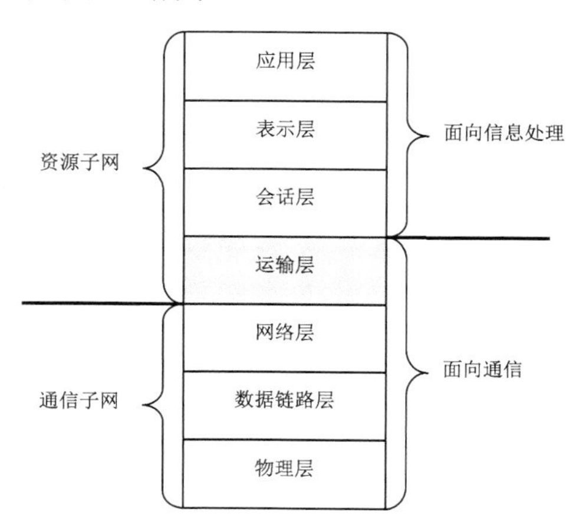

图 5-1　运输层在 OSI 层次体系结构中的地位

作为整个网络协议层次中最复杂的一层，运输层的目的是消除网络层的不可靠性。换句话说，运输层要在优化网络服务的基础上，为源主机和目的主机之间提供可靠的数据传输服务，使得高层服务用户在相互通信时不必关心底层通信子网实现的具体细节，如实际网络的结构、属性、连接方式等。同时，运输层还要为高层用户提供传输数据的通信端口。

5.1.1 进程之间的通信

在上一章我们知道，网络层(也称为 IP 层)通信的两端是两个主机，网络层已经把源主机上发送的 IP 数据报传送到了目的主机，可是为什么还需要传输层呢？这就涉及网络主机之间进行数据通信的真正实体了。

在同一台计算机中运行的应用程序往往有多个，如 IE 浏览器、Foxmail、腾讯 QQ 等。IP 层仅仅将数据从源主机发送到目的主机，但是却并不清楚数据是发送到目的主机中的哪一个应用程序。而正在运行的应用程序就是进程，因此运输层需要对不同的进程进行识别，它解决的就是计算机程序到计算机程序之间的通信问题，即所谓的“端”到“端”的通信。也就是说，端到端的通信指的就是应用进程之间的通信。图 5-2 给出了运输层协议和 IP 层协议作用范围的示意图。

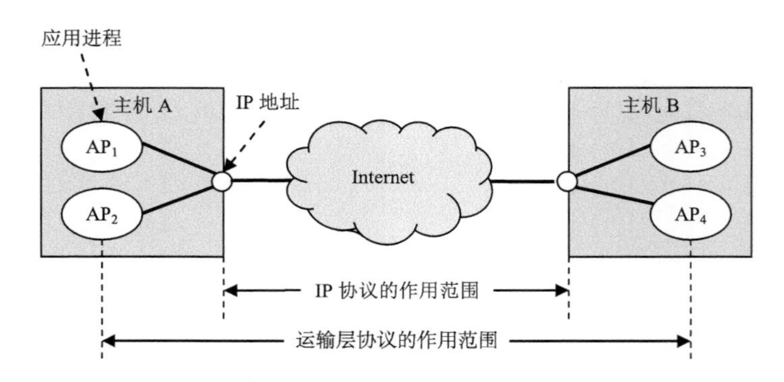

图 5-2　运输层协议与 IP 层协议作用范围对比

IP 层协议作用范围在于主机之间，而运输层协议的作用范围是主机中的进程之间。

5.1.2 端口号及套接字

1. 端口号

如前所述，同一台主机中经常有多个应用进程需要和其他主机的进程进行通信，因此不能只靠 IP 地址来区分这些不同的进程，而是必须为主机中的每个应用进程赋予一个唯一标识符。TCP/IP 引入了“端口号”的概念，即：IP 地址用于标识主机，而端口用于标识该主机中的进程。

端口(Port)是运输层的应用程序接口，应用层的各个进程都需要通过相应的端口才能与运输实体进行交互。端口是通过端口号来标记的，TCP/IP 的运输层用一个 16 位端口号来标志一个端口。16 位的端口号可允许有 65536(2^{16})个不同的端口号。端口号只有整数，范围是从 0 到 65535($2^{16}-1$)。如果把 IP 地址比作一个宾馆的总机号码，而端口号是到每个房间的分机号，只有总机号加分机号才能拨通房间的电话。

端口号通常分为以下两种。

1) 熟知端口 (Well-Known Ports)

数值为 0～1023。这些端口号一般固定分配给一些常见的服务。表 5-1 给出了一些常用的端口号。

表 5-1　常用端口号

应用程序	FTP	Telnet	SMTP	DNS	TFTP	HTTP	POP3	BGP
常用端口号	21	23	25	53	69	80	110	179

网络服务是可以使用其他端口号的，如果不是默认的端口号则应该在地址栏上指定相应的端口号，表示方法是在 IP 地址后面加上端口号，中间用冒号“:”(半角) 隔开。比如使用“8080”作为 WWW 服务的端口，则需要在地址栏里输入“网址:8080”。

但是有些系统协议使用固定的端口号，它是不能被改变的，比如 139 端口专门用于 NetBIOS 与 TCP/IP 之间的通信，不能手动改变。

2) 动态端口 (Dynamic Ports)

数值为 1024～65535。这些端口号一般不固定分配给某个服务，也就是说许多服务都可以使用这些端口。只要运行的程序向系统提出访问网络的申请，那么系统就可以从这些端口号中分配一个给该进程使用。当该进程需要与其他进程通信时，系统会从 1024 起，在本机上分配一个动态端口。1024 端口就是分配给第一个向系统发出申请的进程，如果 1024 端口未关闭，再需要端口时就会分配 1025 端口，依此类推。在关闭程序进程后，就会释放所占用的端口号，该端口就可以分配给新的进程使用了。

动态端口中 1024～49151 范围的端口号也称为注册端口 (Registered Ports)，例如 3389 端口 (远程终端服务)。注册端口通常分配给非熟知的系统服务使用，并且必须在 IANA 进行登记，以避免重复。

49152～65535 范围内的端口则通常没有捆绑系统服务，允许系统动态分配以供使用。

2. 套接字

仅仅使用端口号是无法确定具体的某个进程的，这是因为在 Internet 范围中，可能有多个主机都在运行具有相同端口号的进程。因此要标识一个进程必须同时使用 IP 地址和端口号。

RFC793 定义的套接字 (Socket) 就是由 IP 地址和端口号组成的，可表示为 (IP 地址:端口号) 的形式。其中 IP 地址用的是点分十进制记法，而端口号则是 0～65535 范围内的十进制数。例如，一个 IP 地址为 218.15.3.2 的客户端主机使用了 59260 端口号，与另一个 IP 地址为 129.10.5.6 且端口号为 53 的 DNS 服务器建立 TCP 连接，那么该客户端的套接字可表示为 (218.15.3.2 : 59260)，而服务器端的套接字可表示为 (129.10.5.6 : 53)。因此，套接字是用于唯一标识 Internet 中的进程的。

5.1.3　运输层的多路复用与多路分解

由于支持 TCP/IP 协议的同一台计算机中可以同时运行多个不同的应用程序。假设有一个发送方和一个接收方同时运行下列几种应用程序：HTTP (Web 服务)、FTP (文件传输服务)、DNS (域名服务) 和 TFTP (简单文件传输服务)。那么在发送方，上述的多个应用进程可以通过运输层的多路复用功能使用网络层的同一个 IP 地址将数据传输到链路层。而在接收方，运输层则通过多路分解功能使得从网络层的同一个 IP 地址接收到的数据交付给应用层的多个不同的应用进程。正是由于运输层的多路复用和多路分解功能，应用层的多个不同的应用进程才能够使用网络层的同一个 IP 地址完成数据的发送和接收。图 5-3 是运输层的多路复用和多路分解示意图。

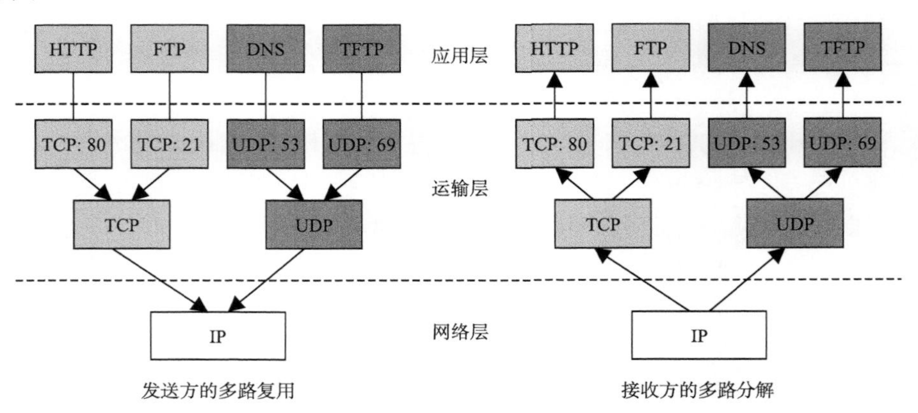

图 5-3　运输层的多路复用与多路分解示意图

在图 5-3 中，发送方和接收方使用客户/服务器工作模式。发送方作为服务的请求方，充当客户机的角色，而接收方则是服务的提供方，充当服务器的角色。在客户机和服务器上运行的应用程序分别称为客户进程和服务器进程。在发送方，四个客户进程 HTTP、FTP、DNS、TFTP 将数据传送到运输层后，运输层为其找出相应的服务器进程，并确定出用于唯一标识每一个服务器进程的目的端口号：HTTP 服务器使用端口号 80；FTP 服务器使用端口号 21；DNS 服务器使用端口号 53；TFTP 服务器使用端口号 69。运输层通过复用功能将四个客户进程发送的数据汇总到网络层中的 IP 协议中。在接收方，运输层将网络层的同一个 IP 协议提交上来的数据通过分用功能分别交付到应用层的四个服务器进程中。

5.1.4　运输层的两大协议

运输层有两大协议：面向连接的传输控制协议(TCP：Transmission Control Protocol)和无连接的用户数据报协议(UDP：User Datagram Protocol)。无论是面向连接的 TCP 还是无连接的 UDP，都使用网络层的 IP 协议。这两个协议在 TCP/IP 体系结构中的位置如图 5-4 所示。

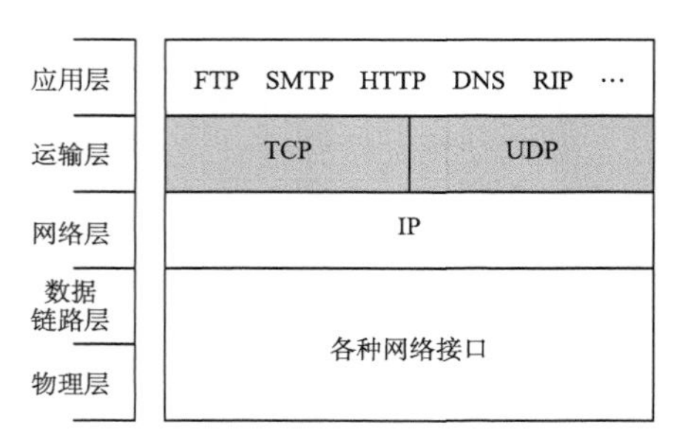

图 5-4　TCP/IP 体系中的 TCP 与 UDP 协议

表 5-2 给出了常用的应用层协议与运输层协议之间的对应关系。

表 5-2　常用的应用层协议与运输层协议之间的对应关系

应用层协议	说明	使用的运输层协议
FTP	文件传输协议	TCP
Telnet	远程终端协议	TCP
SMTP	简单邮件传输协议	TCP
HTTP	超文本传输协议	TCP
BGP	边界网关协议	TCP
DNS	域名服务	UDP
DHCP	动态主机配置协议	UDP
TFTP	简单文件传输协议	UDP
SNMP	简单网络管理协议	UDP
RIP	路由信息协议	UDP

可见，尽管 UDP 提供的是无连接的不可靠交付，但它简单和灵活的特性使得它在某些情况下反倒成为一种有效的工作方式。

5.2　UDP 协议

5.2.1　UDP 协议简介

UDP 协议的标准是在 1980 年的文档 RFC768 中制定的，其后的 RFC1122 对其进行了修订。UDP 最初的设计原则是简单高效，但尽管如此，作为运输层的协议之一，它与低层的协议如 IP 协议还是有本质区别的，具备运输层协议的一些特征。比如运输层的多路复用与多路分解功能，这是运输层以下的层次(物理层、数据链路层和网络层)所不具备的。此外，UDP 还具备一定的差错检测功能，这是由其报文段首部中的检验和字段实现的，这点将在第 5.2.2 小节加以阐述。

UDP 还具有以下几个主要特点：

(1) 无连接。UDP 是无连接的，它在数据传输前无需事先建立连接，它没有超时重传等机制，传输速率很快。无连接是 UDP 最主要的特点。

(2) 尽最大努力交付，不提供可靠性。UDP 的无连接特性使其无法保证发送的报文能够准确无误地到达接收方。也就是说，报文段有可能出现失序、丢失、重复等情况。因此 UDP 无法提供传输的可靠性保证，它只是提供尽最大努力的交付服务。也正是因为无需保证可靠性，UDP 协议才可以简单、高效。

(3) 面向报文。发送方的 UDP 对于应用程序交下来的报文段不进行拆分与合并，而是保留报文段的原有边界直接添加 UDP 的首部后就往下交付给网络层。因此，UDP 一次交付一个完整的报文段，即使报文段太长或是太短，它都不对报文段本身做任何处理。为避免报文段太短降低底层协议传输的效率及报文段太长导致下面的网络层对 IP 数据报进行分片操作，应用层应该选择长度合适的报文段交给运输层的 UDP。

(4) 支持一对一、一对多、多对一、多对多的交互通信，组播及广播功能。UDP 的无连接性、不可靠性及对报文段既不拆分也不合并的特性，使得 UDP 与 TCP 比，少了很多束缚，因此其报文段的首部字段非常简单，只有 8 字节。另外，在交互通信上，UDP 就显得更加灵活多样，其一对多、多对一和多对多的交互通信是 TCP 所不具备的，在组播和广播方面，UDP 弥补了 TCP 的不足。

UDP 支持的应用层协议主要有 DNS、SNMP、TFTP 等。目前在中国宽带有线网上开展的一些业务，如视频、咨询、股票等(用 PC 接受，需要特殊硬件卡)，用的几乎全都是 UDP，这是基于 UDP 的单向特性。

5.2.2　UDP 报文段的首部格式

UDP 用户数据报有两个字段：首部字段和数据字段。图 5-5 给出的是 RFC768 定义的 UDP 首部结构。其中首部字段很简单，只有 8 字节，由 4 个字段组成，每个字段占 2 字节。各字段的含义如下：

(1) 源端口：指定发送方所使用的端口号。若不需要对方回发信息，则可置为全 0。

(2) 目的端口：指定接收方所使用的端口号。

(3) 长度字段：指明了 UDP 用户数据报的总长度。

(4) 检验和字段：用于 UDP 的差错检测，以免 UDP 用户数据报传送到错误的目的地。

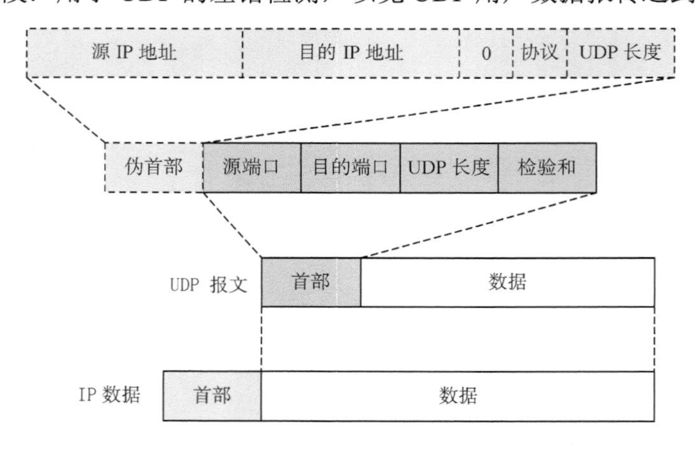

图 5-5　UDP 用户数据报的组成

UDP 检验和的计算过程与 IP 数据报的首部检验和完全相同，只是参与计算的对象有所改变。IP 数据报的首部检验和的计算中，只有 IP 数据报首部中的各字段参与计算；而 UDP 的检验和的计算中，参与计算的字段除了 UDP 的首部外，还有 UDP 的数据部分，以及图 5-5 中的伪首部部分。伪首部并不是 UDP 报文的真正首部，它的存在仅仅是为了计算 UDP 的检验和。伪首部中的各字段来自 IP 数据报及 UDP 报文中的首部，包括：源 IP 地址、目的 IP 地址、1 字节的全零字段、协议字段(当 IP 数据报中的数据部分为 UDP 报文时，此字段值为 17)、UDP 长度。由于在计算检验和的过程中，上述参与计算的各字段是按照 16 比特为单位进行计算的，因此若数据部分不是偶数字节(16 比特的整数倍)时，需要用全零字节填充。

可见，UDP 检验和除了检查 UDP 报文本身是否出错外，还通过伪首部防止将报文段意外地交付到错误的目的主机。

5.3　TCP 协议

5.3.1　TCP 协议简介

TCP 协议的标准最早是由 RFC793 制定的，其后的 RFC1122、RFC1323、RFC2018 及 RFC2581 对其进行了调整。此外又陆续有几十种 RFC 文档对 TCP 协议的功能作了补充，如 RFC2415 对 TCP 协议的滑动窗口和确认策略进行了补充、RFC2581 对 TCP 协议的拥塞控制策略进行了补充、RFC2988 对 TCP 的超时重传时间的设定进行了补充等。

TCP 是 TCP/IP 体系中的一个非常复杂的协议，它具有以下几个主要特点：

(1) 面向连接。TCP 是面向连接的，数据通信的双方在传输数据之前必须要通过三次握手建立连接，同时当数据传输结束后还需要释放连接。

(2) 提供可靠交付的服务。由于 TCP 是面向连接的，因此数据的传输是在连接建立的基础上进行的，而建立连接的过程中已经对数据传输所需要的资源提供了保障。因此 TCP 传输的数据可以“可靠”地到达目的地。这里的“可靠”包含了四个要求：无差错、无丢失、无重复、无失序。而 UDP 则只能保证其中的无差错要求。

(3) 基于字节流。与 UDP 的面向报文不同，TCP 的传输是基于字节流的。这一特性使得 TCP 无法保留应用层传下来的报文段的原有边界。不管应用层传给 TCP 的报文段有多长，TCP 都会将其以字节为单位按序临时存储在 TCP 缓存中等待合适的机会将其发送出去。至于以多长为单位发送这些字节流则完全由 TCP 决定(如发送窗口值及拥塞窗口值等)，与应用层传下来的报文段的长短没有任何关系。这一点与 UDP 不同，UDP 发送的报文段长度完全是由应用进程决定的。图 5-6 可以帮助我们更好地理解 TCP“基于字节流”的概念。

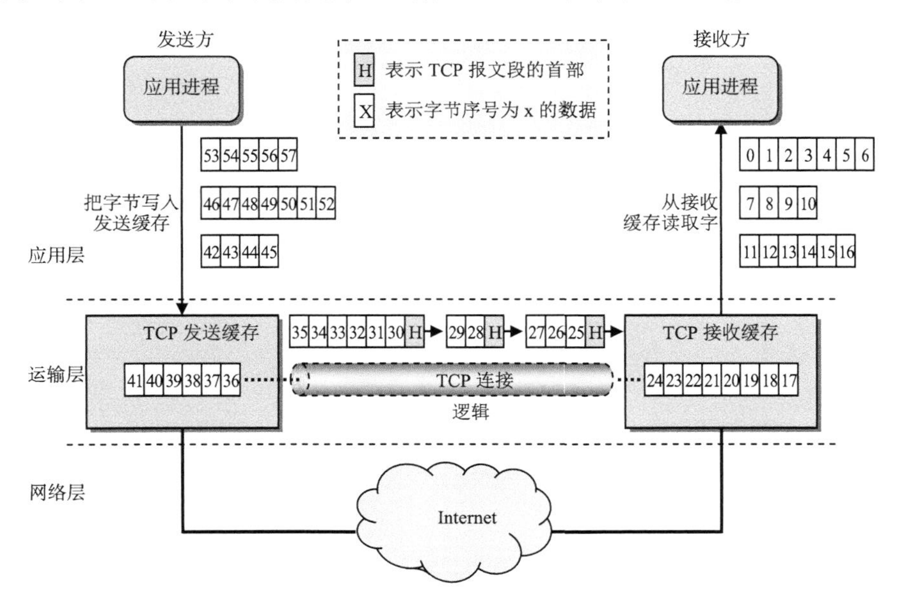

图 5-6　TCP“基于字节流”的概念

(4) 只支持一对一的通信，不支持多播(Multicast)和广播(Broadcast)。TCP 的每一条连接有且只有两个端点，是端到端的通信。因此 TCP 只能支持一对一的通信，无法像 UDP 一样可以支持多播和广播的交互通信。

TCP 连接中的“端点”指的就是第 5.1.2 节中介绍的套接字，用于唯一标识网络中的进程，由 IP 地址和端口号组成。因此一对套接字可以唯一地确定一条 TCP 连接。

(5) 全双工通信。一对 TCP 连接两端的应用进程允许在任何时候发送或接收数据，因此两端都各自拥有发送缓存和接收缓存。发送缓存用于临时存放应用进程交下来的数据，等待 TCP 在合适的时候将数据发送出去；而接收缓存则用于临时存放网络层交付上来的数据，等待上层的应用进程在合适的时候读取数据。图 5-6 中为了方便理解，仅画出了一个方向的数据流。

TCP 的面向连接的可靠交付特点保证了它能够提供超时重发、丢弃重复数据、检验数据、流量控制等功能，保证数据能从一端传到另一端，无差错、无丢失、无重复、无失序。当然，可靠性的保证也是要付出代价的，TCP 的客户和服务器彼此交换数据前，必须先在双方之间建立一个 TCP 连接，之后才能传输数据，因此它的传输速率就比 UDP 慢，同时，其报文段的首部字段也比 UDP 要长和复杂得多。为了保证可靠性，TCP 数据段中还包含序号。序号可以识别缺少的数据段，并且允许按正常顺序重新组合数据段。

TCP 支持的应用协议主要有 HTTP、Telnet、FTP、SMTP 等。在互联网上，TCP 相对 UDP 的应用就多得多，因为 TCP 的双向互动特性能满足用户的实时需求，而 UDP 则太过于被动。

5.3.2　TCP 报文段的首部格式

TCP 提供的是可靠的服务，实现的功能比 UDP 更多，因此 TCP 报文段的首部也就相应地要复杂得多。TCP 报文段的首部包含固定部分和可选部分。固定部分的长度为 20 字节，可选部分的长度最多可达 40 字节。其首部格式如图 5-7 所示。

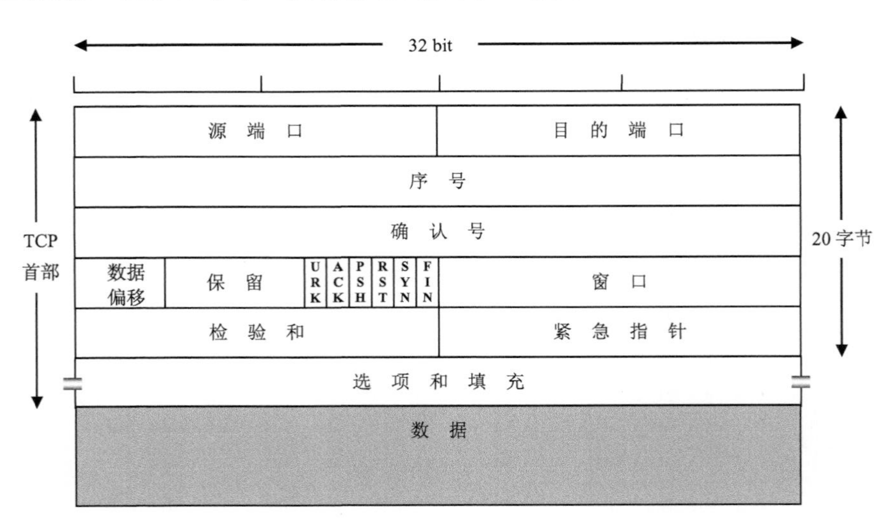

图 5-7　TCP 报文段的首部格式

首部的固定部分中，各字段的含义如下：

(1) 源端口和目的端口：各占 16 位，分别用于指定发送方和接收方所使用的端口号。

(2) 序号：占 32 位，范围是 $0 \sim 2^{32}-1$。由于 TCP 是面向字节流的，因此在同一个 TCP 连接中同一个发送方发送的数据块中的每一字节都需要按序编号。当可用的编号使用了一轮后由重新回到编号 0，因此序号范围是循环使用的。TCP 报文段首部中的序号字段所指定的是本报文段数据部分第一字节的编号。例如，若某个 TCP 连接中的一方要发送的报文段中字节的编号范围为 101～300，那么该报文段中的序号字节的值为 101。若后面还有数据需要发送，则下一个报文段的数据就会从 301 开始编号，即下一个报文段的序号字段的值为 301。因此，发送的数据字节数与使用的序号数是相等的。

(3) 确认号：占 32 位。范围与序号完全相同，为 $0 \sim 2^{32}-1$。该字段指定的是期望收到的下一字节的编号。可见，确认号之前的数据字节都已经正确收到了。上例中若接收方收到了字节编号为 101～300 的数据，则它期望收到的下一字节的编号为 301，因此它回发给发送方的确认报文段中的确认字段的值为 301。

(4) 数据偏移：占 4 位，有效取值范围为 5～15。该字段指明了报文段的数据部分偏移报文段起始位置多长，也就是指明了报文段的首部长度。但该字段中的每一个“1”值代表的是 4 字节，因此 0～15 的取值范围可代表的首部长度是 0～60 字节。当然，TCP 报文段的首部长度不可能为 0，因为 TCP 报文段具有固定首部 20 字节，故 TCP 有效的首部长度取值为 20～60 字节，因此数据偏移的有效取值范围为 5～15（即二进制的 0101～1111）。由于 TCP 的首部长度的最大值为 60 字节，因此选项部分的最大长度为 40 字节。

(5) 保留：占 6 位，作为保留，目前未使用，置为全 0。

(6) 控制位：共 6 位，每一位都代表特定的含义。

- URG（URGent，紧急）：当 URG = 1 时，表示该报文段中有紧急数据，告诉发送方的 TCP 尽快发送数据。紧急数据的长度由后面的紧急指针字段指定。TCP 会将紧急数据插入到发送缓存中即将发送的报文段中而无需按原有序号排列。当一个报文段的数据部分包含紧急数据和普通数据时，紧急数据按序排列在普通数据前面，因此需要配合使用紧急指针字段，以指明紧急数据的长度。

- ACK（ACKnowledgment，确认）：当 ACK = 1 时，确认号字段才有效。TCP 规定了通信双方建立连接后所有报文段的 ACK 字段都必须置为 1。

- PSH（PuSH，推送）：当 PSH = 1 时，发送方的 TCP 会立即创建一个报文段发送出去，同时，接收方 TCP 收到 PSH = 1 的报文段时，也会立即将数据交付到上层的应用进程，而无需等待原先设定好的“合适”的时机。

- RST（ReSeT，复位）：有两种情况下 RST 可以置为 1：因主机崩溃等原因造成 TCP 连接出错，用 RST 释放原先的连接并建立一个新的连接；需要拒绝一个非法的 TCP 报文段或拒绝打开或释放一个 TCP 连接。除此之外 RST 都应置为 0。

- SYN（SYNchronization，同步）：同步位 SYN 用于 TCP 建立连接的过程中，无论是连接建立的请求或是接收报文段都需要将 SYN 字段置为 1。如：连接建立的请求报文段中，SYN = 1 而 ACK = 0；而连接建立的接收报文段中，SYN = 1 而 ACK = 1。对于 SYN = 1 的报文段，需要消耗掉一个序号。

- FIN（FINis，终止）：终止位 FIN 用于 TCP 释放连接的过程中。由于连接建立之后，无论最初是由哪一方发起连接请求，双向都可以发送数据，因此连接的释放也就需要两个方向。假设一对 TCP 连接的两端是 A 和 B，当 A 的数据发送完毕时，A 可以释放从 A 到 B 这一个方向的连接，因此 A 发送的释放连接的请求报文段中 FIN 字段的值为 1。请注意，释放了从 A 到 B 的连接后，B 还是可以向 A 发送数据的。当 B 的数据也发送完后，再由 B 向 A 发送一个 FIN 为 1 的报文段以释放从 B 到 A 这个方向的连接。无论是哪个方向的连接释放请求，只要 FIN = 1，都需要消耗掉一个序号。

(7) 窗口：占 16 位，取值范围为 0～2^{16}-1(即 0～65535)，单位是字节。该字段用于告诉对方自己的接收窗口值的大小。该字段是随着缓存剩余空间的大小而动态变化的。例如，若 A 向 B 发送的报文段中窗口字段的值为 5000，那么就相当于 A 告诉 B 自己的接收窗口大小为 5000 字节，根据流量控制的策略(将在第 5.5.1 节介绍)，B 应该将自己的发送窗口大小置为 5000，即 B 最多只能一次性向 A 发送 5000 字节的数据。

(8) 检验和：占 16 位，用于 TCP 的差错检测。该字段与 UDP 的检验和字段类似，在发送方计算检验和时，也需要用到 12 字节的伪首部。当然，TCP 的伪首部中的具体内容和 UDP 略有不同：在 UDP 的伪首部中协议字段的值为 17，而 TCP 伪首部中协议字段值则为 6；UDP 伪首部中的最后一个字段是 UDP 的总长，而 TCP 伪首部最后一个字段相应的就要改为 TCP 的总长。检验和的计算方法与 UDP 完全相同。

(9) 紧急指针：该字段仅当控制位 URG = 1 时有效，指出报文段中紧急数据的最后一字节在报文段数据部分中的位置，也就是紧急数据所包含的字节数。

TCP 首部中选项部分的长度是可变的，为 0～40 字节不等。当选项部分长度为 0 时，TCP 仅包含 20 字节的固定首部。TCP 目前可用的选项有 MSS(Maximum Segment Size，最大报文段长度)选项、窗口扩大选项、时间戳选项、SACK(Selected ACKnowledgment，选择确认)选项等。由于选项部分很少使用，本文就不一一阐述了。

5.3.3 TCP 的连接管理

TCP 是面向连接的协议，运输连接有三个阶段：连接建立、数据通信、连接释放。连接管理的目标就是使连接的建立和释放都能正常进行。TCP 连接的建立采用客户服务器的方式，主动发起连接建立请求的应用进程叫做客户(Client)，而被动等待连接建立的应用进程叫做服务器(Server)。

1. TCP 连接的建立

假设 A 是客户进程，B 为服务器进程。客户进程 A 的初始状态为 CLOSED(关闭)，而服务器开机后就一直处于 LISTEN(监听)状态。如图 5-8 所示，A 和 B 通过三个报文段完成连接的建立，这个过程称为三次握手(Three-way Handshake)。

(1) 第一次握手：客户 A 的应用进程向服务器 B 发送 TCP 的 SYN(同步)报文段，即连接请求报文段。该报文段中 SYN = 1，并选择一个初始序号 seq = x。一般 A 也会同时给出自己的窗口大小及选项字段 MSS(最大报文段长度)的值。SYN 报文段发出后，A 进入 SYN_SENT(同步已发送)状态。TCP 规定，SYN 报文段不能携带数据，但需要消耗掉一个序号。

(2) 第二次握手：服务器 B 收到客户 A 的 SYN 报文段后，回发 SYNACK(同步确认)报文段进行连接请求的确认，同意接收 A 发来的连接请求。该报文段中 SYN = 1，ACK = 1，seq = y，确认号字段 ack = x + 1。这里 B 选择的初始序号 y 与 A 选择的序号 x 毫无关系，而确认号字段 ack 表示 B 期望收到 A 发送的下一个序号为 x + 1(因为在第一次握手中 A 的序号 x 已经被消耗掉了)。B 此时一般也会同时给出自己的窗口大小及选项字段 MSS(最大报文段长度)的值。SYNACK 报文段发出后，B 将自己的连接状态设置为 SYN_RECEIVED(同步已接收)。SYNACK(同步确认)报文段也不能携带数据，同时也需要消耗掉一个序号。

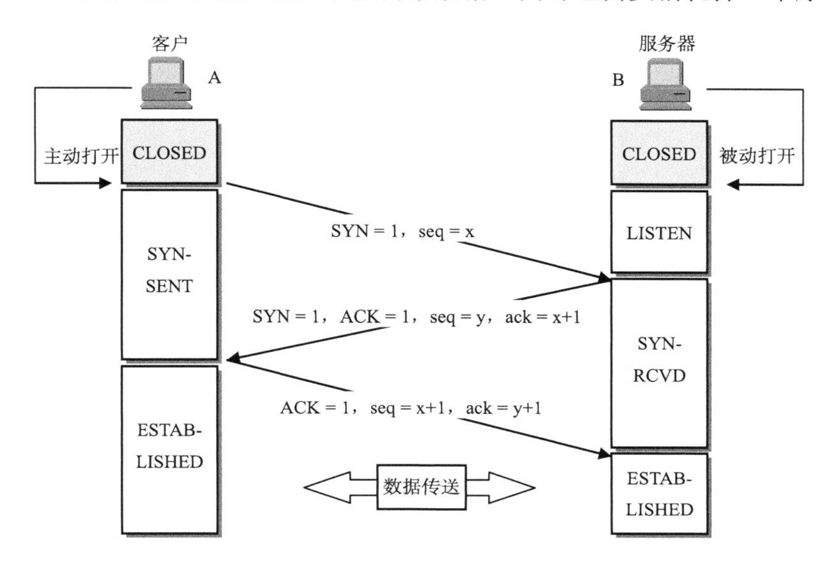

图 5-8　TCP 连接建立的三次握手

(3)第三次握手：客户 A 收到服务器 B 的确认后，还要向 B 发送 ACK(确认)报文段。该报文段中 ACK = 1，seq = x + 1，ack = y + 1。其中的序号字段 seq 的值正是在第二次握手中的确认号字段的值，同时因为在第二次握手中 B 选择的序号 y 被消耗掉了(SYN 为 1)，故此时 A 期望收到 B 发送的下一个序号为 y + 1。客户 A 发送了 ACK 报文段后，立即进入 ESTABLISHED(连接已建立)状态；而服务器 B 收到该报文段后，也立即进入 ESTABLISHED(连接已建立)状态。第三次握手中的 ACK 报文段允许携带数据，也可以不携带任何数据。当未携带数据时，该报文段不消耗序号；携带数据时，消耗的序号数与携带的字节数相等。

此时，TCP 连接已建立，当服务器 B 收到该确认后，完成三次握手，客户端与服务器开始传送数据。连接可以由任一方或双方发起，一旦连接建立，数据就可以双向对等地流动，而没有所谓的主从关系。三次握手协议可以完成两个重要功能：它确保连接双方做好传输准备，并使双方统一初始顺序号，两台计算机仅仅使用三个握手报文就能协商好各自的数据流的顺序号。

2. TCP 连接的释放

当一对 TCP 连接的双方数据通信完毕，任何一方都可以发起连接释放请求。TCP 采用和三次握手类似的方法，即四次握手(或称为两个二次握手)的方式释放连接。释放连接的操作可以看成由两个方向上分别释放连接的操作构成。我们假设客户 A 先提出释放连接的请求，A 与 B 之间释放 TCP 连接的一般过程如图 5-9 所示。

(1)第一次握手：客户 A 的应用进程先向 B 发出 FIN(终止)报文段请求释放连接，并停止发送数据，主动关闭 TCP 连接。该报文段中的 FIN = 1，序号 seq 假设为 i。FIN 报文段发出后，A 进入 FIN_WAIT_1(关闭等待 1)状态。TCP 规定，FIN 报文段需要消耗掉一个序号。

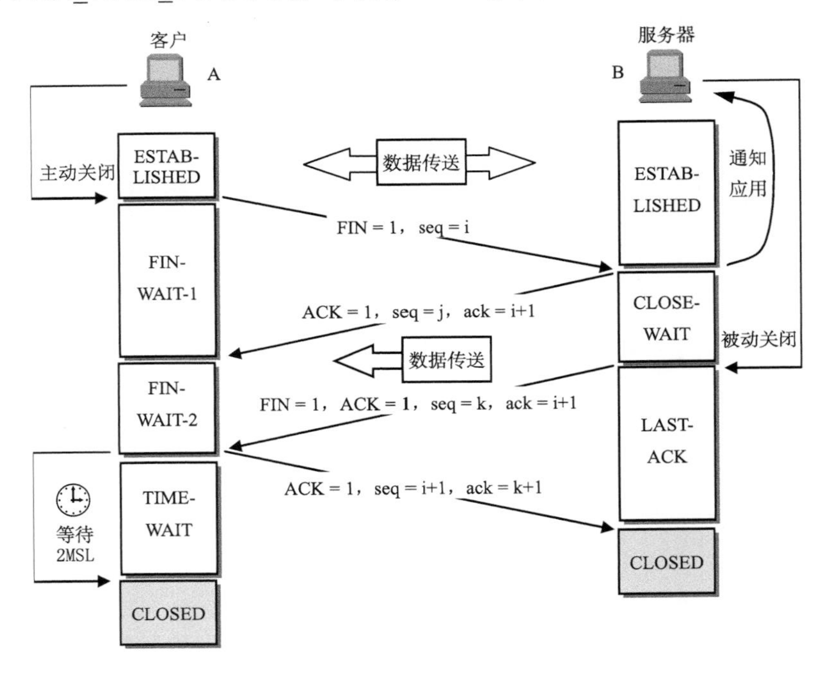

图 5-9　TCP 连接释放的一般过程

(2) 第二次握手：服务器 B 收到客户 A 发来的 FIN 报文段后，回发 ACK(确认)报文段，同意接受 A 的连接释放请求。该报文段中 ACK = 1，序号 seq 假设为 j，确认号字段 ack = i + 1(第一次握手中 FIN = 1，A 的序号 i 已经被消耗掉了)。服务器 B 发出 ACK 报文段后，B 进入 CLOSE_WAIT(关闭等待)状态。而 A 收到 B 发来的 ACK 报文段后，则进入 FIN_WAIT_2(关闭等待 2)状态。此后，从 A 到 B 这个方向的连接就释放了，A 不能再向 B 发送数据，因此 A 不再消耗序号，TCP 连接处于半关闭状态，B 若还有数据要发送，A 仍要接收并进行确认。

(3) 第三次握手：若服务器 B 的数据已经发送完毕，则向 A 发送 FINACK 报文段请求释放连接。该报文段中 FIN = 1，ACK = 1，序号 seq 假设为 k(第二次握手后服务器 B 还发送了若干数据，因此序号发生改变)，而确认号字段 ack 仍然为 i + 1(第二次握手后客户 A 不再发送数据，因此不消耗任何序号)。服务器 B 发送了 FINACK 报文段后，进入 LAST_ACK(最后确认)状态。

(4) 第四次握手：客户 A 收到 B 的连接释放报文段后，发出 ACK(确认)报文段进行确认。该报文段中 ACK = 1，序号 seq = i + 1，确认号 ack = k + 1(第三次握手时 FIN = 1，B 的序号 k 被消耗掉了)。A 在发出 ACK(确认)报文段后进入 TIME-WAIT(时间等待)状态，该状态需要再等待 2MSL 的时间，此后才能进入 CLOSED(关闭)状态。而 B 收到 ACK 报文段后则立即进入 CLOSED(关闭)状态。通常 B 要比 A 更早进入 CLOSED(关闭)状态。

上述的四次握手是 TCP 连接释放的一般过程。之所以称为一般过程，有以下几个原因。

(1) 第一次握手可能和 A 最后发送的数据报文段一起发出。

(2) 当 B 收到 A 发来的 FIN 报文段时，已经将数据发送完毕，则可以将第二次握手和第三次握手合并。

(3) 释放连接也可以先由服务器主动发出。一般情况下，TCP 的连接是由客户主动关闭的，但某些协议如 HTTP/1.0 却是由服务器执行主动关闭。

5.4　可靠传输的原理及实现

由于信道噪声的存在，传输过程中有可能会出现差错。此外，接收方的处理速度如果比接收数据的速度慢，也会导致数据的丢失。因此，需要采取措施保证传输的可靠性。下面介绍几种常用的用于保证传输可靠性的协议。

5.4.1　可靠传输的原理

1. SW(停止等待)协议

SW(Stop-and-Wait，停止等待)协议中，发送方每发送完一个 PKT(分组)就必须停止发送，等待对方的确认，直到收到对方肯定的确认后，才能继续发送下一个 PKT。

SW 协议的设计经历了多次改进，最初的 SW 协议称为 SW0，此后又陆续推出了 SW1、SW2 和 SW3。下面对各阶段的 SW 协议做简单的介绍。

1) SW0 协议

假定信道不丢包。若接收方收到一个正确的 PKT，则发送一个 ACK(肯定确认)；若收到一个有差错的 PKT，则发送一个 NAK(否定确认)。

2) SW1 协议

引入超时重传机制，利用超时重传定时器解决了 SW0 中信道丢包时的死锁问题。同时取消 NAK，当接收方收到有差错的 PKT 时，不发送任何确认。

3) SW2 协议

对 PKT 进行编号，解决了 SW1 中 ACK 丢失时接收方有可能收到冗余 PKT 的问题。

4) SW3 协议

对 ACK 进行编号，解决了 SW2 中 ACK 迟到时发送方有可能收到冗余 ACK 的问题。

下文讨论的 SW 协议在没有特指的情况下均指的是最完善的 SW3。SW 协议运行中可能会出现以下情况：无差错、分组丢失、确认丢失和确认迟到，如图 5-10 所示。

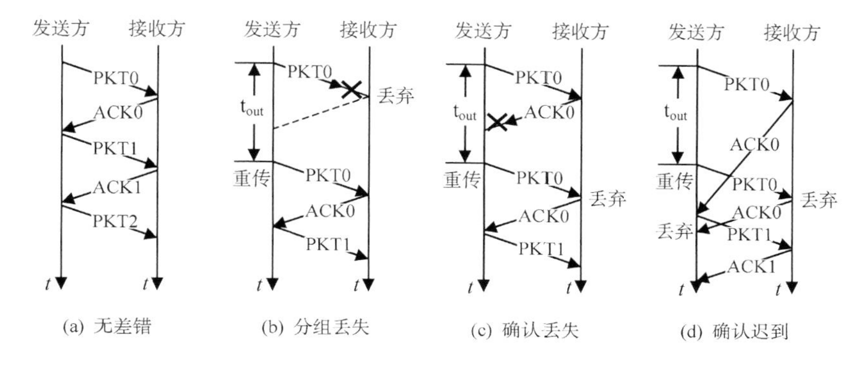

图 5-10　SW(停止等待)协议

- 无差错

发送方发送 PKT0，在收到对 PKT0 的确认 ACK0 后，发送下一个分组 PKT1。以此类推，直到发送完所有分组。

- 分组丢失

发送方发送的 PKT0 丢失了，无法在指定的超时重传定时器时间到来之前收到对方的确认，因此需要重传 PKT0。只有在收到接收方对 PKT0 的确认 ACK0 之后，才继续发送 PKT1。

- 确认丢失

发送方发送的 PKT0 到达接收方，但接收方回发的确认 ACK0 丢失了。发送方仍然无法在指定的时间之内收到 ACK0，因此在超时重传定时器到来的时候重传 PKT0。接收方收到重复的 PKT0，将其丢弃，但仍然回发确认 ACK0。发送方收到 ACK0 后才能继续发送 PKT1。

- 确认迟到

发送方发送的 PKT0 到达接收方，但接收方回发的确认 ACK0 在网络中延迟了，致使发送方无法在指定的时间之内收到ACK0。因此发送方在超时重传定时器到来的时候重传PKT0。接收方收到重复的 PKT0，将其丢弃，但会补发确认 ACK0。由于接收方先后发送了两次 ACK0，发送方收到第一个后，接着发送下一个分组 PKT1，而对于第二次收到的 ACK0 则丢弃不做任何处理。

2. 流水线传输协议

SW 协议中发送方发送了一个 PKT 后，只能先等待该 PKT 到达接收方，并且还要继续等待接收方回发的确认 ACK，只有当收到 ACK 后，才能继续发送下一个 PKT。由此可见，SW 的信道利用率很低。图 5-11 是 SW 协议发送一个 PKT 所需的时间示意图。

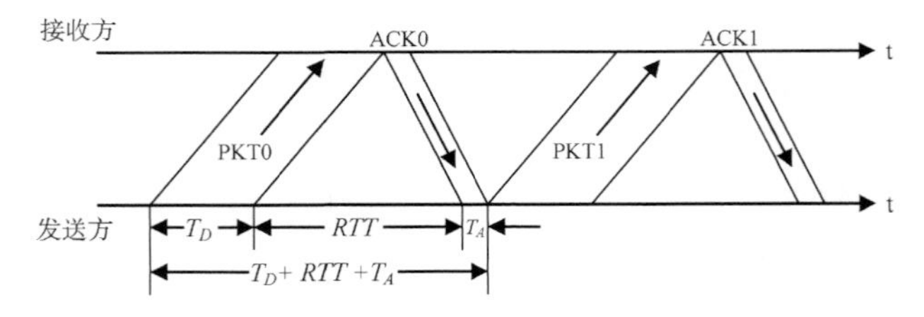

图 5-11　SW 协议发送一个分组所需的时间

其中，T_D是发送一个 PKT 需要的时延，RTT是往返的传播时延，T_A是发送一个 ACK 需要的时延。因此对于发送方来说，发送一个 PKT 所需要的总时延是 $T_D+RTT+T_A$，但真正在发送数据的时间只有其中的 T_D。可见，对于 SW 协议，信道的利用率

$$U_{SW}=\frac{T_D}{T_D+RTT+T_A} \tag{5-1}$$

当信道的传输速率很大时，T_D将比较小，若此时 RTT 相对较大，则信道的利用率是比较低的。因此对于 SW 协议来说，通常采用流水线传输的方式一次性传输多个 PKT 以提高信道利用率。图 5-12 是流水线传输的示意图。

其中，n 是允许一次性传输的 PKT 的个数。不难看出，对于发送方来说，n 个 PKT(PKT0，KT1，…，KT(n−1))的发送时延为 T_D× ；发送方最后一个 PKT 中的最后一个比特到达接收方后，接收方才能发回最后一个确认 ACK(n−1)；确认报文 ACK(n−1)的发送时延为 T_A。因

此从发送方发送第一个 PKT 的第一个比特开始，直到接收方最后一个 ACK 中的最后一个比特到达发送方，所需要的总时延为 $T_D \times n + RTT + T_A$。其中，发送方发送数据的时间增加到 $T_D \times n$。可见，对于流水线传输协议，信道的利用率

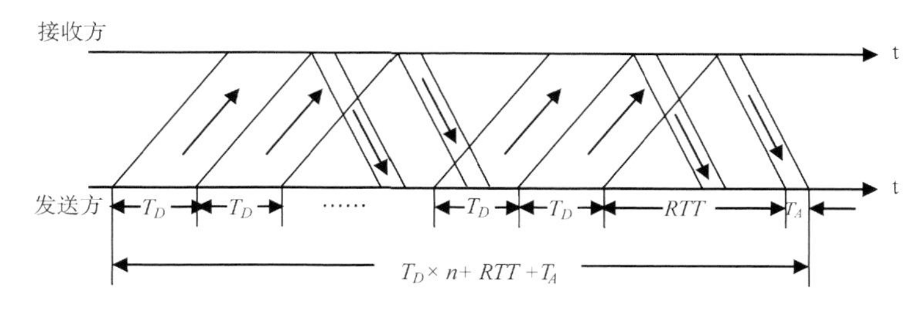

图 5-12 流水线传输协议

$$U_{流水线} = \frac{T_D \times n}{T_D \times n + RTT + T_A} \tag{5-2}$$

显然，式(5-2)中的 $U_{流水线}$要比式(5-1)中的 U_{SW}大，而且随着 n 的增大，这一优势将越发明显：当 n 值无限大时，流水线传输的信道利用率将接近 100%。当然，这里的 n 值也不可能无限大，它的大小取决于拥塞窗口值以及接收方的接收窗口值大小，这部分内容将在后面的第 5.5 节加以阐述。

3. GBN(Go-Back-N，回退 N 步)协议

上述的流水线传输有可能出现差错，差错问题需要有解决方案，而 GBN 协议就是其中的一种。

在 GBN 协议中，发送方采用流水线传输方式，允许一次性发送多个分组。假定发送窗口的长度为 N(通常情况下，窗口的长度单位是比特(bit)，但为了便于说明，假定窗口的单位为分组数)，而接收方的接收窗口长度为 1。由于接收方的窗口长度为 1，接收方只能逐个接收按序到达的分组。若某个分组丢失了，接收方势必会收到未按序到达的分组，此时接收方将其丢弃且不发送任何确认。发送方在预先设定的时间之内未收到对方对丢失分组的确认，于是重传丢失的分组。

假设发送方的序号空间足够大，则当发送方的发送窗口为 3 时 GBN 协议的工作过程如图 5-13 所示。

如图 5-13(b)中在 PKT2 丢失的情况下，接收方依然可以正确收到 PKT3 和 PKT4，但接收方的接收窗口为 1(单位：报文数)，因此只能依次将 PKT3 和 PKT4 丢弃。发送方迟迟未收到 PKT2 的确认报文，于是在超时重传时间到来后，不仅需要重传出错的 PKT2，还需要重传未出错的 PKT3 和 PKT4。因此当发送窗口比较大时，出现分组传输错误就有可能引起大量不必要的重传。

4. SR(选择重传)协议

GBN 协议可以解决流水线传输中出现差错的情况，但效率较低。为了解决这一问题可以采用 SR(Selective Retransmission：选择重传)协议。该协议与 GBN 协议的最大区别在于接收方的接收窗口大小不再是 1，而是比 1 大的值。这样，当出现分组传输差错时，接收方对未按

序到达的分组就不再是一味地丢弃处理，而是可以先暂时缓存起来，等待出现差错的分组的重传。与此同时，发送方对于差错分组之后的无差错分组，也可以不必再次重传，而只需要重传出错的分组，大大提高了传输效率。

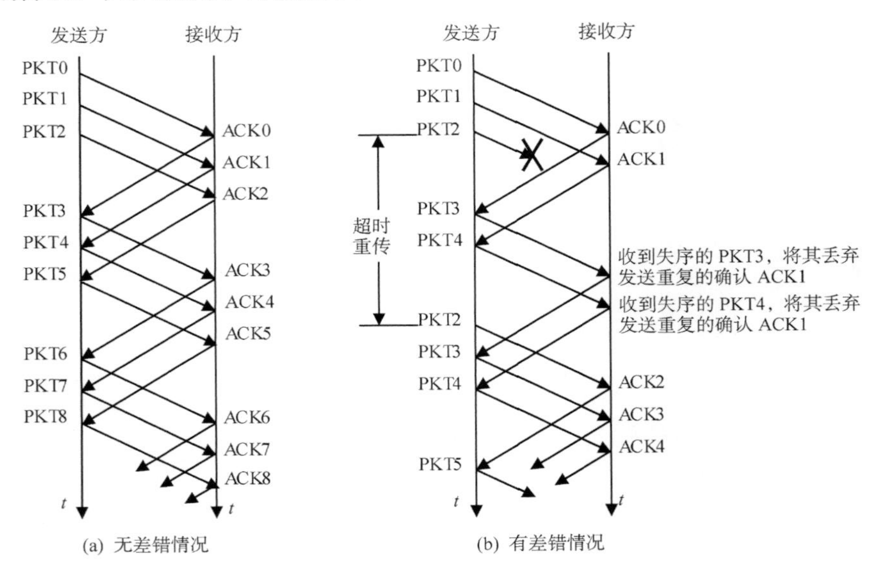

图 5-13　GBN 协议的工作过程

我们仍然假设发送方的序号空间足够大，当发送方的发送窗口与接收方的接收窗口均为 3 时 SR 协议的工作过程如图 5-14 所示。

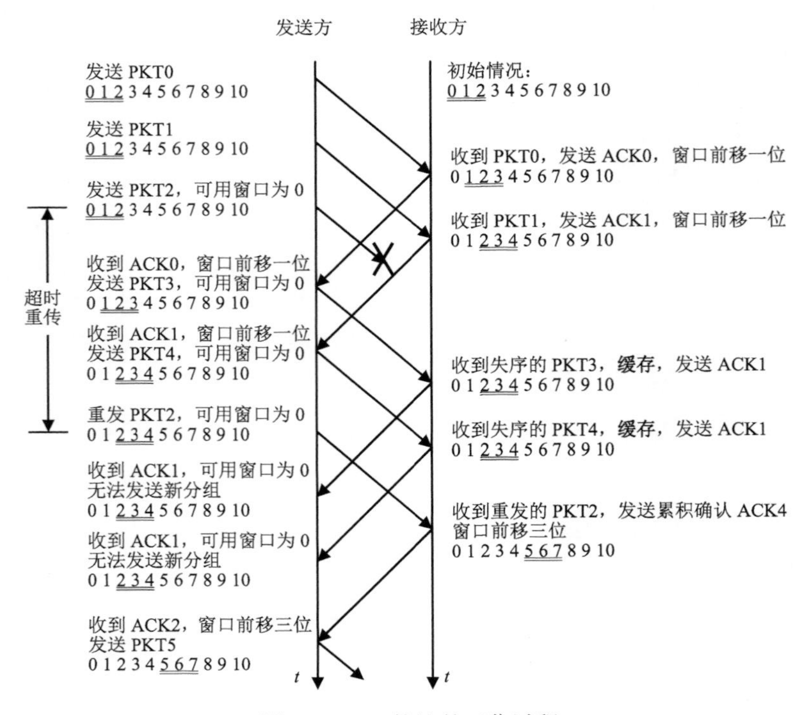

图 5-14　SR 协议的工作过程

从图 5-14 中可以看出，PKT2 丢失之后，接收方同样依次收到失序的 PKT3 和 PKT4，但与 GBN 协议将失序的这两个分组采取直接丢弃处理不同的是，SR 协议却是将其缓存，等待失序分组 PKT2 的到来。由此可见，SR 协议通过接收方的缓存功能有效避免了正确到达的失序分组的重传，其效率比 GBN 更高。

5.4.2　TCP 可靠传输的实现

TCP 提供一种面向连接的、可靠的字节流服务。为了保证可靠性，TCP 主要采取以下几个措施加以实现：滑动窗口机制、序号和确认号机制、重传计时器机制和选择确认 SACK 机制等。

1. 滑动窗口机制

TCP 是面向字节流的，因此 TCP 连接的双方各自维持一个以字节为单位的滑动窗口，以保证通信两方收发的一致性。滑动窗口内的字节序号是允许发送或接收的序号，且总是往字节序号更大的方向前移。假设滑动窗口的大小为 20，即允许一次性发送或是接收 20 字节(当然实际的数值要比 20 大很多，此处为了便于说明而选取相对较小的值)。TCP 的滑动窗口如图 5-15 所示。

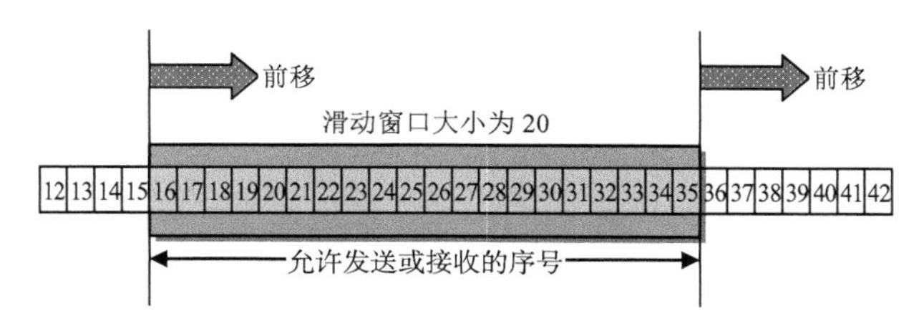

图 5-15　TCP 的滑动窗口

发送方的滑动窗口称为发送窗口，该窗口内部的字节流是允许发送的，只有当收到接收方连续的确认后，发送窗口才会向前移动；而接收方的滑动窗口则称为接收窗口，该窗口内部的字节流是允许接收的，当接收方收到按序到达的字节流后，接收窗口便可以向前移动。

假设发送方的发送窗口及接收方的接收窗口大小均为 20(字节)，则发送方和接收方窗口的可能情形如图 5-16 所示。

在图 5-16(a)中，发送方允许发送的字节编号为 16～35，共 20 字节。当前已经发送了编号为 16～27 的字节，但还未收到接收方对这些字节的确认，因此发送窗口还不能向前移动。而编号为 28～35 的字节是允许发送但还未发送的字节，这部分字节称为可用窗口，大小为 8。而落于发送窗口之外的字节有两部分，编号为 15 以及之前的字节是已经发送完毕并且已经收到接收方的确认的部分，而编号为 36 以及之后的字节则是不允许发送的部分，只有当发送窗口前移后才有可能允许发送。

图 5-16(b)中，接收方允许接收的字节编号与发送窗口一致(并非任何时候都能保持一致，这一点在后续的第 5.5 节中会加以阐述)，也为 16～35，共 20 字节。当前已经收到编号为 20～27 的字节，但由于编号为 16～19 的字节还未收到，因此编号为 20～27 的字节属于未按序收到的字节。TCP 规定，对于未按序到达的字节，TCP 先将其缓存，等待缺失的字节的到来。因此，接收方需要等待编号为 16～19 这四个缺失的字节。

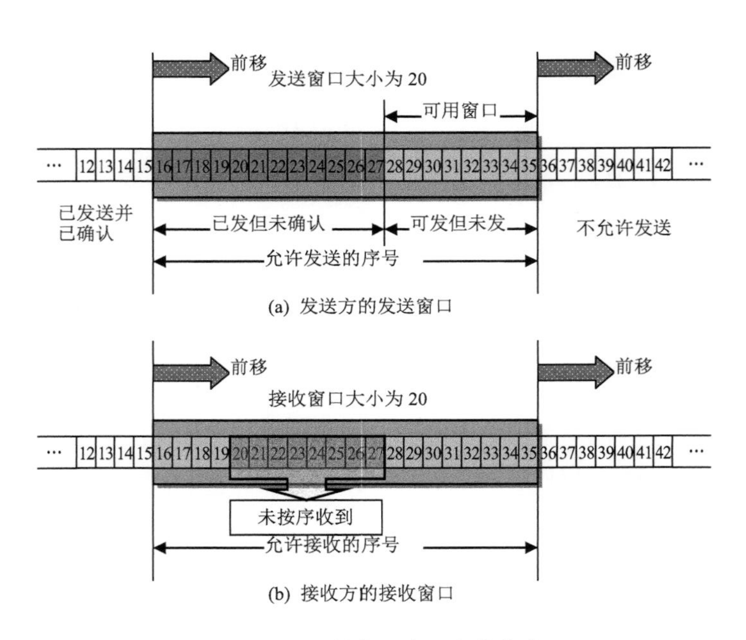

图 5-16　TCP 的发送窗口和接收窗口

假设接收方现在收到了编号为 16～19 的字节，因此向发送方回发对编号 16～27 字节的确认，同时将接收方的接收窗口向前移动并告知发送方窗口的变化，使得发送方也及时调整自己的发送窗口，如图 5-17 所示。

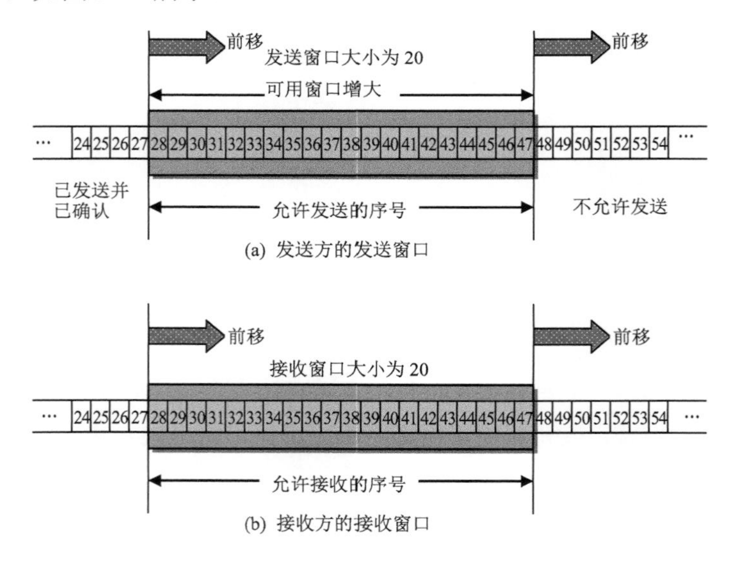

图 5-17　滑动窗口前移，可用窗口增大

若发送方将其可用窗口之内的字节全部发送完毕却又未收到接收方的确认，则此时发送方的可用窗口大小为零，也可称为发送窗口已满，此时无法再发送数据，只能等待接收方的确认，如图 5-18 所示。

在图 5-18 中，发送窗口内编号为 28～47 的字节均已发送完毕，无法再发送数据。而接收窗口此时未按序收到编号为 30～33 和 36～38 的字节，因此无法向发送方发送确认。只有当接收方收到缺失的字节并向发送方回发确认之后，发送方窗口已满的状态才得以解除(假设接收方剩余的缓存空间足够大)。

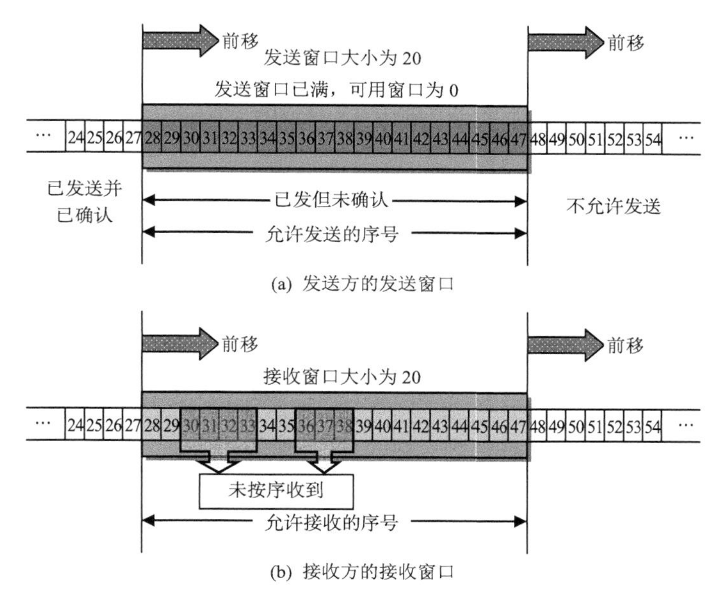

图 5-18　发送窗口已满

2. 序号和确认号机制

如前所述，TCP 是面向字节流而非面向报文的，对于应用层交下来的报文，TCP 可能会对其进行拆分或合并的处理。TCP 首部中的序号和确认号字段，实现了字节流的可靠传输服务。TCP 一次性发送多少字节是由很多因素决定的，比如发送缓存已占用的空间、最大报文段长度 MSS(Maximum Segment Size)等。若主机 A 与主机 B 通信，由于数据的传输是双向的，A 和 B 均可以向对方发送数据，但为了便于说明，假定只有 A 向 B 发送数据，数据字节的编号为 0～259 共 260 字节。此外，还假定 TCP 每次发送一个 MSS 长度的字节流，且 MSS 为 100 字节。这样，编号为 0～259 的字节流被拆分成 3 个报文段，前 2 个报文段的长度均为 100 字节，最后一个报文段的长度只有 60 字节。由于仅考虑单向的数据传输，因此对于发送方 A 发送的数据仅考虑序号字段 seq，而接收方 B 发送的确认仅考虑确认号标志 ACK 比特值和确认号字段 ack，如图 5-19 所示。

3. 重传计时器机制

TCP 对发送的每一个报文都设定一个计时器以限定报文发送的最大时延，若超过这个事先设定好的最大时延仍没有收到确认，则重传该报文。因此，重传计时器(Retransmission Timer)机制是 TCP 用于控制报文段等待重传的时间的。如图 5-13(b)和图 5-14 中 PKT2 均出现了超时重传的情况。

重传计时器机制中的一个很重要的问题是如何确定超时重传时间 RTO(Retransmission Time-Out)。换句话说，在发送了一个 TCP 报文段后，到底该等多久的时间就应该重传？这个超时重传时间 RTO 过长或过短都不合适，太长会导致不必要的等待，浪费时间；太短又可能造成不必要的重传从而浪费网络资源。

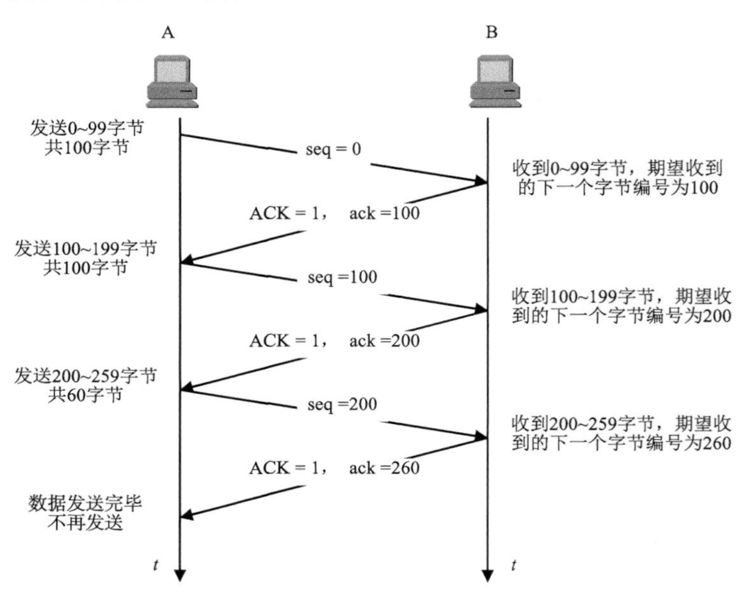

图 5-19　序号和确认号机制

一般而言，超时重传时间 RTO 应设定为比往返时间 RTT(Round-Trip Time)多一些。具体可通过以下几个步骤得出：

1) 计算 RTT_S

在网络的运行过程中，RTT 却并不总是一成不变的，它会随着网络拥塞程度实时变化，每次测量到的 RTT 样本值(也称为瞬时值)的变化幅度往往是比较大的。若每次的 RTO 直接参考 RTT 样本值，那么将会使得 RTO 的值不稳定，这显然不合适。因此，TCP 引入一个加权平均往返时间 RTT_S，也称为平滑的往返时间。其中下标 S 表示 Smoothed，有“平滑”之意。RTT_S 的值由每次测量得到的 RTT 样本值决定，但其变化幅度却比 RTT 样本值更加平缓。我们将每次测量到的 RTT 样本值记为 RTT 样本^1、RTT 样本^2、RTT 样本^3、…每次得到的 RTT_S 记为 RTT_S^1、RTT_S^2、RTT_S^3、……

首次测量到 RTT样本^1 时，有：

$$RTT_S^{\ 1} = RTT\text{样本}^1 \tag{5-3}$$

以后每次测量到 RTT 样本^i (i=2，3，…)时，有：

$$RTT_S^{\ i} = (1-\alpha)\times RTT_S^{\ i-1} + \alpha \times RTT\text{样本}^i \tag{5-4}$$

其中，$0 \leqslant \alpha < 1$。不难看出，若加权因子 α 的值趋于 0，则 $RTT_S^{\ i}$ 的值几乎不受 RTT样本^i 的影响，而保持前一次计算得到的 $RTT_S^{\ i-1}$；反之，若加权因子 α 的值趋于 1，则 $RTT_S^{\ i}$ 的值几乎不受前一次计算得到的 $RTT_S^{\ i-1}$ 的影响，而基本上完全取决于新测量得到的 RTT样本^i，这样当样本值的变化幅度很大时，RTT_S 的变化幅度也随之变得很大。因此，α 一般取较小的值，RFC 2988 推荐的 α 值为 0.125。实际采用的 α 值可在该推荐值的基础上小范围浮动。

我们不妨举一个例子说明加权因子所起的作用。

【例 5-1】　假设首次测量到的 RTT样本^1 为 30ms，此后又相继测量到三个样本 RTT样本^2、

RTT样本^{3}和RTT样本^4，其值分别为 26ms、32ms 和 24ms。加权因子α的值设为 0.1。试计算最后得到的$RTT_S^{\ 4}$。

【解题参考】

首先由RTT样本$^1 = 30$ms 可得：$RTT_S^{\ 1}$=RTT 样本^1=30ms；

此后测量到三个 RTT 样本，可分别通过式(5-4)计算如下：

$RTT_S^{\ 2}$=0.9×$RTT_S^{\ 1}$+0.1×RTT 样本^2=0.9×30ms+0.1×26ms=29.6ms

$RTT_S^{\ 3}$=0.9×$RTT_S^{\ 2}$+0.1×RTT 样本^3=0.9×29.6ms+0.1×32ms=29.84ms

$RTT_S^{\ 4}$=0.9×$RTT_S^{\ 3}$+0.1×RTT 样本^4=0.9×29.84ms=0.1×24ms=29.256ms

由以上结果可以看出，尽管 RTT 样本值变化幅度相对较大，但由于α的取值比较小，RTT_S受测量的RTT样本值的影响也就较小，达到了RTT_S相对平稳变化的要求。

超时重传时间 RTO 的值应该略大于计算得到的RTT_S。那么，到底应该大多少呢？

2) 计算RTT_D

RTT_D是RTT的偏差的加权平均值，它与本次测量得到的RTT样本值和本次计算得到的RTT_S之差有关。我们将每次计算得到的RTT_D值记为$RTT_D^{\ 1}$、$RTT_D^{\ 2}$、$RTT_D^{\ 3}$、…则对于首次测量到RTT样本^{1}时，有：

$$RTT_D^{\ 1} = \frac{1}{2} \times RTT样本^1 \tag{5-5}$$

以后每次测量到RTT样本^i(i=2，3，…)时，有：

$$RTT_D^{\ i} = (1-\beta) \times RTT_D^{\ i-1} + \beta \times \left| RTT_S^{\ i} - RTT样本^i \right| \tag{5-6}$$

其中，$0 \leqslant \beta < 1$。RFC 2988 推荐的β值为 0.25。

【例 5-1】中，若β取默认值 0.25，则：

首先由RTT样本$^1 = 30$ms 可得：$RTT_D^{\ 1} = \frac{1}{2} \times RTT样本^1 = 15\text{ms}$；

此后测量到三个 RTT 样本，可通过例 5-1 的计算结果及式(5-6)进行如下计算：

$RTT_D^{\ 2} = 0.75 \times RTT_D^{\ 1} + 0.25 \times \left| RTT_S^{\ 2} - RTT样本^2 \right|$

$= 0.75 \times 15\text{ms} + 0.25 \times |29.6 - 26|\text{ms}$

$= 12.15\text{ms}$

$RTT_D^{\ 3} = 0.75 \times RTT_D^{\ 2} + 0.25 \times \left| RTT_S^{\ 3} - RTT样本^3 \right|$

$= 0.75 \times 12.15\text{ms} + 0.25 \times |29.84 - 32|\text{ms}$

$\approx 9.65\text{ms}$

$RTT_D^{\ 4} = 0.75 \times RTT_D^{\ 3} + 0.25 \times \left| RTT_S^{\ 4} - RTT样本^4 \right|$

$= 0.75 \times 9.6525\text{ms} + 0.25 \times |29.256 - 24|\text{ms}$

$\approx 8.55\text{ms}$

在得到RTT_D之后，就可以进一步计算超时重传时间 RTO 了。

3) 计算 RTO

RFC 2988 建议的 RTO 计算公式为：

$$RTO^i = RTT_S^{\ i} + 4 \times RTT_D^{\ i} \tag{5-7}$$

【例 5-1】中，最后一次测量到 RTT样本[4] 后，可利用前面的计算结果和式(5-7)得出对应的超时重传时间

$$RTO^4 = RTT_S{}^4 + 4 \times RTT_D{}^4 = 29.256\text{ms} + 4 \times 8.55\text{ms} = 63.456\text{ms}$$

通过上述三个步骤，在测量了 RTT 样本值之后，均可以计算得出超时重传时间 RTO，可以说，RTO 的计算完全取决于测量所得的 RTT 样本值。因此，RTT 样本值的测量就显得尤为关键。而每一个 RTT 样本值都是从发送一个 TCP 报文段开始直到收到对方对该报文段的确认为止所用的时间。若该报文段发生重传，则测量到的 RTT 样本值就会有歧义，如图 5-20 所示。

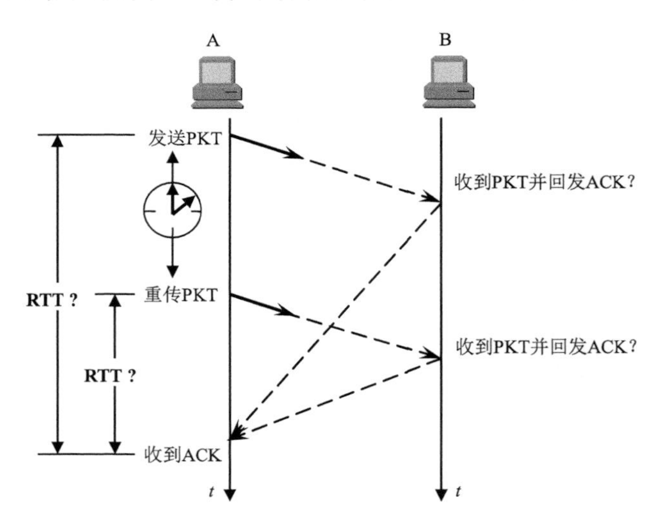

图 5-20　重传情况下 RTT 测量的不确定性

在图 5-20 中，收到的 ACK 有可能是对第一次发送的 PKT 的确认，也有可能是对重传的 PKT 的确认。两种情况下确定的往返时间 RTT 样本值正好相差一个超时重传时间 RTO 的时间。正是因为 RTT 样本值测量的不确定性，选取两种中的任何一种均不合适。因此 Karn 提出了一个算法，该算法认为一旦在测量 RTT 样本值时出现了报文段的重传，就不采用这一次的 RTT 样本。但是新的问题又来了，既然会出现报文段的超时重传现象，说明网络时延有可能确实是有所增加的，需要将 RTO 调整大一些，而 Karn 算法却对超时重传现象视而不见，还是采用原先的 RTO，无法反映出网络的最新情况。因此在 Karn 算法的基础上对其进行了修正：一旦在测量 RTT 样本值时出现了报文段的重传，就把超时重传时间 RTO 适当增大一些。比较典型的做法是将 RTO 置为原有 RTO 的两倍。当不再出现报文段重传时，再使用前述的式(5-7)计算 RTO。

4. 选择确认 SACK 机制

在前面的第 5.4.1 节中介绍的 GBN(回退 N 步)协议和 SR(选择重传)协议均是发送方对于超时的报文段的重传策略，只是这两种协议由于接收方的接收窗口的不同，决定了发送方仅需要重传超时的报文段还是需要重传超时的报文段及之后所有的报文段。而选择确认 SACK(Selected ACK)解决的是接收方采取的措施，用于确切告知发送方已经收到了哪些报文段，以便于发送方能够更有针对性的对丢失或失序的报文段进行有效的重传。

假设 TCP 的接收方序号为 3000 及之前的字节均已按序收到并回发了确认，后来又收到了落于接收窗口中序号为 3501～4500 以及 6001～7500 的两字节块。这两字节块内部是连续

的，但与确认过的字节流之间并不连续，缺失了序号为 3001～3500 以及 4501～6000 两字节块，如图 5-21 所示。

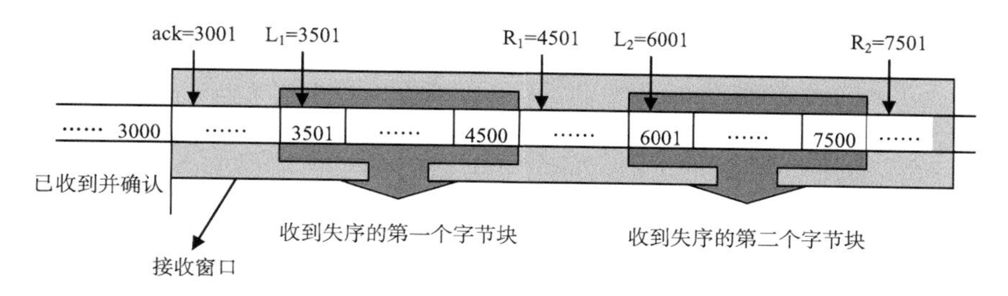

图 5-21 接收方收到的字节块之间不连续

在图 5-21 中，接收方将收到的两个失序的字节块收下，并确切告知发送方收到的字节块的信息。每一字节块的确定需要两个边界：左边界和右边界，图中分别用指针 L 和 R 表示。其中 L 指针指向的是收到的字节块中的第一字节，而 R 指针则指向收到的字节块中最后一字节之后的第一字节。每个指针的值即为所指向的字节的序号。在 TCP 中，序号需要用 32 位二进制(即 4 字节)表示，因此每字节块均需要 8 字节用于确定字节块的边界信息。

若要使用 SACK 这一功能，则需要在 TCP 报文段首部中的选项字段中选择“允许 SACK”选项。TCP 报文段的选项部分最多能达到 40 字节长，若选项部分只有 SACK 这一选项，则除去用于指明是 SACK 选项的 1 字节以及用于指明该选项占用多少字节的 1 字节之外，选项部分共剩余 38 字节用于指明字节块的边界。由于每字节块的两个边界共需要 8 字节指明，因此 38 字节最多只能指明 4 字节块。

当发送方收到带有 SACK 选项的 TCP 确认报文段后，一般会重传所有未被确认的数据块(即缺失的数据块)。

5.5 流量控制

如前第 5.4 节所述，为了提高信道利用率，发送方可以采用流水线传输方式，即允许发送方一次性发送多个报文段。由式(5-2)可知，若允许发送方一次性传输的报文段个数无限多时，可使信道利用率无限接近 100%。那么新的问题来了：发送方一次性传输的报文段个数真的可以无限多吗？答案是显而易见的：不行！为什么呢？因为若 TCP 允许发送方连续发送的报文段个数没有限制的话，有可能会造成两个严重后果：

(1) 在一对 TCP 连接内部，若不限制发送方连续发送的报文段的个数，则有可能造成接收方来不及处理和接收报文段或者由于其缓存空间满而导致报文段的丢失，从而造成网络资源的浪费；

(2) 网络是由很多主机组成的，在某一时刻很有可能同时存在多对 TCP 连接，若所有的 TCP 连接中的发送方都可以无限制地发送任意多个报文段，将会导致同一时刻有大量的报文段注入网络中，从而出现网络拥塞。

上述的第一个后果涉及的是特定的一对 TCP 连接中接收方是否来得及接收的问题，也就是局部问题，需要采用接收流量控制策略。而第二个后果涉及的是全网能够承载多少流量，是个全局问题，需要采用网络流量控制策略，也就是常说的网络拥塞控制策略。

5.5.1 接收流量控制

既然接收流量控制的目的是为了控制发送方的发送速率，使得接收方来得及接收。那么只要让发送方的发送速率由接收方的接收能力来决定就可以了。而接收方的接收能力则主要取决于其接收缓存的大小。只要剩余的缓存空间足够大，其接收窗口可就相应大些。

可见TCP的滑动窗口(不管是发送方的发送窗口还是接收方的接收窗口)与缓存是密切相关的。图5-22是TCP的缓存与滑动窗口之间的关系示意图。

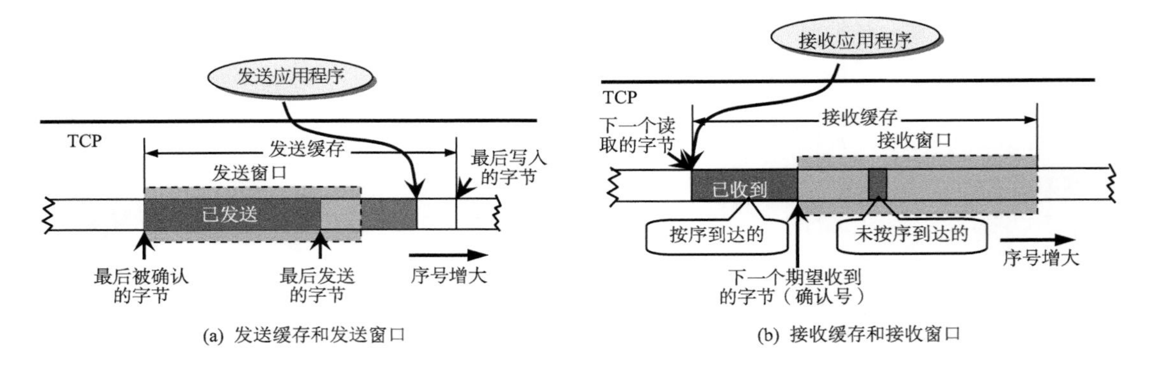

图5-22　TCP的缓存与滑动窗口的关系

图5-22(a)给出了发送方中发送缓存与发送窗口的关系，只要剩余的缓存空间足够大，发送应用程序就可以将数据写入到发送缓存中，等待TCP发送。但并非发送缓存中的数据全部都可以发送，只有缓存中落入到发送窗口中的那些字节流才是允许发送的。不管是接收流量控制还是网络流量控制，都很好地利用了发送窗口的这一特性。

图5-22(b)则给出了接收方中接收缓存与接收窗口之间的关系，只要缓存有空闲的空间，TCP都将允许接收数据。从图中可以看到，即使是按序到达的字节流，只要未被接收应用程序读取(也就是还未交付给接收应用程序)，它们还是会滞留在缓存中占据空间。如果应用程序迟迟未读取TCP缓存中已按序到达的数据，缓存最终总会写满，不再有能力接收数据。此时若发送方继续发送数据，便会造成数据的丢失。

可见，只要发送方和接收方之间保持良好的沟通，随时让接收方将其剩余的缓存空间容量告知发送方，发送方以此为据控制好连续发送的数据量，就不会出现接收方来不及接收的情况了。在具体的实现中，接收方会在适当的时候将自己的接收窗口大小告知发送方，发送方将自己的发送窗口大小的上限值设置成对方的窗口的大小。换句话说，发送方的发送窗口大小不能超过接收方给出的接收窗口大小，这样就实现了接收流量控制。图5-23很好地说明了TCP如何实现对发送方的流量控制问题。主机A为发送方，而主机B为接收方，B的接收窗口(Receiver WiNDows)的大小表示为rwnd。

从图5-23所示的例子中可以看到，接收方B共向A发送了以下四次窗口通知：

(1)在最初A和B建立TCP连接的过程中，B先告诉A自己的接收窗口rwnd的大小为2600，使A仅可以发送序号1～2600的字节。此时通过rwnd的值限制了A发送的字节总量。

(2)当A连续发送2600字节，且B正确收到这些字节之后，B除了对序号1～2600进行确认之外，还告诉A其接收窗口rwnd的大小为0，即零窗口或窗口已满，无法再接收任何字节了。当 A 收到 B 的零窗口通知后，只能暂停发送，等待 B 告知新的大于零的窗口通知。此时通过零窗口通知暂时中止 A 继续发送任何数据。

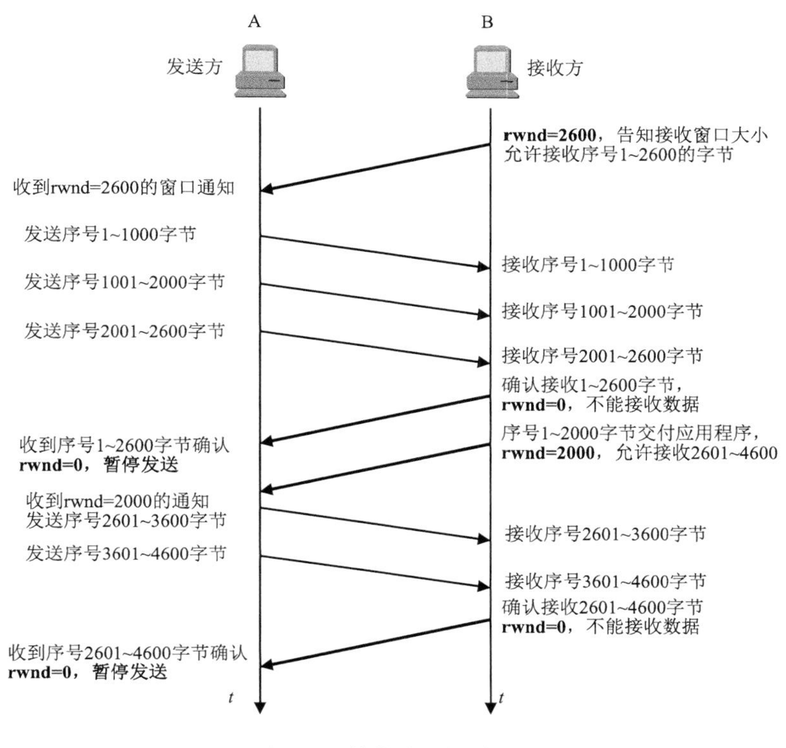

图 5-23　接收流量控制示例

(3) 当 B 将序号 1～2000 字节交付给应用进程之后，B 解除了零窗口状态，将 rwnd 的新值 2000 告知 A，允许 A 发送 2601～4600 字节。此时通过 rwnd 的非零值解除了 A 的等待状态，同时限制了 A 发送数据的字节总量。

(4) A 发送序号 2601～4600 字节的数据，B 接收好后向 A 回发确认，同时再次告知 A 其窗口已满，无法接收任何数据。此时再次通过零窗口通知中止 A 继续发送任何数据。

从上述每一次 B 发送的窗口通知可知，发送方 A 是否能向 B 发送数据或者到底能够发送多少数据，完全是由 B 通过告知其 rwnd 的值来决定的，作为接收方的 B 完全掌握了主动权。在具体的实现上，不管是在 TCP 连接建立中的第二次握手(B 向 A 发送同步确认 SYNACK 报文段)还是在连接建立之后数据传输过程中 B 向 A 回发确认 ACK 报文段之时，只要 B 的接收窗口 rwnd 值有所改变需要通知发送方 A，B 都可以将其接收窗口 rwnd 的新值写入到 TCP 报文段的首部中的“窗口”(Window)字段。

细心的读者不难发现，在上述的例子中存在着两个问题。

1) 零窗口的死锁问题

由于接收方 B 向 A 发送了零窗口通知后，A 只能被动地等待 B 发送新的窗口通知。考虑一种最坏的情况：当 B 在零窗口通知之后又向 A 发送了一个非零的新窗口通知，但这个通知在网络中由于某种原因丢失了，而 A 却不知情，还在苦苦等待 B 的新窗口通知，同时 B 也不知道自己的新窗口通知已经丢失，也在等待 A 发送新的数据过来。这样会使得通信双方均陷于无休止的等待中，也就是常说的“死锁”。

因此 TCP 对这种情况采取了积极有效的措施：一旦 A 收到 B 的零窗口通知，立刻启动一个持续计时器(persistence timer)，当计时器时间到期了还没收到 B 的新窗口通知，则 A 主动向 B 发送一个零窗口探测报文段，这样 B 在确认这个报文段的时候就可以给出新的窗口值。若窗口仍然为零，则再次启动持续计时器，直到收到的窗口值非零为止，此时就可以打破死锁的僵局了。

2) 传输效率问题

当一次性发送的字节数太少时，考虑到运输层和网络层添加的首部，传输效率会变得很低。而出现这一情况主要有以下两个方面的原因。

(1) 发送方自身的发送时机不合理。

这种情况下一般接收窗口 rwnd 足够大，发送方 TCP 由于自身的发送时机不合理，导致一次性发送很短的字节流。

为了解决这一问题，可以让 TCP 使用不同的机制有效控制其发送时机。第一种机制是让 TCP 的缓存等待足够多的数据量之后再组装成 TCP 报文段发送出去。通常情况下，“足够多的数据量”通常指的是数据量达到最大报文段长度 MSS。第二种机制是让 TCP 的缓存等待一个预先设定的计时器期限，只要计时器期限一到，TCP 就将当前缓存中的数据组装成 TCP 报文段发送出去。第三种机制是利用 TCP 的推送(PUSH)功能，该功能由发送方的应用进程指明需要立刻发送 TCP 报文段。该机制通常在应用进程发送紧急数据时使用。

在 TCP 的实现中，常常采用 Nagle 算法。其思路如下：当应用进程将数据逐字节传送到 TCP 缓存中时，TCP 的发送方先把其中的第一字节组装成一个 TCP 报文段发送出去，而其他字节则放入缓存中暂不发送。发送出去的第一个报文段相当于一个试探报文段，用于检测网络是否拥塞。由于该报文段的数据部分只有一字节，在网络拥塞情况下可以显著地减少占用的网络带宽资源。只有当发送方收到对第一个 TCP 报文段的确认后，才将缓存中的数据组装成新的 TCP 报文段发送出去。此时 TCP 报文段中的数据长度就可以是一个 MSS 的长度了。

(2) 接收方窗口通知的时机不合理。

当接收方出现零窗口之后，应用进程若每次读取的字节数很少，使得接收方解除了零窗口状态后其接收窗口 rwnd 的值很小。若接收方每次将很小的窗口值告知发送方，则发送方每次都将发送很短的字节流。这一现象称为“糊涂窗口综合症”。针对这一现象，Clark 提出了一种解决方法：禁止接收方发送只有一字节的窗口通知，而是让接收方等待一段时间，直到接收缓存的空闲空间足以接收一个最大长度的报文段或是接收缓存的空闲空间达到缓存容量的一半之后，接收方才能向发送方发出窗口通知报文。

上述的 Nagle 算法及 Clark 提出的“糊涂窗口综合症”的解决方法通常配合使用，让发送方和接收方共同采取积极措施，发送方不发送太小的报文段，接收方也不发送 rwnd 值太小的窗口通知，从而有效避免一次性发送很短的字节流的现象出现，保证了传输效率。

5.5.2　网络流量控制(即拥塞控制)

前面第 5.5.1 节介绍了接收流量控制技术，其目的是为了控制发送方的发送速率，使得接收方来得及接收。换句话说，接收流量控制涉及的是一对 TCP 连接中的发送方和接收方之间端到端的问题。对于整个网络而言，它仅仅是局部问题。而本节将要介绍的是网络流量控制技术，也称为拥塞控制技术，它涉及的是整个网络，目的是防止过多的数据注入网络中而造成网络拥塞(congestion)，因而是全局问题。

造成网络拥塞的原因往往非常复杂，涉及链路容量、交换节点的缓存容量、路由器处理分组的能力等，而这些原因可以看成是网络资源的组成部分。若在一段时间内，用户对网络中的某一个资源的需求过高，超过了该资源的可用部分时，就有可能造成拥塞。因此，网络拥塞出现的条件可以表示成：

$$\sum \text{对网络资源的需求} > \text{网络可用资源} \tag{5-8}$$

图 5-24 是拥塞控制的作用示意图。其中，横坐标是输入负载，即单位时间内进入网络的分组数，而纵坐标是吞吐量(也称为输出负载)，即单位时间内通过网络输出的分组数。

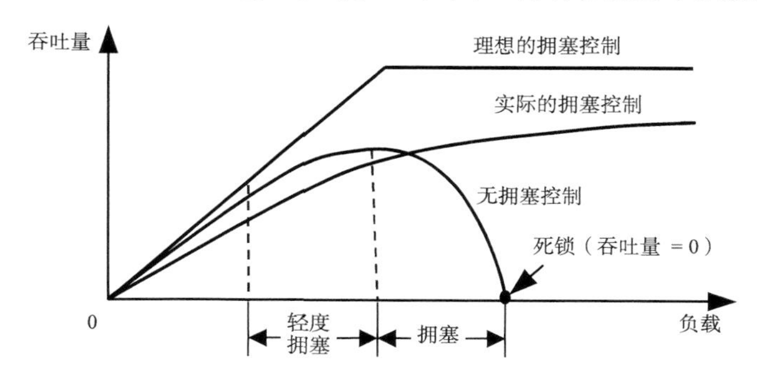

图 5-24　拥塞控制的作用

下面对图 5-24 中的三条曲线加以说明。

1) 理想的拥塞控制

吞吐量未达到饱和时输入到网络中的分组全部被网络吸收，即全部发送到接收端，此时网络的吞吐量与提供的负载相等，曲线的斜率为 1。当提供的负载达到网络吞吐量的饱和值时，吞吐量无法继续增长而持续保持一个最高值，曲线的斜率为 0。因此理想的拥塞控制曲线是一个分段函数曲线。

2) 无拥塞控制

实际情况与理想情况是有出入的。在网络的吞吐量达到饱和之前，随着提供的负载的增大，网络吞吐量的增长速率实际上是逐渐减小的。也就是说，在初始阶段网络的吞吐量几乎等于提供的负载，接近 1。但是在吞吐量饱和之前，有一部分分组就会由于网络中复杂的原因被丢弃，曲线的斜率逐渐减小。当吞吐量比理想情况下明显减小时，网络进入轻度拥塞状态，这一状态持续到曲线的斜率减小到 0 为止，此时网络的吞吐量达到实际的最大值。随着提供的负载继续增大，网络的吞吐量反而会逐渐减少，此时网络进入拥塞状态，曲线斜率转为负值。出现拥塞后若提供的负载继续增大，即继续向网络注入分组，将会导致所有的分组都滞留在网络中无法到达接收端，网络的吞吐量减为零，此时我们称该网络出现了死锁。

3) 实际的拥塞控制

上述无拥塞控制的情况下，吞吐量曲线有一个极大值，该极大值是轻度拥塞和拥塞的交界处，也是吞吐量从正增长转为负增长的一个转折点。实际拥塞控制的目的就是让网络的吞吐量不要出现负增长，在网络还未出现拥塞时就要采取积极的措施以减轻网络处理分组的压力，需要消耗一定的资源。因此，实际的拥塞控制曲线斜率的初始值是比 1 小的数值，且随着负载的增大，斜率逐渐减小直至接近 0 为止。由于采取了积极的拥塞控制，曲线的斜率不会出现负值，即网络的吞吐量将不会出现负增长，因而也就不会出现死锁。

拥塞控制是一个全局性的问题，需要考虑整个网络的动态变化，因此难度较大。甚至有时候拥塞控制本身就会引起网络的拥塞，因此，尽管拥塞控制的研究已经开展了很多年，它仍然是一个重要的研究课题和难题。

在介绍拥塞控制算法前，我们先介绍两个术语：拥塞窗口 cwnd（Congestion Window）和传输轮次。

- 拥塞窗口

TCP 的滑动窗口是实现拥塞控制最基本的手段。拥塞窗口 cwnd 是发送端根据网络拥塞情况确定的窗口值。该窗口值要与前面第 5.5.1 节中介绍接收方流量控制时使用的接收窗口 rwnd 区分开来。发送方的发送窗口究竟要取什么值，由上述两个窗口决定。一方面，发送方要考虑到接收方的接收能力，发送窗口不能超过接收方的接收窗口 rwnd；另一方面，发送方要考虑整个网络的拥塞情况，发送窗口不能超过网络的拥塞窗口 cwnd。因此，发送窗口需要取 rwnd 和 cwnd 两者中较小的值。即：

$$\text{发送窗口的上限} = \text{Min}\{\text{rwnd},\ \text{cwnd}\} \tag{5-9}$$

本节讨论的是拥塞窗口 cwnd。为简单起见，假设接收窗口 rwnd 足够大，发送窗口的大小仅仅由拥塞窗口直接决定，且用报文段的个数作为窗口大小的单位（实际是字节）。同时假设报文是单向传输的。

- 传输轮次

假设某个传输轮次 n 的拥塞窗口 cwnd=m，则该传输轮次所经历的时间是将 m 个报文段全部发送完毕所花的时间，即从发送 m 个报文段中第 1 个报文段的第 1 字节开始，直到收到第 m 个报文段的确认为止，总共花费的时间。因此，传输轮次所经历的时间实际指的就是往返时间 RTT，只不过此时的 RTT 不仅仅指发送某一个报文段的往返时间，而是该传输轮次中所有报文段从发送到确认的总的往返时间。因此每一个传输轮次的往返时间 RTT 是不同的。

1999 年，RFC 2581 对 TCP 的拥塞控制定义了四种算法：慢开始（Slow-Start）、拥塞避免（Congestion Avoidance）、快重传（Fast Retransmit）和快恢复（Fast Recovery）。此后的 RFC 2582 和 RFC 3390 又对其做了一些改进。

1. 慢开始和拥塞避免

当主机刚开始发送数据时，对网络的负载状态并不了解，如果这时候立即发送大量的报文段，那么极有可能造成网络拥塞。因此慢开始算法的思路是先试探着从发送少量的报文段开始，此后再逐步增大每个轮次发送的报文段数量。

慢开始算法在第一个传输轮次时，将 cwnd 设置为 1，并发送一个报文段。此后每收到一个对新报文段的确认，就把 cwnd 的值加 1。慢开始算法中不同传输轮次中拥塞窗口大小变化的示意图如图 5-25 所示。

由于慢开始阶段每收到一个对新报文段的确认，cwnd 就加 1，整个传输轮次中每个报文段都确认之后，到下一个轮次 cwnd 将会翻倍。因此慢开始阶段中的“慢”仅仅指最初发送的报文段个数很少，但不同轮次中的 cwnd 却是呈指数增长的。

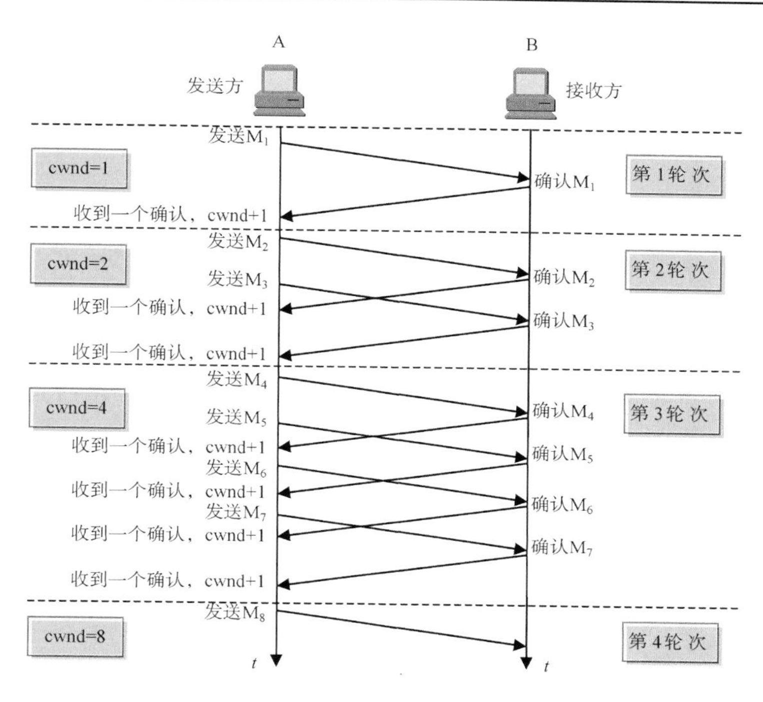

图 5-25 慢开始中传输轮次与 cwnd 的关系示意图

虽然慢开始阶段中 cwnd 的初始值为 1，但是由于其指数的增长方式，cwnd 很快就会达到一个较高的值，因而拥塞控制不可能一直处于慢开始阶段，于是引入了拥塞避免算法。该算法的目的是有效控制 cwnd 的增长速度，使得 cwnd 从慢开始的指数增长转为线性增长，每增加一个轮次，cwnd 的值仅仅增加 1，称为“加法增大”（Additive Increase）。而慢开始阶段和拥塞避免阶段之间需要一个转换的条件，该条件为慢开始门限 ssthresh（slow-start thtreshold）。这样就可以根据拥塞窗口 cwnd 和慢开始门限 ssthresh 的关系来决定是否需要由慢开始阶段切换到拥塞避免阶段。其用法如下：

- 当 cwnd<ssthresh 时，使用慢开始算法；
- 当 cwnd≥ssthresh 时，停止使用慢开始算法，转为使用拥塞避免算法。

需要注意的是，在满足使用慢开始算法的条件时，计算出下一轮次的新 cwnd 是当前值的两倍，此时还需要将翻倍后的 cwnd 与 ssthresh 进行比较，只有当翻倍后的 cwnd 不大于 ssthresh 时才保留翻倍后的 cwnd 的值，但若翻倍后的 cwnd 超出了 ssthresh，则新的 cwnd 需取为 ssthresh 的值。即慢开始算法中，新的 cwnd 值的计算需根据下式计算得到：

$$\text{新的cwnd} = \begin{cases} \text{Min(旧的cwnd的两倍, ssthresh)}, & \text{cwnd} < \text{ssthresh} \\ \text{旧的cwnd} + 1, & \text{cwnd} \geqslant \text{ssthresh} \end{cases} \tag{5-10}$$

例：若 ssthresh 的当前值为 18，某一轮次（假设为第 i 轮次）的 cwnd 为 8，则根据式（5-10），其后 3 个轮次的 cwnd 的值分别为：16、18、19。

【分析】

① 第 i+1 轮次：cwnd=8<ssthresh，使用慢开始算法，原有 cwnd 值的两倍为 16，未超过 ssthresh 值，因此得到该轮次的 cwnd 值为 16。

② 第 i+2 轮次：cwnd=16<ssthresh，仍然使用慢开始算法，原有 cwnd 值的两倍为 32，

此时超出了 ssthresh 值 18，因此该轮次的 cwnd 值取 18。

③ 第 i+3 轮次：cwnd=18≥ssthresh，转为使用拥塞避免算法，得出该轮次的 cwnd 值为 19。

上述的拥塞避免算法只是减缓了拥塞窗口 cwnd 的增长速度，但 cwnd 的值还是在逐步增加的，因此它并不能真正避免拥塞的发生。当发送方未收到确认时便可判断网络出现了拥塞，此时应该迅速减少注入到网络中的分组数，将拥塞窗口 cwnd 重新设置为 1，执行慢开始算法，新的门限值 ssthresh 则设定为出现拥塞时 cwnd 值的一半，称为“乘法减小”(Multiplicative Decrease)。它与前述的“加法增大”统称为 AIMD(Additive Increase Multiplicative Decrease)算法。

图 5-26 是 TCP 执行慢开始算法和拥塞避免算法的示意图。图中 cwnd 的大小即为发送方的发送窗口大小。

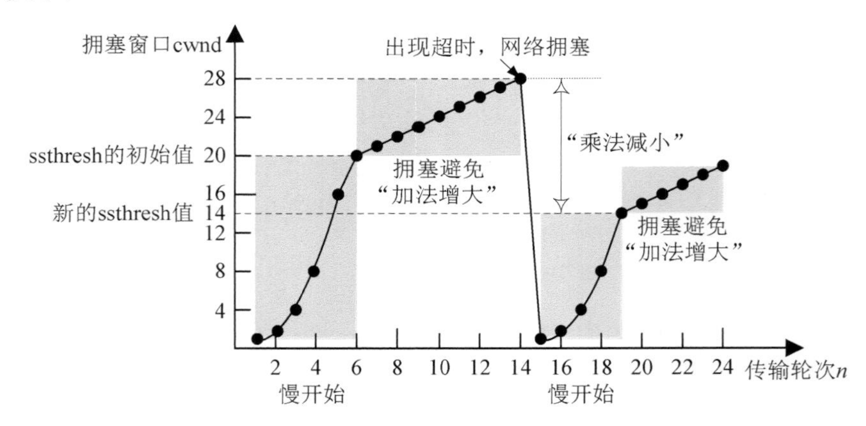

图 5-26　TCP 的慢开始和拥塞避免算法示意图

下面将图 5-26 中的各阶段加以阐述。

(1) 慢开始阶段

当 TCP 连接初始化时，将拥塞窗口 cwnd 设置为 1，同时慢开始门限 ssthresh 设置为 20(单位为报文段的个数)。图中传输轮次 1～6 为慢开始阶段，其中传输轮次 1～5 中 cwnd 呈指数增长，到第 6 轮次时，根据式(5-10)，cwnd 不能超过其慢开始门限 ssthresh 的值，因此只能取为 20。此后进入拥塞避免阶段。

(2) 拥塞避免阶段

图中传输轮次 6～14 为拥塞避免阶段，cwnd 呈线性增长，有效降低了注入到网络中的分组数的增加速度。

(3) 重新进入慢开始与拥塞避免阶段

假设在第 14 轮次 cwnd=28 时发生了拥塞，则在第 15 轮次将重新进入慢开始阶段，cwnd 重置为 1，且此时新的慢开始门限 ssthresh 按“乘法减小”方法取为发生拥塞时 cwnd 的一半，即新的 ssthresh=14。因此从传输轮次 15～19 为慢开始阶段。与上一个慢开始阶段类似，传输轮次 15～18 中 cwnd 均呈指数增长，而第 19 轮次中按式(5-10)计算可得 cwnd 取为新的慢开始门限值 14。此后进入拥塞避免阶段，cwnd 呈线性增长。

图 5-26 中拥塞窗口 cwnd、所处的阶段及慢开始门限 ssthresh 与传输轮次 n 的对应关系如表 5-3 所示。

表 5-3　cwnd、阶段、ssthresh 与传输轮次 n 的对应关系表

n	1	2	3	4	5	6	7	8	9	10	11	12
cwnd	1	2	4	8	16	20	21	22	23	24	25	26
阶段	慢开始					*	拥塞避免					
ssthresh	20											
n	13	14	15	16	17	18	19	20	21	22	23	24
cwnd	27	28	1	2	4	8	14	15	16	17	18	19
阶段	拥塞避免		慢开始				*	拥塞避免				
ssthresh	20		14									

注：第 6 与 19 轮次中的“*”代表既可属于慢开始阶段，又可属于拥塞避免阶段。

2. 快重传和快恢复

在上述的慢开始和拥塞避免的基础上，人们又提出了两个新的拥塞控制算法：快重传和快恢复。

前面所讲的慢开始其思路是发送端依据报文段超时来判断网络很可能出现拥塞，从而将 cwnd 迅速减小到 1 从而有效减少注入网络中的分组数以缓解拥塞的现象。报文段的超时完全由发送端的超时计时器实现，此时接收方有可能存在两种情况：一种是并未收到报文段，另一种是收到报文段并回发确认报文，但确认报文在网络中超时了。

网络中有可能出现另外一种情况，就是接收方收到失序的报文段。如图 5-27 所示的例子中，接收方收到了 M_1 和 M_2 后均分别发出了相应的确认，但在还未收到 M_3 的情况下却收到了 M_4。由于 M_4 是未按序到达的报文段，因此接收方不能确认 M_4。此后还可能继续收到失序的报文段 M_5 和 M_6 等。因此这种情况下，接收方不能仅仅根据丢失了 M_3 而断定网络出现拥塞；相反，由于后面的 M_4、M_5 都正常到达，反而判断此时网络应该没有出现拥塞，而仅仅是个别报文段(M_3)丢失了。因此，接收方此时积极采取快重传的方式以告诉发送方应该尽快重传丢失的报文段，而不必等到超时计时器时间到来之后才重传。因此快重传算法的思路如下：只要发送方连续收到对同一个报文段的三个重复确认，立即重传该报文段，而不必等待该报文段的超时重传计时器时间的到来。

快恢复算法是与快重传配合使用的。当接收方收到失序的报文段时，通过连续发送三次重复确认使得发送方进行快重传，以便丢失的报文段能够以较快的速度重传。此外，由于单个报文段的丢失不足以说明网络出现了拥塞，但毕竟还是出现了报文段的丢失情况，因此，当发送方收到三个重复的确认后，除了采取快重传外，还应该适当减少 cwnd 的值，以防网络出现拥塞。但此时 cwnd 的值并非与前面介绍的超时情况一样直接减为 1 进入慢开始阶段，而是一个更大的值，因此称为快恢复。该算法的思路如下：

(1) 当发送方连续收到三个重复的确认时，执行“乘法减小”算法，将慢开始的门限 ssthresh 设置为收到重复确认时 cwnd 的一半。这一点与前述慢开始出现超时情况的处理相同。

(2) 发送方将下一轮次的 cwnd 值设置为新的慢开始门限值(而不是 1)，之后进入拥塞避免阶段，cwnd 执行“加法增大”算法，缓慢线性增大。

TCP 拥塞控制的快恢复示意图如图 5-28 所示。

图 5-28 与图 5-26 的区别之处在于第 14 轮次发生的事件不同，图 5-26 中发生了超时，从而判断网络出现了拥塞，而图 5-28 中则是收到了三个重复的确认，判断网络应该还未出现拥塞，

因此采取的措施也不同。发生超时后进入了慢开始阶段，而收到三个重复的确认后则是进入快恢复状态，因此图 5-28 中第 15 轮次的 cwnd 值为第 14 轮次 cwnd 值的一半 14，而不是 1。

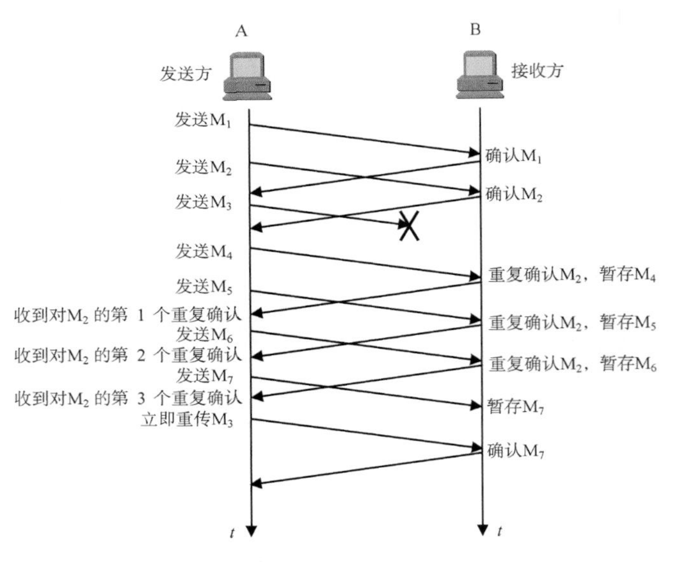

图 5-27　TCP 的快重传示意图

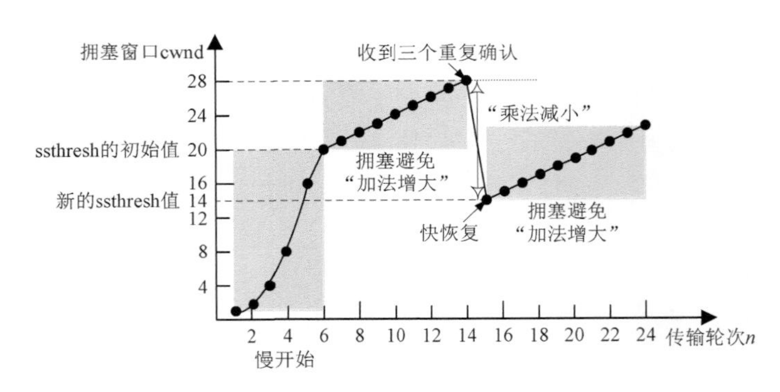

图 5-28　TCP 的快恢复示意图

图 5-28 中拥塞窗口 cwnd、所处的阶段及慢开始门限 ssthresh 与传输轮次 n 的对应关系如表 5-4 所示。

表 5-4　cwnd、阶段、ssthresh 与传输轮次 n 的对应关系表

n	1	2	3	4	5	6	7	8	9	10	11	12
cwnd	1	2	4	8	16	20	21	22	23	24	25	26
阶段	慢开始					*	拥塞避免					
ssthresh	20											
n	13	14	15	16	17	18	19	20	21	22	23	24
cwnd	27	28	14	15	16	17	18	19	20	21	22	23
阶段	拥塞避免		拥塞避免									
ssthresh	20		14									

注：第 6 轮次中的“*”代表既可属于慢开始阶段，又可属于拥塞避免阶段。

3. TCP 拥塞控制各种算法的适用情形

前面介绍的慢开始、拥塞避免、快重传和快恢复都是 TCP 拥塞控制的方法，它们适用于不同的情形：

(1) 慢开始：用于 TCP 连接建立的初始阶段及网络出现超时的情形；

(2) 拥塞避免：用于拥塞窗口 cwnd 达到或超出当前的慢开始门限 ssthresh 的情形，以及收到三个重复确认进入快恢复阶段之后；

(3) 快重传和快恢复：用于收到三个重复确认的情形。

课 后 习 题

5-1　如何理解运输层的通信是进程之间的通信？

5-2　运输层端口号的作用是什么？为什么套接字可以用于唯一标识 Internet 中的进程？

5-3　运输层的多路复用与多路分解指的是什么？

5-4　UDP 有哪些主要特点？它与 IP 分组有什么差别？

5-5　假设某 UDP 报文段首部的十六进制数为：06 28 00 35 00 32 A3 36。则：

(1) 源端口号与目的端口号分别是多少？

(2) UDP 用户数据报的总长是多少？

(3) 该报文段是由客户端发出的还是服务器端发出的？

(4) 服务器端是哪种服务器？

5-6　TCP 有哪些主要特点？如何理解 TCP “基于字节流” 的概念？

5-7　UDP 和 TCP 中的伪首部有什么作用？

5-8　TCP 报文段首部中的序号有何作用？序号的范围和运输层报文在网络中的最大生存时间有何关系？

5-9　假设已知某 TCP 报文段首部用十六进制表示为：08160017 00000001 00001020 500207FF 00000000。则：

(1) 源端口号和目的端口号分别是多少？

(2) 序号是多少？

(3) 确认号是多少？

(4) TCP 报文段首部长度是多少？

(5) 该报文段是什么类型？

(6) 窗口值为多少？

5-10　TCP 是面向连接的协议，运输连接有哪三个阶段？如何理解 TCP 连接建立的三次握手和 TCP 连接释放的四次握手？

5-11　假设主机 A 和 B 采用 TCP 建立连接，且 A 向 B 发出连接建立请求。A 和 B 的起始序号分别为 500 和 300，试画出连接建立阶段的工作示意图(需标明状态，到连接建立为止)。

5-12　试证明：流水线传输协议的信道利用率比 SW 协议的信道利用率高。

5-13　为什么 SR 协议的效率比 GBN 协议的效率高？试举例说明。

5-14　假设一个 UDP 用户数据报的数据字段为 5392B，在链路层要使用以太网来传送，则应该划分为多少个 IP 数据报片？每一个数据报片的数据字段长度分别为多少字节？

5-15　假定 TCP 在刚开始建立连接时，收到两个确认报文段，测量出的往返时间样本 RTT 分别为 28 秒和 35 秒，则第二次计算出 RTT_S 的值为多少秒？（注：保留一位小数）

5-16　假设某站点使用 TCP 连接，RTT_S 当前值为 32ms，加权偏差 RTT_D 的当前值为 4ms，接着收到一个确认报文段，测量出的往返时间样本 RTT 的值为 36ms。试求则新的 RTT_D 和新的 RTO（单位：ms）。

5-17　设 TCP 可以使用的窗口最大值为 65 535 字节，若信道不产生差错，带宽也不受限制，则当报文段的平均往返时延为 10ms 时 TCP 的最大吞吐量是多少？

5-18　通信信道带宽为 1Gb/s，端到端传播时延为 15ms。TCP 的发送窗口最大值为 65 535 字节。试计算可能达到的最大吞吐量以及信道的利用率。

5-19　假定 A、B 之间有一条直通的信道传送分组，采用 SW 协议，A 发送分组给 B。若 A、B 相距 1500km，且信道的往返时间 RTT=20ms，分组长度为 1.2 kB，发送速率为 1Mb/s。若忽略处理时间和 B 发送确认分组的时间，试计算信道的利用率。

5-20　试描述接收流量控制与网络流量控制（即拥塞控制）的区别。

5-21　设 TCP 的慢开始门限 ssthresh 的初始值为 10（单位为报文段）。当拥塞窗口 cwnd 的值上升到 12 时收到了三个重复确认，之后在拥塞窗口 cwnd 的值达到 8 时网络发生了超时。

(1) 试用表格标出轮次 n 在 1～16 时 cwnd 及 ssthresh 值的大小；

(2) 指明 TCP 工作在慢开始阶段的时间间隔；

(3) 指明 TCP 工作在拥塞避免阶段的时间间隔。

5-22　设 TCP 的拥塞窗口 cwnd 与传输轮次 n 的关系如下所示：

n	1	2	3	4	5	6	7	8	9	10	11	12	13	14	15
cwnd	1	2	4	8	14	15	16	1	2	4	8	9	10	5	6

(1) 指明 TCP 工作在慢开始阶段的时间间隔。

(2) 指明 TCP 工作在拥塞避免阶段的时间间隔。

(3) 第 7 轮次和第 13 轮次各发生了什么？

(4) 第 1 轮次、第 9 轮次、第 15 轮次发送时，门限 ssthresh 分别为多少？

第 6 章　网络应用协议

前面各章介绍的内容主要完成两个功能：数据传输通道的建立以及网络连接的建立。它们都是为了一个最终的共同目的：为 OSI/RM 和 TCP/IP 体系结构的最高层——应用层搭建一个有效的平台，以便能够运行各种各样的网络应用。

OSI/RM 体系结构的传输层之上、应用层之下还有会话层和表示层，但实际上这两层的功能都非常简单，因此在 TCP/IP 体系结构中，这两层的功能被整合到应用层中，各种网络应用程序就是按照这种结构进行程序设计的。

随着计算机网络技术的发展，各种网络应用应运而生。然而每种网络应用都需要相应的应用服务与技术支持，而应用层的目的就是为用户提供其所需的各种应用服务与技术。这些应用服务通常都工作在 C/S 模式下，当然，也有的应用服务工作在 P2P 模式下，甚至有的应用服务能同时支持上述两种模式。

本章在 C/S 与 P2P 模式比较的基础上，主要介绍计算机网络体系结构中的最高层——应用层中的几种常见的网络应用协议以及其在客户端和服务器的基本工作原理。这些网络应用协议包括：域名解析协议 DNS、动态主机配置协议 DHCP、万维网 WWW 与超文本传输协议 HTTP、电子邮件协议(发邮件的 SMTP 协议及收邮件的 POP3 协议)以及文件传输协议 FTP 等。

6.1　应用层的 C/S 模式与 P2P 模式

从 Internet 应用系统的工作模式角度，网络应用进程之间的交互可以分为以下两种模式：C/S(Client/Server，客户端/服务器)模式与 P2P(Peer to Peer，对等)模式。

1. C/S 模式

C/S 模式是网络应用进程之间最常用的一种交互模式，如 DNS 服务、DHCP 服务、Web 服务、电子邮件服务以及 FTP 服务等均采用这种模式工作。C/S 模式中的客户端和服务器均指通信双方主机上运行的应用进程，其中，客户端指的是服务的请求者，而服务器指的是服务的提供者。

服务器作为服务的提供方，一旦系统开始运行，它就需要时刻处于守候的状态，等待各种应用服务请求，即监听客户端的请求。当客户端发出服务的请求时，服务器需要对其进行响应，执行客户端所请求的任务，并将执行的结果以响应报文的形式发送给客户端。

通常一台主机上可以运行服务器进程，每个服务器进程可以并发处理不同客户端的请求并对其进行响应，因此服务器进程往往比较复杂，这就要求运行服务器进程的主机需要有较高的要求(包括硬件及软件)，而客户端进程只有在需要时才向服务器进程提出请求，功能相对简单，因此主机的软硬件没有特殊的要求。

2. P2P 模式

在 P2P 模式中，网络节点之间是对等的，没有特定的“客户”与“服务器”之分，任何一方均可以充当“客户”或“服务器”的角色，只要有需要。因此，P2P 模式淡化了服务提供者与服务使用者的界限，所有节点均同时具备服务提供者与服务使用者的双重身份，整个网络不依赖于某些专用的服务器。当网络中的某台主机向其他主机提出服务的请求时，它充当的是客户的身份；当该主机向其他主机提供服务时，它充当的是服务器的身份。

6.2　DNS 协议

1. DNS 及其解析

Internet 上的每台主机都有一个唯一的全球 IP 地址，IPv4 中的 IP 地址是由 32 位的二进制数组成的。这样的地址对于计算机来说容易处理，但对于用户来说，即使将 IP 地址用点分十进制的方式表示，也不容易记忆。而主机之间的通信最终还是需要用户的操作，用户在访问一台主机前，必须首先获得其地址。因此，我们为网络上的主机取一个有意义又容易记忆的名字，这个名字称为域名。

虽然我们为 Internet 上的主机取了一个便于记忆的域名，但通过域名并不能直接找到要访问的主机，中间还需要一个从域名查找到其对应的 IP 地址的过程，这个过程就是域名解析。域名解析的工作需要由域名服务器 DNS 来完成。

域名的解析方法主要有两种：递归查询（Recursive Query）和迭代查询（Iterative Query）。

递归查询的基本过程如下：

(1) 客户端向本机配置的本地名称服务器（默认的 DNS 服务器）发出 DNS 查询请求；

(2) 本地名称服务器收到请求后，先查询本地缓存，如果已经存在该域名的记录项，则本地名称服务器直接把查询的结果返回给客户端；如果本地缓存中没有该域名的记录项，则本地名称服务器再以 DNS 客户端的角色向根名称服务器发送相同的 DNS 域名查询请求；

(3) 根名称服务器收到 DNS 查询请求后，把查询到的所请求的 DNS 域名中的顶级域名所对应的顶级名称服务器地址返回给本地名称服务器；

(4) 本地名称服务器根据根名称服务器返回的顶级名称服务器地址，向对应的顶级名称服务器发送与之前相同的 DNS 域名查询请求；

(5) 对应的顶级名称服务器收到 DNS 查询请求后，先查询自己的缓存，如果存在被请求的 DNS 域名记录项，则先把对应的记录项返回给本地名称服务器，然后再由本地名称服务器将结果返回给最初的 DNS 客户端。若顶级名称服务器自己的缓存中不存在被请求的 DNS 域名记录项，则向本地名称服务器返回被请求的 DNS 域名中的二级域名所对应的二级名称服务器地址，本地名称服务器继续按照前述的过程逐次向三级、四级名称服务器请求查询，直至最终的权威服务器返回最终的记录为止。同时，本地名称服务器缓存本次查询得到的记录项。

而迭代查询的基本过程如下：

(1) 客户端向本机配置的本地名称服务器（默认的 DNS 服务器）发出 DNS 查询请求；

(2) 本地名称服务器收到请求后，先查询本地缓存，如果已经存在该域名的记录项，则本地名称服务器直接把查询的结果返回给客户端；如果本地缓存中没有该域名的记录项，则本地名称服务器向 DNS 客户端返回一条 DNS 应答报文，报文中会给出一些参考信息，如本地名称服务器上的根名称服务器地址等；

(3) DNS 客户端在收到本地名称服务器的应答报文后，会根据其中的根名称服务器地址信息，向对应的根名称服务器再次发出相同的 DNS 查询请求报文；

(4) 根名称服务器在收到 DNS 查询请求报文后，通过查询自己的 DNS 数据库得到请求 DNS 域名中顶级域名所对应的顶级名称服务器信息，然后以一条 DNS 应答报文返回给 DNS 客户端；

(5) DNS 客户端根据来自根名称服务器应答报文中的对应顶级名称服务器的地址信息，向该顶级名称服务器发出低昂通的 DNS 查询请求报文；

(6) 顶级名称服务器在收到 DNS 查询请求后，先查询自己的缓存，如果存在被请求的 DNS 域名的记录项，则把对应的记录项返回给 DNS 客户端，否则通过查询后把对应域名中的二级域名所对应的二级名称服务器地址信息以一条 DNS 应答报文返回给 DNS 客户端。

然后，DNS 客户端继续按照前述的过程逐次向三级、四级名称服务器查询，直到最终的权威服务器返回最终的记录为止。

一般而言，主机向本地域名服务器的查询采用递归查询，而本地域名服务器向根域名服务器的查询通常采用迭代查询。

为了提高解析效率，在本地域名服务器以及主机中都广泛使用了高速缓存，用来存放最近解析过的域名等信息。当然，缓存中的信息是有时效的，因为域名和 IP 地址之间的映射关系并不总是一成不变的，因此，必须定期删除缓存中过期的映射关系。

2. DNS 报文格式

DNS 请求和应答都用相同的报文格式，分成 5 部分(有些部分允许为空)，如图 6-1 所示。

HEADER（报文首部）
QUESTION（查询的问题）
ANSWER（应答）
AUTHORITY（授权应答）
ADDITIONAL（附加信息）

图 6-1　DNS 报文格式

HEADER 是必需的，它定义了报文是请求还是应答，也定义了报文的其他部分是否需要存在，以及是标准查询还是其他。HEADER 段的格式如图 6-2 所示。

字节　2	2
ID（标识）	FLAG（标志）
QDCOUNT（问题记录数）	
ANCOUNT（回答记录数）	
NSCOUNT（授权记录数）	
ARCOUNT（附加记录数）	

图 6-2　HEADER 格式

HEADER 中的 FLAG（标志）部分结构如图 6-3 所示。

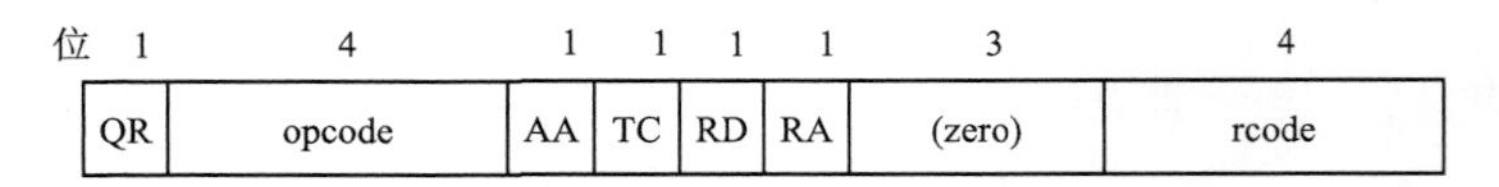

图 6-3　FLAG 格式

各部分含义如下：

QR：查询/响应标志位。

opcode：定义查询或响应的类型。

AA：授权回答的标志位，该位在响应报文中有效。

TC：截断标志位。

RD：该位为 1 表示客户端希望得到递归回答。

RA：只能在响应报文中置为 1，表示可以得到递归响应。

zero：保留字段，用全 0 填充。

rcode：返回码，表示响应的差错状态。

QUESTION 部分包含着问题，可以为多个。每个问题的格式如图 6-4 所示。

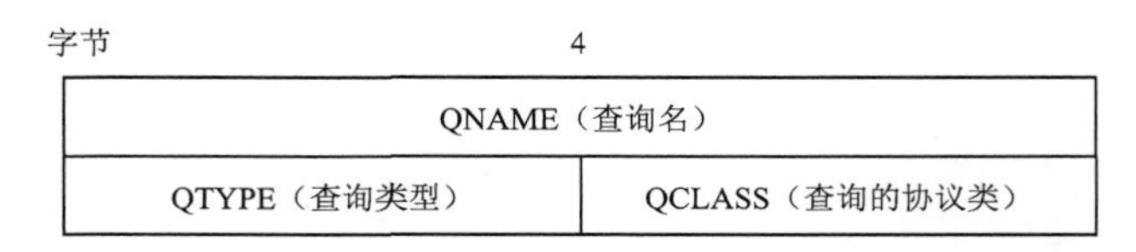

图 6-4　QUESTION 格式

ANSWER（应答）、AUTHORITY（授权应答）、ADDITIONAL（附加信息）部分都共用相同的格式：资源记录 RR（Resource Record）。资源记录可包含多个，其个数由报文首部对应的数值确定，每个资源记录格式如图 6-5 所示。

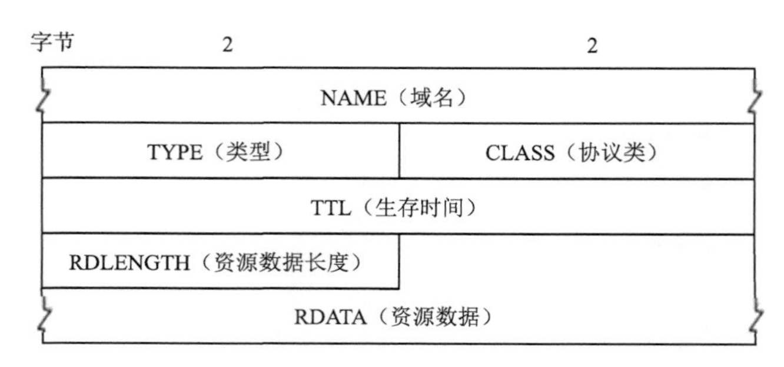

图 6-5　资源记录格式

6.3　DHCP 协议

1. DHCP 的作用

一台计算机若要连接到 Internet，必须对其 TCP/IP 进行正确的配置，如 IP 地址、子网掩码、默认网关、默认 DNS 等。若每次都使用人工配置显然非常不方便，因此需要一种协议能够对网络协议进行自动配置。BOOTP(Bootstrap Protocol，引导程序协议)是一种早期的自动配置协议的方法，它可以自动地为主机设定 TCP/IP 环境。但是该协议非常缺乏“动态性”，为客户端固定分配 IP 地址的方式必然会造成很大的浪费。DHCP(Dynamic Host Configuration protocol，动态主机配置协议)是在 BOOTP 基础上发展起来的，它使客户机能够在 TCP/IP 网络上获得相关的配置信息，并在 BOOTP 的基础上添加了自动分配可用网络地址等功能。

2. DHCP 的地址分配类型

DHCP 支持三种类型的地址分配：

(1) 自动分配：当 DHCP 客户端第一次成功地从 DHCP 服务器端租用到 IP 地址之后，就永久地使用这个地址。

(2) 动态分配：DHCP 客户端被分配到的 IP 地址并非是永久的，而是有时间限制的。只要租约到期，就得释放 Release) 这个 IP 地址，以便该 IP 地址可以给其他工作站使用。当然，DHCP 客户端也可以明确表示放弃已分配的地址。

(3) 手工分配：网络管理员按照 DHCP 规则，将指定的 IP 地址分配给客户端主机。

动态分配是唯一允许自动重用地址的机制，它非常适合于临时上网用户，尤其是当实际 IP 地址不足的时候。

DHCP 客户端与服务器的重新绑定无须重启系统就可完成，客户端以设置的固定间隔进入重新绑定状态，该过程在后台进行并且对用户是透明的。

3. DHCP 报文格式

DHCP 的报文格式如图 6-6 所示。

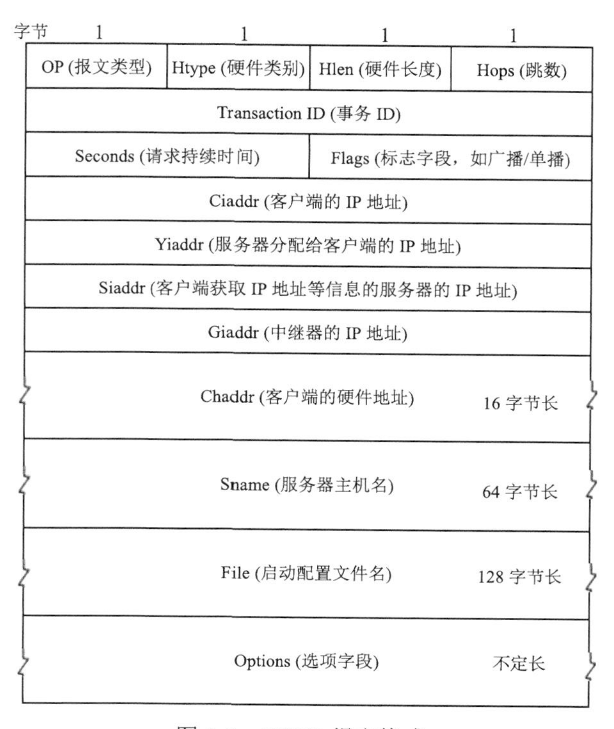

图 6-6　DHCP 报文格式

DHCP 采用客户—服务器的方式进行交互，其报文格式共有 8 种，由“选项”字段中的“DHCP Message Type”选项的 value 值来确定。

4. DHCP 中继

使用一个 DHCP 服务器可以很容易地实现为一个网络中的主机动态分配 IP 地址等配置信息，但若在每一个网络上都设置一个 DHCP 服务器，会使 DHCP 服务器的数量过多，显然并不合适。一个有效的解决方法是为每一个网络至少设置一个 DHCP 中继代理，该代理可以是一台 Internet 主机或路由器。DHCP 中继代理可以用来转发跨网的 DHCP 请求及响应，因此可以避免在每个物理网络都建立一台 DHCP 服务器。当 DHCP 中继代理收到 DHCP 客户端以广播方式发送的发现报文(DHCPDISCOVER)后，就以单播方式向 DHCP 服务器转发该报文并等待应答；当它收到 DHCP 服务器发回的提供报文(DHCPOFFER)后，将其转发给 DHCP 客户端。

5. DHCP 的工作过程

DHCP 服务器和客户端之间的交互报文主要有五个：DHCPDISCOVER、DHCPOFFER、DHCPREQUEST、DHCPACK、DHCPRELEASE。DHCP 客户端使用 UDP 的端口 68，DHCP 服务器使用 UDP 端口 67。其工作过程如图 6-7 所示。

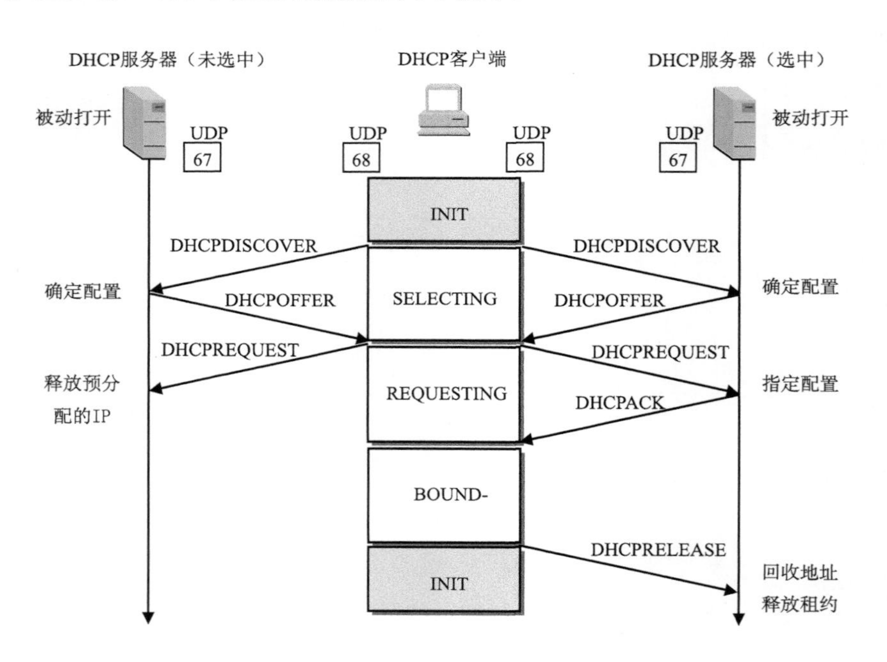

图 6-7　DHCP 服务器和客户端的标准交互过程

通过五个主要的交互报文，DHCP 客户端实现了不同状态的变迁：初始化状态 INIT、选择状态 SELECTING、请求状态 REQUESTING、已绑定状态 BOUND。

客户端进入已绑定状态 BOUND 后将获得使用配置参数的租期 T，在有效的租期内，若客户端想退租，随时可以发送 DHCPRELEASE 报文请求服务器释放该地址。

6.4　Web 与 HTTP

WWW 是 World Wide Web 的缩写，中文称为“万维网”，常简称为 Web。它由欧洲原子核研究组织(CERN)研制，其目的是为全球范围的科学家利用 Internet 方便地进行通信、信息交流和信息查询。它是目前 Internet 上发展最快、应用最广的信息浏览机制，大大方便了广大非网络专业人员对网络的使用，在很大程度上促进了 Internet 的发展。WWW 已不是传统意义上的物理网络，而是在超文本和超媒体基础上形成的信息网络。

HTTP(HyperText Transfer Protocol，超文本传输协议)是一个详细规定了浏览器和 WWW 服务器之间互相通信的规则的集合，是通过 Internet 从 WWW 服务器传输超文本到本地浏览器的数据传送协议，是万维网交换信息的基础。RFC 1945 定义了 HTTP 1.0 版本，而最著名的就是 RFC 2616，定义了今天普遍使用的一个版本 HTTP 1.1。

1. HTTP 的主要特点

(1) 简单快速。客户与服务器连接后，HTTP 要求客户必须向服务器传送的信息只有请求方法和路径，因而 HTTP 服务器的程序规模也就相应比较小而且简单，与其他协议相比其时间开销也就较少，通信速度也较快，能够更加有效地处理客户机的大量请求，得到了广泛的使用。

(2) 灵活。HTTP 允许传输的数据对象可以是任意类型的，类型由 Content-Type 加以标记。

(3) 无连接。无连接的含义是限制每次建立的 TCP 连接只处理一个请求，当客户收到服务器的应答后立即断开连接。这样，服务器不会专门等待客户发出请求；也不会在完成一个请求后还保持原来的连接，而是会立即断开连接、释放资源。采用这种方式可以充分利用网络资源，节省传输时间。

无连接也可以称为非持久连接，HTTP 1.0 使用的就是非持久连接。而在 HTTP 1.1 中则引入了持久连接，允许在同一个连接中存在多次数据请求和响应，服务器在发送完响应后并不关闭 TCP 连接，而客户端可以通过这个连接继续请求其他对象。

(4) 无状态。HTTP 是无状态协议。无状态是指协议对于事务处理没有记忆能力。同一个客户第二次访问同一个服务器上的页面时，服务器的响应方式完全与第一次被访问时相同。

无状态性使得服务器在不需要先前已传送过的信息时，响应速度较快。当然，这一特点也意味着如果后续的处理需要前面已经传送过的信息，也还是必须重传，这样必然导致每次连接传送的数据量增大而降低网络资源的利用率。

(5) 请求响应模型。HTTP 一定是由客户端发起请求，而后服务器才回送响应。换句话说，当客户端没有发起请求的时候，服务器无法主动将消息推送给客户端。

2. HTTP 事务处理过程

HTTP 采用的是请求/响应的握手方式，只有当客户发出请求后，服务器才会对其进行响应。每一次 HTTP 的操作称为一个事务。

在 WWW 客户(通常是浏览器)发出请求之前，每个 WWW 网点的服务器(通常称为 Web

服务器）进程需要不断地监听 TCP 的端口 80，以便发现是否有 WWW 客户向它发出连接建立请求。只要在客户端单击某个超链接，HTTP 的工作就开始了。整个工作过程具体如下：

(1) 客户机与 Web 服务器建立 TCP 连接，HTTP 的工作建立在此连接之上。

(2) 通过 TCP 连接，客户端向 Web 服务器发送一个文本的请求报文。一个请求报文由请求行、请求首部、空行和请求数据 4 部分组成。

(3) Web 服务器收到请求报文后，对其进行解析并查找客户需要的资源。找到资源后将其复本写到响应报文中回发给客户，由客户读取。一个响应报文由状态行、响应首部、空行和响应数据 4 部分组成。

(4) 释放 TCP 连接。一般情况下，一旦 Web 服务器向客户发送了响应报文后，便会主动关闭 TCP 连接，而客户端则是被动关闭 TCP 连接。

如果在以上过程中的任何一个步骤出现错误，那么 Web 服务器把出错的信息提示返回到客户端显示。对于用户来说，这些过程由 HTTP 自动完成，无须过多介入，只要用鼠标单击并等待信息显示就可以了。

3. HTTP 报文格式

HTTP 报文有两类：请求报文和响应报文。这两种类型的报文均采用 RFC 822 的普通信息格式，由一个起始行、首部行、空行（代表首部行结束）及可选的信息体组成。其中首部行可扩展为多行，每一行与起始行一样，要用回车换行符（<CR><LF>）作为结束标识。

两种报文的通用格式如图 6-8 所示。

HTTP 是面向文本的，报文中的每个字段都是 ASCII 码串，因此各字段的长度都是不确定的。

(1) 请求行/状态行（也称起始行）

其用于区分本报文是请求报文还是响应报文。客户端发出的请求报文中的请求行格式如图 6-9 所示。

请求行/状态行
信息首部
空行
信息体

图 6-8　HTTP 信息格式

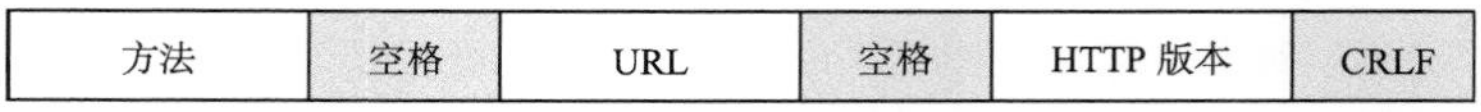

方法	空格	URL	空格	HTTP 版本	CRLF

图 6-9　HTTP 报文请求行格式

服务器发出的响应报文中的状态行格式如图 6-10 所示。

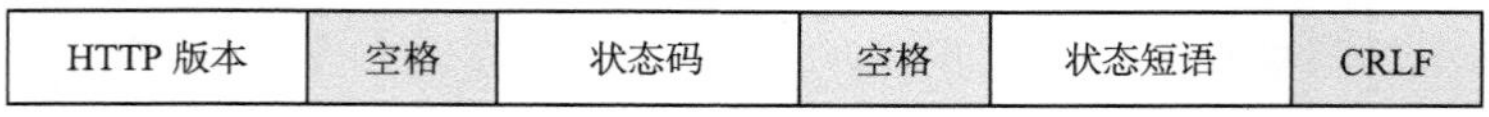

HTTP 版本	空格	状态码	空格	状态短语	CRLF

图 6-10　HTTP 报文状态行格式

(2) 信息首部

信息首部用于在客户端与服务器之间交换附加信息。HTTP 的信息首部有以下四种：通用首部(general-header)、请求首部(request-header)、响应首部(response-header)和实体首部(entity-header)。

信息首部可以有零到多个首部行。每一个首部行的格式如图 6-11 所示。

首部字段名	:	空格码	首部值	CRLF

图 6-11　HTTP 报文首部行格式

(3)空行

其放在整个信息首部结束之后，用于将信息首部和信息体分开。

(4)信息体

信息体是用来传递请求或响应的相关实体的。实际上，在请求报文中一般都不用这个字段，只有当客户确实有数据需要传送给服务器时使用；而响应报文中也可能没有这个字段。

6.5　电 子 邮 件

电子邮件(Electronic Mail，E-mail)又称电子信箱，它是一种用电子手段提供信息交换的通信方式，是 Internet 应用最广的服务之一。由于电子邮件的使用简易、投递迅速、收费低廉、易于保存、全球畅通无阻等优点，它广泛地应用于多个领域，极大地改变了人们的交流方式。

1. 简单邮件传输协议(SMTP)

简单邮件传输协议(Simple Mail Transfer Protocol，SMTP)是一种提供可靠且有效电子邮件传输的协议，其目标是可靠高效地传送邮件。它独立于传送子系统且只需要一条可靠有序的数据流信道支持。它由 RFC 2821 定义，是基于 TCP 服务的应用层协议，使用熟知端口号 25。SMTP 是基于客户—服务器模式的，因此，发送 SMTP 也称 SMTP 客户，而接收 SMTP 也称 SMTP 服务器。多用途 Internet 邮件扩展(Multipurpose Internet Mail Extensions，MIME)是一个互联网标准，在 1992 年最早应用于电子邮件系统，但后来也应用于浏览器。它并没有改动或取代 SMTP，而只是 SMTP 的一个补充协议。

发送 SMTP 与接收 SMTP 之间的通信过程主要包含以下三个阶段。

(1)连接建立

当发送 SMTP 在收到用户代理的发邮件请求后，首先通过收件人的邮件地址后缀来判断邮件是否是本地邮件，如果是则直接投递，否则，向 DNS 查询接收方邮件服务器的 MX 记录(Mail Exchanger 记录，即邮件交换记录，也叫邮件路由记录，它指向一个邮件服务器，用于电子邮件系统发邮件时根据收信人的地址后缀来定位邮件服务器)，若 MX 记录存在，则发送 SMTP 将用端口 25 与接收 SMTP 之间建立一条 TCP 连接。

(2)邮件传送

当 SMTP 客户发送完 HELO 命令并得到 SMTP 服务器的接收应答后，就可以正式开始传送邮件了。当 SMTP 服务器成功地接收好邮件，则回发“250 OK”应答告知 SMTP 客户；否则发送相应的错误应答。

(3) 连接释放

SMTP 客户收到 SMTP 服务器成功接收好邮件的应答“250 OK”后，即发送 QUIT 命令。SMTP 服务器收到后必须发送“250 OK”应答，然后关闭传送信道。至此，整个 SMTP 通信过程全部结束。

2. 邮件读取协议

目前常用的邮件读取协议主要有两个：POP3 (Post Office Protocol 3，邮局协议版本 3) 和 IMAP (Internet Mail Access Protocol，网际报文存取协议)。POP3 是基于 TCP 的应用层协议，也是 TCP/IP 协议族中的一员，使用熟知端口号 110。它是 Internet 电子邮件的第一个离线协议标准，允许用户从服务器上把邮件存储到本地主机 (即自己的计算机) 上，同时根据客户端的操作删除或保存在邮件服务器上的邮件。POP3 使用客户—服务器方式，POP3 客户在收邮件时，向 POP3 服务器发送命令并等待响应。IMAP 的主要作用是使邮件客户端 (例如 Microsoft Outlook Express) 可以从邮件服务器上获取邮件的信息以及下载邮件等。它是 TCP/IP 协议族中的一员，使用熟知端口号 143。

POP3 的基本工作过程简单描述如下：

(1) POP3 服务器侦听 TCP 端口 110。

(2) POP3 客户与 POP3 服务器建立 TCP 连接后，POP3 客户必须用命令向 POP3 服务器提供账户和密码以确认自己的身份。

(3) POP3 服务器确认了 POP3 客户的身份后，打开客户的邮箱。

(4) POP3 客户通过相关的命令请求 POP3 服务器提供信息 (如邮件列表或邮箱统计资料等) 或完成动作 (如读取指定的邮件等)。

(5) POP3 客户操作完成后，发送 QUIT 命令，通知 POP3 服务器关闭连接。

3. 电子邮件的工作过程

电子邮件系统的运作方式与其他的网络应用有着本质的不同。在绝大多数的网络应用中，网络协议负责将数据直接发送到目的地。而在电子邮件系统中，发送者只要将邮件发送出去而不必等待接收者读取邮件。

一个电子邮件系统主要包含三部分：邮件用户代理 (Mail User Agent，MUA)、邮件服务器和电子邮件协议。MUA 指用于收发电子邮件的程序，因此通常又称电子邮件客户端软件，如 Outlook Express 和 Foxmail 等；邮件服务器包括发送方邮件服务器和接收方邮件服务器，分别用于发送和接收邮件；电子邮件协议包括邮件发送协议 (如 SMTP) 和邮件读取协议 (如 POP3、IMAP)。

电子邮件的工作过程如图 6-12 所示。

图 6-12 所示的电子邮件工作过程如下：

(1) 发件人将邮件交付用户代理 MUA。

(2) 用户代理 MUA 将邮件发给发送方邮件服务器。

(3) 发送方邮件服务器将邮件发送给接收方邮件服务器。

(4) 收件人读取邮件。

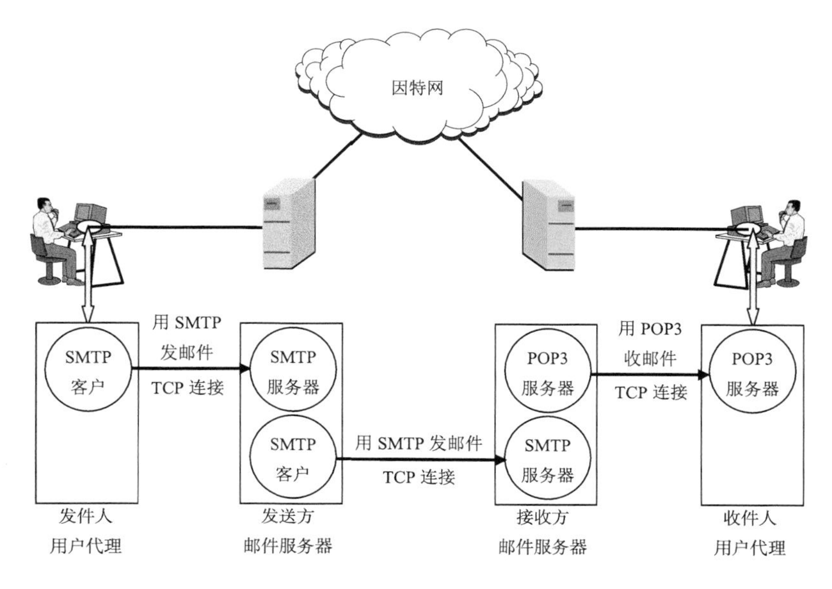

图 6-12　电子邮件的工作过程

6.6　文件传输协议

1. FTP 协议

文件传输协议(File Transfer Protocol，FTP)是 Internet 上使用最广泛的文件传送协议，它是 TCP/IP 协议族中的协议之一，其目标是提高文件的共享性，提供可靠高效的数据传送服务。它由 RFC 959 定义，是基于 TCP 服务的应用层协议。FTP 服务一般运行在 TCP 的 20 和 21 两个端口，端口 20 用于在客户端和服务器之间传输数据流，而端口 21 则用于传输控制流，并且是控制命令通向 FTP 服务器的入口。

1) FTP 的工作原理

FTP 使用 TCP 可靠的运输服务，而 FTP 本身则只提供文件传输的一些基本服务，其目的在于向用户屏蔽不同主机中各种文件存储系统的细节。

FTP 使用客户—服务器的工作方式，大致的工作原理如图 6-13 所示。

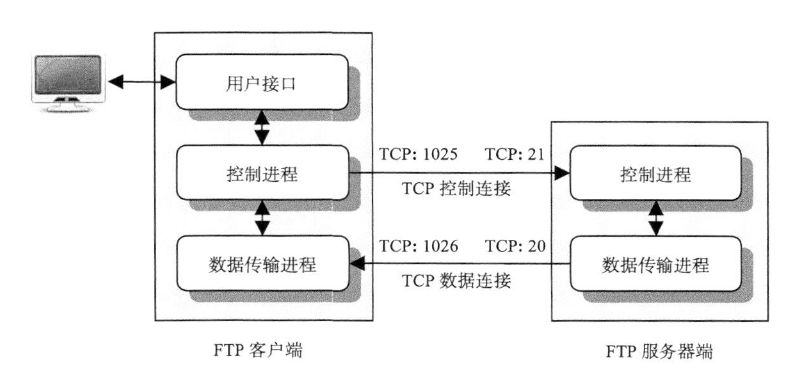

图 6-13　FTP 的工作原理

FTP 服务器端须使用两个 TCP 端口：21 和 20，以便和 FTP 客户端建立 TCP 控制连接和 TCP 数据连接。其主要的工作步骤如下：

(1) FTP 服务器进程打开熟知端口(端口号为 21)，以便客户进程能够连接上，并等待客户进程发出连接请求。

(2) FTP 客户进程使用选定的端口(假设为 1025)寻找能够连接服务器进程的熟知端口(端口号为 21)，向服务器进程发出连接建立请求，同时提供自己用于建立数据传输连接的端口号(假设为 1026)。

(3) FTP 服务器进程使用自己的熟知端口(端口号为 20)与客户进程所提供的端口号(1026)建立数据传输连接。

由于数据连接和控制连接使用了两对不同的端口号，因此不会发生冲突。

2) FTP 的工作模式

在 FTP 中，控制连接均由客户端发起，而数据连接则有两种工作模式：PORT 模式(主动方式)和 PASV 模式(被动方式)。

(1) PORT 模式(主动方式)

FTP 客户端首先和 FTP 服务器端的 TCP 端口 21 建立连接，并通过这个连接发送控制命令，客户端需要接收数据的时候在这个连接上发送 PORT 命令。PORT 命令中同时包含客户端选定的用于接收数据的端口(大于 1024)。在传输数据时，服务器端必须通过自己的 TCP 端口 20 与客户端建立一个新的连接用来发送数据。

(2) PASV 模式(被动方式)

FTP 客户端仍须先与 FTP 服务器端的 TCP 端口号 21 建立连接，并通过这个连接发送控制命令，但该模式下客户端需要接收数据时在这个连接上发送的是 PASV 命令，而且 FTP 服务器此时需要打开一个大于 1024 的随机端口并通知客户端在这个端口上传送数据的请求，此后 FTP 服务器将通过这个端口进行数据的传输，而不再需要建立一条新的到客户端的连接用于数据的传输。

PORT 模式建立数据连接是由 FTP 服务器端发起的，且服务器使用 20 端口连接客户端的某个大于 1024 的端口；而在 PASV 模式下，数据连接的建立是由 FTP 客户端发起的，且客户端使用一个大于 1024 的端口用于连接服务器端的某个大于 1024 的端口。

主动方式 FTP 的主要问题来源于客户端。如果客户端安装了防火墙则会产生一些问题：当服务器主动向客户端发送连接请求时，对于客户端的防火墙来说，这是从外部系统建立到内部客户端的连接，通常会被过滤掉。

被动方式 FTP 解决了客户端的许多问题，但却给服务器端带来了一些问题：需要允许从任何远程客户端到服务器高位端口(大于 1024 的端口)的连接。许多 FTP 的守护程序允许管理员指定 FTP 服务器使用的端口范围，因此可以通过为 FTP 服务器指定一个有限的端口范围来减小服务器高位端口的暴露。

3) FTP 的报文格式

(1) FTP 的命令报文

Packet Tracert 中 FTP 的命令报文格式比较简单，如图 6-14 所示。

命令码	参数或说明

图 6-14　FTP 命令报文格式

FTP 的命令包括访问控制命令、传输参数命令以及 FTP 服务命令三种。其中，较常用的命令见表 6-1。

表 6-1　FTP 的常用命令

FTP 命令类型	命令码	命令名	含义
访问控制命令	USER	用户名	参数是标记用户的 Telnet 串
	PASS	口令	参数是标记用户口令的 Telnet 串
	QUIT	退出登录	终止 USER，如果没有数据传输，服务器关闭控制连接；如果有数据传输，在得到传输响应后服务器关闭控制连接。
传输参数命令	PORT	数据端口	参数是要使用的数据连接端口，通常情况下对此不需要命令响应。如果使用此命令时，要发送 32 位的 IP 地址和 16 位的 TCP 端口号。
	PASV	被动	此命令要求服务器 DTP 在指定的数据端口侦听，进入被动接收请求的状态，参数是主机和端口地址。
	MODE	传输模式	参数是一个 Telnet 字符代码指定传输模式。S：流(默认值)；B：块；C：压缩。
FTP 服务命令	RETR	获得文件	此命令使服务器 DTP 传送指定路径内的文件复本到服务器或用户 DTP。
	RNFR	重命名	这个命令和在其他操作系统中使用的一样，只不过后面要跟"rename to"指定新的文件名。参数为重命名之前的文件名。
	RNTO	重命名为	此命令和 RNFR 命令共同完成对文件的重命名。参数为新的文件名。
	DELE	删除	此命令删除指定路径下的文件。
	LIST	列表	返回指定路径下的文件列表或指定文件的当前信息。

(2) FTP 的应答报文

Packet Tracert 中 FTP 的应答报文格式也较简单，如图 6-15 所示。

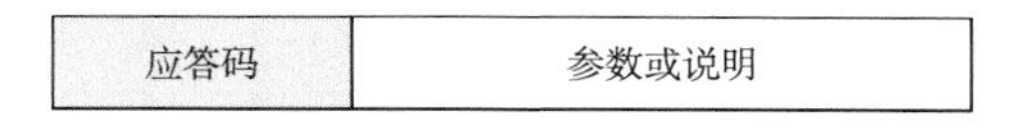

图 6-15　FTP 应答报文格式

FTP 命令的响应是为了对数据传输请求和过程进行同步，也是为了让用户了解服务器的状态。每个命令必须最少有一个响应。FTP 响应由三个数字构成，后面是一些文本。常用的应答见表 6-2。

表 6-2　FTP 的常用应答

应答码	含义
125	数据连接已打开，准备传送
220	对新用户服务准备好
221	服务关闭控制连接，可以退出登录
227	进入被动模式
230	用户登录
250	请求的文件操作完成
331	用户名正确，需要口令
350	请求的文件操作需要进一步命令

2. TFTP 协议

TFTP(Trivial File Transfer Protocol，简单文件传输协议)是一个传输文件的简单协议，通常使用 UDP 实现，其目标是在 UDP 之上建立一个类似于 FTP 的但仅支持文件上传和下载功能的传输协议，所以它不包含 FTP 中的目录操作和用户权限等内容。TFTP 传输 8 位数据，它将返回的数据直接返回给用户而不是保存为文件。传输中有三种模式：netascii（8 位的 ASCII 码形式）、octet（8 位二进制类型）和 mail（已不再使用）。目前使用的版本 2 由 RFC 1350 定义，使用熟知端口号 69。

课 后 习 题

6-1　网络应用进程之间的交互可以分为哪些模式？它们有什么区别？

6-2　DNS 的主要功能是什么？

6-3　域名解析主要有两种方法：递归查询和迭代查询，其基本过程有何不同？

6-4　DHCP 中继有何作用？

6-5　试描述 DHCP 的工作过程。

6-6　HTTP 有哪些主要特点？在连接性方面，HTTP1.0 与 HTTP1.1 有何不同？

6-7　阐述 HTTP 的事务处理过程。

6-8　SMTP 的通信过程分为哪些阶段？POP3 是如何工作的？

6-9　描述电子邮件的工作过程。

6-10　FTP 的数据连接有哪两种工作模式？它们有何区别？

6-11　FTP 是如何工作的？

实　践　篇

第 7 章　数据链路层实验

7.1　实验 1：以太网帧的封装实验

7.1.1　实验目的

- 观察以太网帧的封装格式。
- 对比单播以太网帧和广播以太网帧的目标 MAC 地址。

7.1.2　实验配置说明

本实验对应的练习文件为“7-1 以太网帧的封装实验.pka”。

1. 拓扑图

如图 7-1 所示，4 台 PC（PC0～PC3）通过一台交换机组成一个简单的以太网。

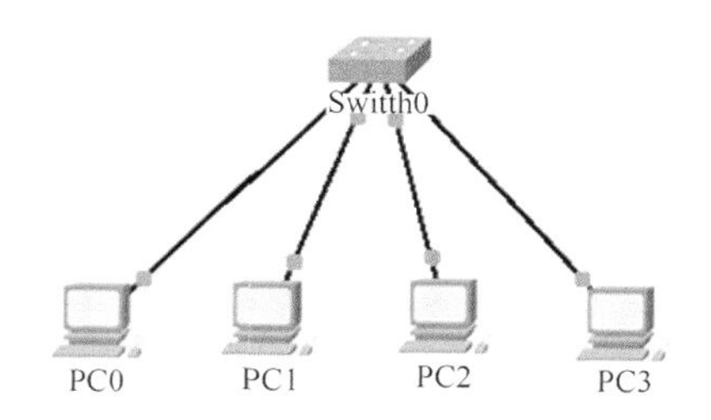

图 7-1　以太网帧实验拓扑

2. IP 地址配置

IP 地址配置如表 7-1 所示。

表 7-1　IP 地址配置表

PC	IP 地址	子网掩码
PC0	192.168.1.1	255.255.255.0
PC1	192.168.1.2	255.255.255.0
PC2	192.168.1.3	255.255.255.0
PC3	192.168.1.4	255.255.255.0

7.1.3　实验步骤

任务 1：观察单播以太网帧的封装

步骤 1：准备工作

打开练习文件“7-1 以太网帧的封装实验.pka”，若此时交换机端口指示灯呈橙色，则单击主窗口右下角 Realtime 和 Simulation 模式切换按钮数次，直至交换机指示灯呈绿色。此步骤可加速完成交换机的初始化。

单击下方 Delete(删除)按钮，删除练习文件中预设场景。

步骤 2：捕获数据包

进入 Simulation(模拟)模式。设置 Event List Filters(事件列表过滤器)只显示 ICMP 事件。

单击 Add Simple PDU(添加简单 PDU)按钮，在拓扑图中添加一个 PC0 发送给 PC2 的 ICMP 数据报文。

单击 Auto Capture/Play(自动捕获/执行)按钮，捕获数据包。当 PC2 发送的响应包返回 PC0 后通信结束，再次单击 Auto Capture/Play(自动捕获/执行)按钮，停止数据包的捕获。

步骤 3：观察以太网帧的封装格式

选择事件列表中第二个数据包(即 PC0 到 Switch0 的数据包)，单击其右端 Info 项中的色块。注意弹出窗口顶端的窗口信息：PDU Information at Device：Switch0，即当前查看的是交换机 Switch0 上的 PDU 信息。在弹出窗口中选择 Inbound PDU Details 选项卡。观察其中 Ethernet(以太网)对应的封装格式。重点观察第一个字段 PREAMVBLE(前导码)的组成、DEST MAC(目标 MAC 地址)和 SRC MAC(源 MAC 地址)的取值(将鼠标焦点置于 MAC 地址字段内，按住鼠标左键并向右、向左拖动，可以观察完整取值)，并将其记录下来。

步骤 4：观察交换机是否会修改以太网帧各字段取值

选择事件列表中第三个数据包(即 Switch0 到 PC2 的数据包)，单击其右端 Info 项中的色块。注意弹出窗口顶端的窗口信息：PDU Information at Device：PC2，即当前查看的是 PC2 接收到的 PDU 信息。在弹出窗口中选择 Inboud PDU Details 选项卡。仔细观察其中 Ehternet 各字段取值，与步骤 2 中观察的各字段取值进行对比，哪些字段取值发生了变化？重点观察 DEST MAC 和 SRC MAC。

任务 2：观察广播以太网帧的封装

步骤 1：捕获数据包

单击窗口下方 Delete(删除)按钮，删除任务 1 产生的场景。

单击 Add Complex PDU(添加复杂 PDU)按钮，单击 PC0，在弹出的对话框中设置参数：Destination IP Address(目标 IP 地址)设置为 255.255.255.255(这是一个广播地址)，Source IP Address(源 IP 地址)设置为 192.168.1.1(PC0 的 IP 地址)，Sequence Number(序列号)设置为 1，Size 设置为 0，Simulation Settings(模拟设置)选中 One Shot，其对应的 Time 设置为 1，然后单击该对话框下方的 Create PDU 按钮，创建数据包图(图 7-2)。

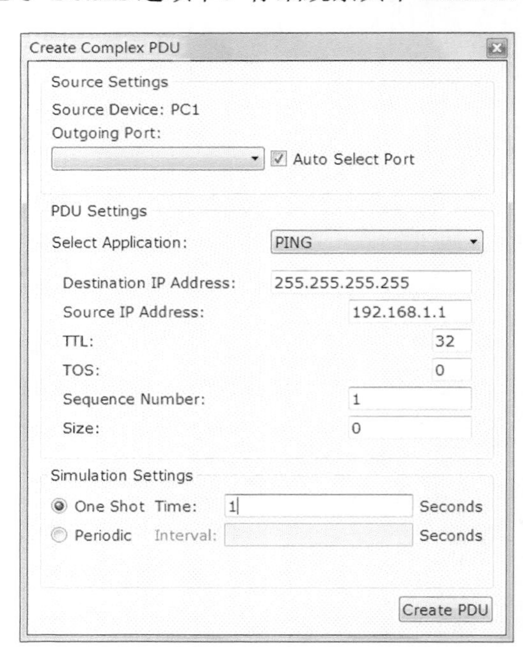

图 7-2　创建复杂 PDU

单击 Auto Capture/Play（自动捕获/执行）按钮，捕获数据包。当不再产生新的数据包时，表示通信结束，可再次单击 Auto Capture/Play（自动捕获/执行）按钮，停止捕获数据。

在此过程中观察拓扑工作区中动画演示的数据传输过程，该广播帧（即 PC0 发送的数据帧）被交换机转发给哪些节点？哪些节点接收该广播帧？

注：设备上出现信封图标表示数据包到达该设备，信封上闪烁“X”表示设备丢弃数据包，信封上闪烁“√”表示此次通信成功完成。

步骤 2：观察该广播包的以太网封装

选择事件列表中第二个数据包（即 PC0 到 Switch0 的数据包），单击其右端 Info 项中的色块。在弹出窗口中选择 Inboud PDU Details 选项卡。

观察其 Ethernet 的封装，重点观察其 DEST MAC 字段的取值并进行记录。结合背景知识中 MAC 地址的类型，思考 DEST MAC 字段取值的含义。

7.2　实验 2：交换机工作原理

7.2.1　实验目的

- 理解交换机通过逆向自学习算法建立地址转发表的过程。
- 理解交换机转发数据帧的规则。
- 理解交换机的工作原理。

7.2.2　实验配置说明

本实验对应的练习文件为“7-2 交换机工作原理.pka”。

1. 拓扑图

该拓扑图用于对交换机工作原理的观察和理解。在数据包的发送过程中，观察交换机地址转发表的变化情况以及其根据地址转发表的不同情况采用不同的方式处理数据包的过程，从而理解交换机通过逆向自学习建立地址转发表及其对数据包的转发规则（图 7-3）。

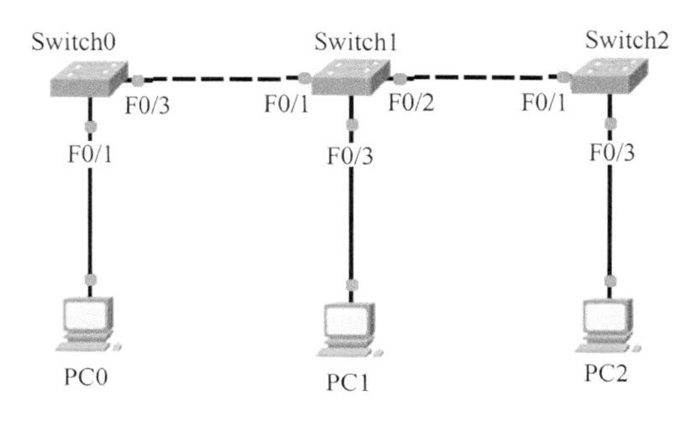

图 7-3　交换机工作原理实验拓扑

2. IP 地址配置

IP 地址配置如表 7-2 所示。

表 7-2 IP 地址信息表

主机名	IP 地址	子网掩码
PC0	192.168.1.1	255.255.255.0
PC1	192.168.1.2	255.255.255.0
PC2	192.168.1.3	255.255.255.0

7.2.3 实验步骤

任务 1：准备工作

步骤 1：拓扑训练

打开练习文件“7-2 交换机工作原理.pka”。若此时交换机端口指示灯呈橙色，则单击主窗口右下角 Realtime 和 Simulation 模式切换按钮数次，直至交换机指示灯呈绿色。在 Realtime 模式下，当拓扑图中交换机各端口均呈绿色后，鼠标双击右下角处事件列表中 Fire 项下的暗红色椭圆图标，至 Last Status 均为 Successful 状态。若单击后 Last Status 不是 Successful，则重新双击该事件对应的暗红色椭圆图标。单击下方 Delete 按钮，删除所有场景。

步骤 2：删除交换机地址转发表

单击 Switch1，在弹出窗口中选择 CLI 选项卡，将鼠标焦点置于其工作区内并按 Enter(回车)键，在其命令提示符下输入如下相应命令删除地址转发表：

```
Switch>enable                          //进入特权操作模式
Switch#clear mac-address-table         //清空地址转发表
```

参照上述操作方法，分别删除 Switch0、Switch1 和 Switch2 上的地址转发表。

任务 2：观察交换机的工作原理

步骤 1：查看并记录 PC0 和 PC2 的 MAC 地址

鼠标左键单击 PC0，在弹出窗口中选择 Config 选项卡，选择 FastEthernet0，查看并记录其 MAC 地址(图 7-4)。使用同样的方法，查看并记录 PC2 的 MAC 地址。

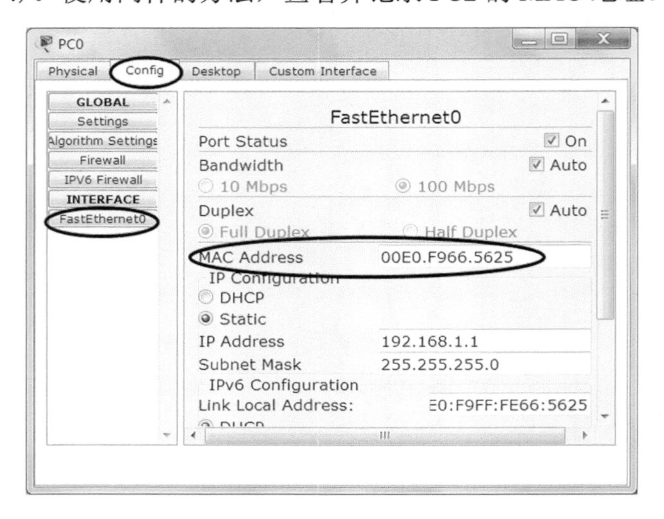

图 7-4 查看 PC MAC 地址

步骤 2：添加 PC0 到 PC2 的数据包

进入 Simulation 模式。设置 Event List Filters 只显示 ICMP 事件。单击 Add Simple PDU 按钮，在拓扑图中添加 PC0 向 PC2 发送的数据包。

步骤 3：分别查看三台交换机在发送数据前的地址转发表

选中拓扑工作区工具条上的 Inspect 工具，鼠标移至拓扑工作区单击 Switch0，在弹出菜单中选择 MAC Table 菜单项，弹出窗口中显示 Switch0 当前的地址转发表，如图 7-5 所示(注：下图仅为说明地址转发表的含义，并不是该步骤的查询结果，实验者需要自行查看并记录结果)。

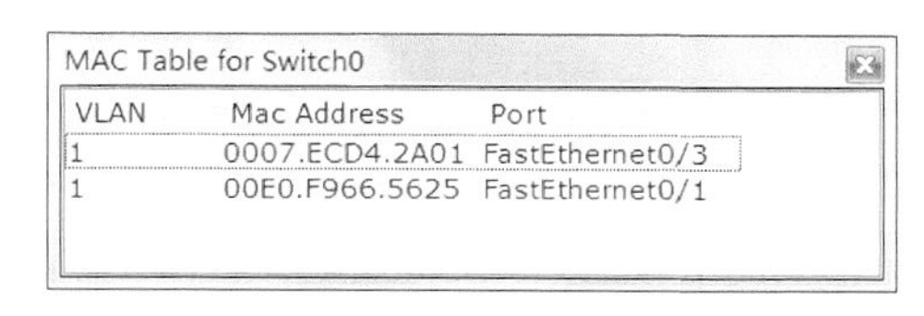

图 7-5　交换机地址转发表

其中，Mac Address 是 PC 的 MAC 地址，Port 是该 PC 与交换机相连的端口号或者 PC 与通过此端口与该交换机相连的交换机相连。

该步骤重点观察并记录源端主机 PC0 和目标主机 PC2 的 MAC 地址是否存在于 Switch0 的地址转发表中。

参照上述步骤查看并记录 Switch1 和 Switch2 的地址转发表。

步骤 4：查看 Switch0 的学习和转发过程

单击 Capture/Forward 按钮，在 Switch0 的图标上出现信封图标后，查看 Switch0 的地址转发表，与步骤 3 的结果进行对比，观察并记录增加的地址转发表项。查看地址转发表的方法可参照步骤 3。

单击 Capture/Forward 按钮，观察并记录 Switch0 是如何处理该数据包的(通过特定端口转发；还是向所有除接收端口外的其他端口转发；或者丢弃)。结合当前状态下 Switch0 的地址转发表，思考为什么 Switch0 如此处理该数据包。

步骤 5：观察 Switch1 和 Switch2 的学习和转发过程

参照步骤 4 的操作方法，分别针对 Switch1 和 Switch2 完成上述操作，在这个过程中对比 Switch1 和 Switch2 在接收到数据包前和接收到数据包后地址转发表的变化情况，以及观察其对数据包的处理方式。结合当前状态下地址转发表，对结果进行思考和分析。

单击下方 Delete 按钮，删除所有场景。

参照上述操作步骤，完成 PC1 向 PC0 发送数据、删除 Switch1 的地址转发表后 PC1 向 PC0 发送数据的实验操作。

7.3　实验 3：生成树协议(STP)分析

7.3.1　实验目的

- 理解链路中的环路问题。
- 理解生成树协议的工作原理。

7.3.2　实验配置说明

本实验对应的练习文件为“7-3 生成树协议(STP)分析.pka”。

1. 拓扑图

在该实验对应的练习文件中包含两个拓扑图，其中拓扑图 1 中关闭了 4 台交换机的生成树协议，拓扑图 2 中开启了 4 台交换机的生成树协议。实验过程中，任务 1 在拓扑图 1 中完成，任务 2 和任务 3 在拓扑图 2 中完成。拓扑图 1 和拓扑图 2 的其他配置完全相同(图 7-6)。

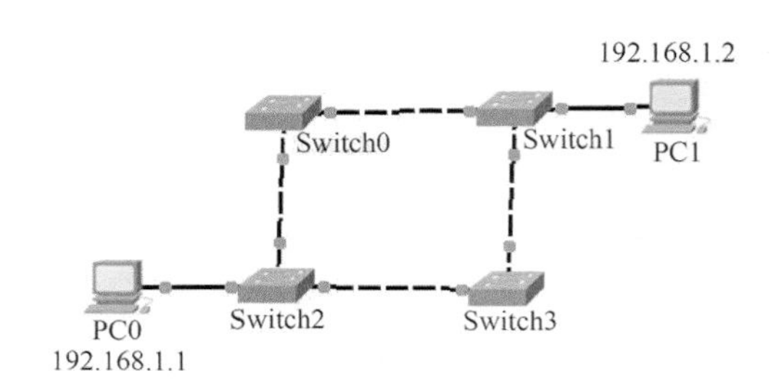

图 7-6　生成树协议(STP)实验拓扑图

2. IP 地址配置

IP 地址配置如表 7-3 所示。

表 7-3　IP 地址信息表

主机名	IP 地址	子网掩码
PC0	192.168.1.1	255.255.255.0
PC1	192.168.1.2	255.255.255.0

7.3.3　实验步骤

任务 1：观察无生成树协议的以太网环路中广播帧的传播

步骤 1：准备工作

打开练习文件“7-3 生成树协议(STP)分析.pka”。若此时拓扑图 1 中交换机端口指示灯呈橙色，则单击主窗口右下角 Realtime 和 Simulation 模式切换按钮数次，直至交换机指示灯呈绿色。

步骤 2：在拓扑图 1 中添加广播包

进入 Simulation 模式。设置 Event List Filters 只显示 ICMP 事件。

单击 Add Complex PDU 按钮，单击拓扑图 1 中的 PC0，在弹出的对话框中设置参数：Destination IP Address 设置为 255.255.255.255(广播地址)，Source IP Address 设置为 192.168.1.1(PC0 的 IP 地址)，Sequence Number 设置为 1，Size 设置为 0，Simulation Settings 选中 One Shot，其对应的 Time 设置为 1，然后单击该对话框中下方的 Create PDU 按钮，创建数据包(图 7-7)。

步骤 3：捕获数据包，观察广播包的传播

单击 Auto Capture/Play 按钮，捕获数据包。观察拓扑图 1 中广播包的传播动画。

此时，我们会注意到每台交换机在接收到数据包后都会通过其他所有端口转发出去。因此，交换机不停地接收来自其他交换机转发的数据包，不停地向其他交换机转发数据包，导致该广播包无休止地在四台交换机形成的环路中传播。

注意：此过程不会停止，完成步骤 3 后单击 Realtime 按钮切换到实时模式，进行步骤 4 的操作。

步骤 4：在实时模式下，测试网络是否正常

进入 Realtime，单击 PC0，在打开的窗口中选择 Desktop 选项卡，选择其中的 Command Prompt 工具，在操作界面中输入 ping 192.168.1.2(测试 PC0 与 PC1 是否能够连通)并回车。实验结果如图 7-8 所示。

图 7-7　创建广播包

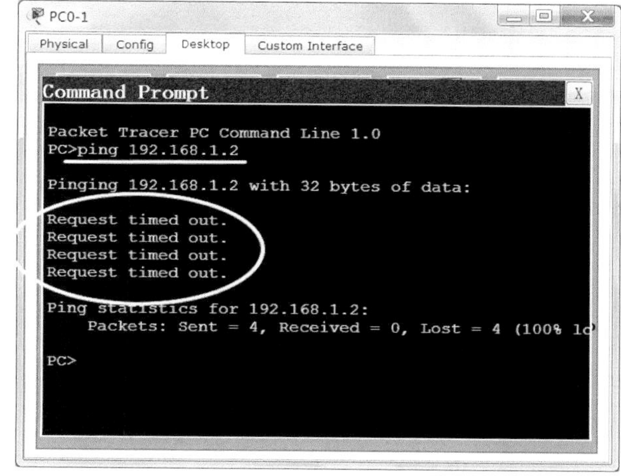

图 7-8　无生成树拓扑中 PC0 与 PC1 的连通性

如图 7-8 所示，PC0 到 PC1 的连通测试失败，反馈结果为 Request timed out，即请求超时。这是因为上述操作步骤中的广播包仍然在网络中不停转发(切换到实时模式拓扑图中不再显示数据包传输动画)，形成了广播风暴，耗尽网络资源导致 PC0 发往 PC1 的请求包无法到达 PC1。

单击下方 Delete(删除)按钮删除所有场景，为下一任务实验做好准备。

任务 2：观察启用生成树协议的以太网环路中广播帧的传播

步骤 1：观察拓扑图 2 中启用生成树协议后的逻辑拓扑图

观察拓扑图 2 中各端口指示灯的颜色。端口指示灯为绿色表示该端口可以接收和转发数据帧，端口指示灯颜色为橙色表示该端口不能接收和转发数据帧。

注意：因为生成树协议计算生成树需要消耗一定的时间，所以打开练习文件“7-3 生成树

协议(STP)分析.pka”后，可以通过单击主窗口右下角 Realtime 和 Simulation 模式切换按钮数次进行加速。直至拓扑图中只有一个端口指示灯呈橙色时，方可进行实验。

在网络正常运行情况下，生成树协议会将以太网环路中一些端口屏蔽，禁止其接收和转发数据帧，形成无环的树形逻辑拓扑(即实际转发数据的拓扑图)，从而避免广播帧无休止地在环路中传播。拓扑图中指示灯为橙色的端口即为生成树协议屏蔽的端口。根据观察结果，画出拓扑图 2 对应的树形逻辑拓扑图。

步骤 2：在拓扑图 2 中添加广播包

进入 Simulation 模式，在拓扑图 2 中添加广播包。具体操作可参照任务 1 中的步骤 2。

步骤 3：捕获数据包，观察广播包的传播

连续单击 Capture/Forward 按钮捕获数据包，直至该过程结束不再产生新的数据包。在此过程中仔细观察广播包的转发情况，并记录每台交换机的哪些端口丢弃该广播包，哪些端口转发该广播包。与步骤 1 记录的树形拓扑图进行对比，观察数据包是否沿树形拓扑中的链路转发。

步骤 4：在实时模式下，测试网络是否正常

进入 Realtime，单击 PC0，在打开的窗口中选择 Desktop 选项卡，选择其中的 Command Prompt 工具，在操作界面中输入 ping 192.168.1.2 并回车，如图 7-9 所示。

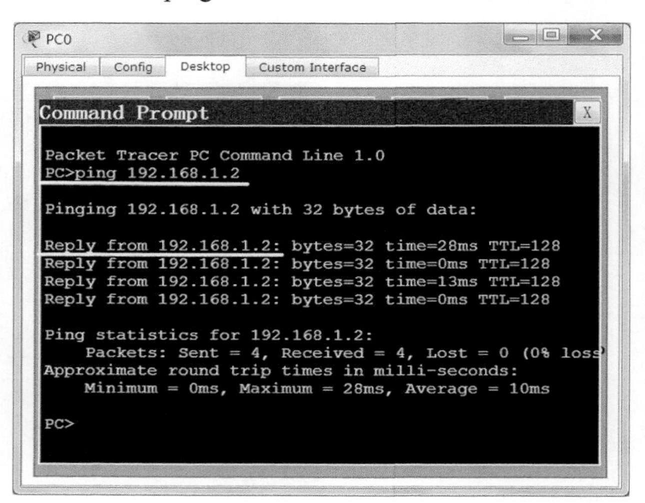

图 7-9　启用生成树拓扑中 PC0 与 PC1 的连通性

如图 7-9 所示，测试结果为 Reply from 192.168.1.2：……此结果表示 PC0 发送了请求包后，接收到来自 192.168.1.2 的响应，即 PC0 和 PC1 之间可以正常通信。

对比任务 1 和任务 2 中连通性测试结果，理解生成树协议的作用。

单击下方 Delete 按钮删除所有场景，为下一任务实验做好准备。

任务 3：观察链路故障时生成树协议启用冗余链路的情况

步骤 1：关闭端口，制造故障链路

单击拓扑图 2 中的 Switch3，在其配置窗口中选择 Config 选项卡，在 INTERFACE 列表下单击 FastEthernet0/1 端口。在右端 FastEthernet0/1 的配置界面中，单击 Port Status 项对应的复选框，取消选中，即关闭该端口(图 7-10)。

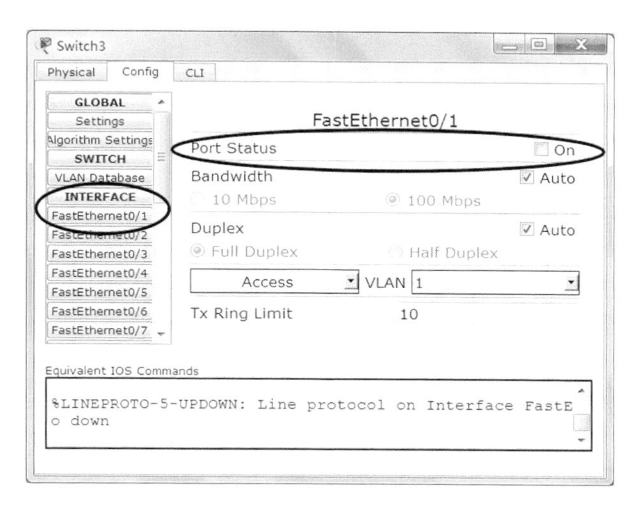

图 7-10　关闭交换机端口

此时，观察拓扑图 2 中 Switch3 和 Switch2 连接的链路上两个端口指示灯为红色，表示端口关闭，即该链路已经中断。

步骤 2：观察生成树协议启用冗余链路

当树形逻辑拓扑图中出现链路故障时，生成树协议将自动启用屏蔽端口形成新的树形拓扑，保证网络的连通性。为了加快这一过程，可单击主窗口右下角 Realtime 和 Simulation 模式切换按钮数次，直至原来橙色指示灯变为绿色。

注意：因为生成树协议需要重新交换数据，重新计算生成树，在 Packet Tracer 6.0 中这一过程耗时较长，可能持续数十秒甚至 1、2 分钟时间。

重复执行任务 2 中的步骤 2、步骤 3 和步骤 4，观察数据包转发路径的变化并确认链路故障时网络的连通性。

步骤 3：恢复故障端口，并观察生成树的变化

参照步骤 1 的操作方法，重新打开 FastEthernet0/1。参照步骤 2，观察拓扑图中各端口指示灯颜色的变化，即生成树屏蔽端口的变化。在新的生成树计算完成后，重复执行任务 2 中的步骤 2、步骤 3 和步骤 4，观察数据包转发的路径。

7.4　实验 4：虚拟局域网工作原理

7.4.1　实验目的

- 理解虚拟局域网 VLAN 的概念。
- 了解 VLAN 技术在交换式以太网中的使用。
- 理解 VLAN 技术在数据链路层隔离广播域的作用。

7.4.2　实验配置说明

本实验对应的练习文件为“7-4 虚拟局域网(VLAN)工作原理.pka”。

1. 拓扑图

该实验用到的拓扑图已经预先按任务 1 的需求进行配置了。在实验过程中，任务 2 也在该拓扑图的基础上完成，即 VLAN 的创建和划分。而任务 3 必须在任务 2 的基础上完成，因此实验过程中不能跳过任务 2(图 7-11)。

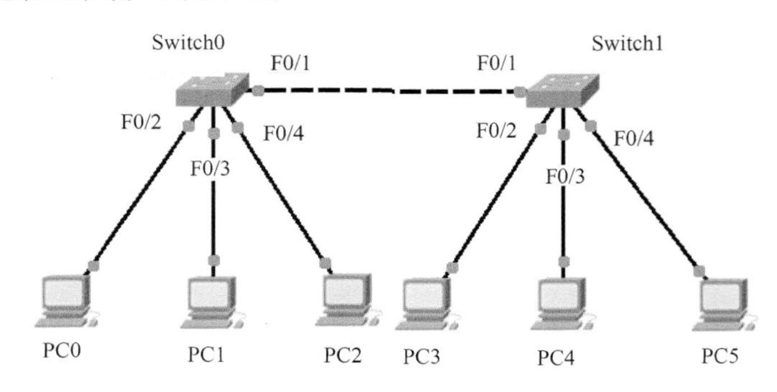

图 7-11 虚拟局域网实验拓扑

2. IP 地址配置

IP 地址配置如表 7-4 所示。

表 7-4 IP 地址及 VLAN 信息表

主机名	IP 地址	子网掩码	所属 VLAN
PC0	192.168.1.1	255.255.255.0	VLAN 1
PC1	192.168.1.2	255.255.255.0	VLAN 1
PC2	192.168.1.3	255.255.255.0	VLAN 1
PC3	192.168.1.4	255.255.255.0	VLAN 1
PC4	192.168.1.5	255.255.255.0	VLAN 1
PC5	192.168.1.6	255.255.255.0	VLAN1

7.4.3 实验步骤

任务 1：观察未划分 VLAN 前，交换机对广播包的处理

步骤 1：准备工作

打开该实验对应的练习文件“7-4 虚拟局域网(VLAN)工作原理.pka”。若此时交换机端口指示灯呈橙色，则单击主窗口右下角 Realtime 和 Simulation 模式切换按钮数次，直至交换机指示灯呈绿色。

步骤 2：查看交换机上的 VLAN 信息

选中拓扑工作区工具条中的 Inspect 工具，鼠标移至拓扑工作区，鼠标左键单击 Switch0，在弹出菜单中选择“Port Status Summary Table”选项卡，打开端口状态信息窗口。如图 7-12 所示，当前 Switch0 上所有端口均属于 VLAN1(VLAN1 为交换机默认 VLAN)，即未划分 VLAN。用同样的方法查看 Switch1 的 VLAN 信息。

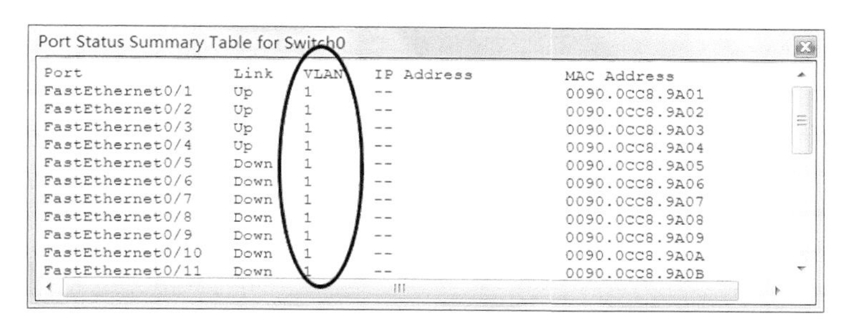

Port Status Summary Table for Switch0

Port	Link	VLAN	IP Address	MAC Address
FastEthernet0/1	Up	1	--	0090.0CC8.9A01
FastEthernet0/2	Up	1	--	0090.0CC8.9A02
FastEthernet0/3	Up	1	--	0090.0CC8.9A03
FastEthernet0/4	Up	1	--	0090.0CC8.9A04
FastEthernet0/5	Down	1	--	0090.0CC8.9A05
FastEthernet0/6	Down	1	--	0090.0CC8.9A06
FastEthernet0/7	Down	1	--	0090.0CC8.9A07
FastEthernet0/8	Down	1	--	0090.0CC8.9A08
FastEthernet0/9	Down	1	--	0090.0CC8.9A09
FastEthernet0/10	Down	1	--	0090.0CC8.9A0A
FastEthernet0/11	Down	1	--	0090.0CC8.9A0B

图 7-12　Switch0 VLAN 信息

步骤 3：观察在未划分 VLAN 的情况下，交换机对广播包的转发方法

进入 Simulation 模式。设置 Event List Filters 只显示 ARP 和 ICMP 事件。

单击 Add Simple PDU 按钮，在拓扑图中添加 PC0 向 PC2 发送的数据包。此时，在 Event List，会出现两个事件，第一个是 ICMP 类型，第二个是 ARP 类型(这两个协议将在第 3 章中详述)。

双击 ARP 右端的色块，弹出 ARP 包的详细封装信息，我们会观察到其目标 MAC 地址为 FFFF.FFFF.FFFF，是一个广播地址，所以这个 ARP 包是一个广播包。

单击 Auto Capture/Play 按钮，观察数据发送过程。重点观察交换机向哪些站点发送 ARP 广播包，记录该广播包的传播范围。

单击下方 Delete 按钮删除所有场景，为下一任务实验做好准备。

任务 2：创建两个 VLAN，并将端口划分到不同 VLAN 内

步骤 1：创建 VLAN

单击拓扑图中 Switch0，在弹出窗口中选择 Config 选项卡，如图 7-13 所示。单击左端配置列表区中的 SWITCH(交换机)项下的 VLAN　Database 按钮，在右端配置区将显示 VLAN Configuration 界面。

如图 7-13 所示，在 VLAN　Number 栏内输入 VLAN 编号“2”；在 VLAN　Name 栏内输入 VLAN 名 vlan2；单击 Add 按钮，此时在下方 VLAN 列表区中将会增加 VLAN 2 的信息，即表示 VLAN 2 创建成功。

若须删除某个 VLAN，则在 VLAN 列表区中选中要删除的 VLAN，然后单击 Remove 按钮即可。

参照上述步骤，在 Switch0 上创建 VLAN 3。

单击 Switch1，在其配置窗口中参照上述步骤，创建 VLAN 2 和 VLAN 3。

步骤 2：设置 Switch0 和 Switch1 之间的中继连接

在 Switch0 的配置窗口中选择 Config 选项卡，单击其左端配置列表中的 INTERFACE(接口)项下的 FastEthernet0/1(Switch0 用来连接 Switch1 的端口)，在右端配置区内，如图 7-14 所示，单击左端的下拉按钮，在下拉菜单中选择 Trunk 选项。该选项表示将端口设置为 Trunk 模式(中继连接模式)。

参照上述操作步骤，将 Switch1 的 FastEthernet0/1 设置为 Trunk 模式。

步骤 3：将端口划分到不同 VLAN 内

在 Switch0 的配置窗口中选择 Config 选项卡，单击其左端配置列表中的 INTERFACE(接

口）项下的 FastEthernet0/2。如图 7-15 所示，保持其端口模式为 Access 不变，单击右端 VLAN 项对应的下拉按钮，在下拉菜单中选中对应的 VLAN，对于 FastEthernet0/2 端口，选中 vlan2。

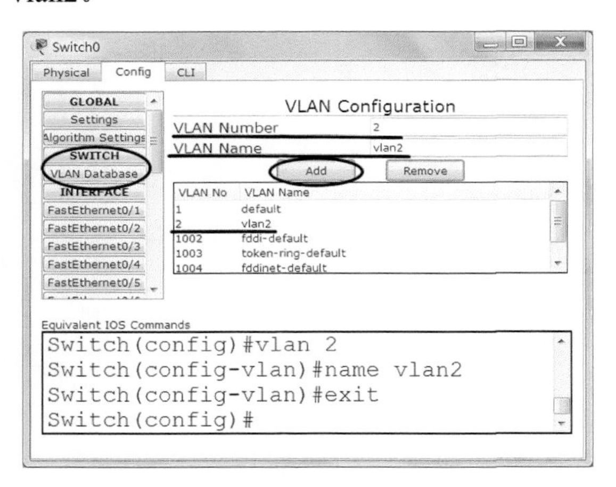

图 7-13　创建 VLAN

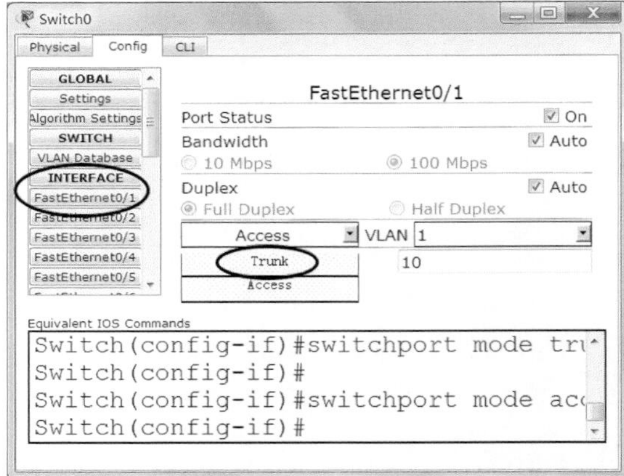

图 7-14　设置 Trunk 连接

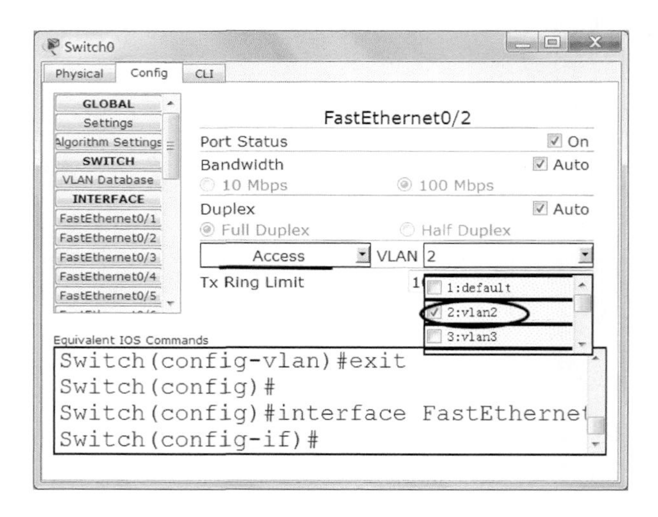

图 7-15　划分 VLAN

参照上述步骤，并对照表 7-5 将 Switch0 和 Switch1 上连接了主机的端口划分到不同的 VLAN 内。

表 7-5　VLAN 划分

设备名	端口号	连接的主机	所属 VLAN	主机 IP 地址	子网掩码
Switch0	FastEthernet0/2	PC0	2	192.168.1.1	255.255.255.0
	FastEthernet0/3	PC1	3	192.168.2.1	255.255.255.0
	FastEthernet0/4	PC2	3	192.168.2.2	255.255.255.0
Switch1	FastEthernet0/2	PC3	2	192.168.1.2	255.255.255.0
	FastEthernet0/3	PC4	2	192.168.2.3	255.255.255.0
	FastEthernet0/4	PC5	3	192.168.1.3	255.255.255.0

步骤 4：修改 PC IP 地址

步骤 3 中将 PC 划分到不同的 VLAN 内，因此需要按照表 7-5 重新规划 PC 的 IP 地址。

单击 PC，选择其配置窗口的 Desktop 选项卡，单击 IP Configuration 工具，在配置窗口中 IP Address 和 Subnet Mask 栏内分别对照表 7-5 列出的 PC 的 IP 地址和子网掩码信息，完成 PC 的 IP 地址的配置。

若此时交换机端口指示灯呈橙色，则单击主窗口右下角 Realtime 和 Simulation 模式切换按钮数次，直至交换机指示灯呈绿色。

任务 3：观察划分 VLAN 后，交换机对广播包的处理

步骤 1：查看交换机上的 VLAN 信息

在任务 2 中，已经在两台交换机上创建了两个 VLAN：VLAN2 和 VLAN3，并将 PC 机分别划分到两个 VLAN 内，从而得到两个广播域(在此拓扑中，没有接入默认的 VLAN1 的 PC 机，所以只存在 VLAN2 和 VLAN3 两个广播域)。

选中拓扑工作区工具条中的 Inspect 工具，鼠标移至拓扑工作区，单击 Switch0，在弹出菜单中选择“Port Status Summary Table”选项，打开端口状态信息窗口。如图 7-16 所示，当前 Switch0 上 FastEthernet0/2 属于 VLAN2，FastEthernet0/3 和 FastEthernet0/4 属于 VLAN3。其他端口未接 PC，仍属于默认的 VLAN1。用同样的方法查看 Switch1 的 VLAN 信息。

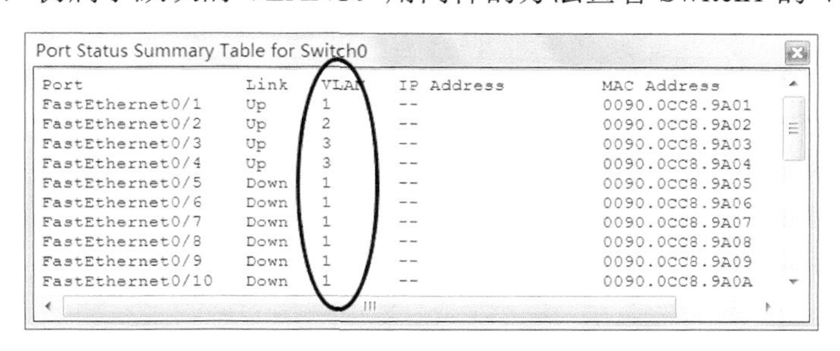

Port Status Summary Table for Switch0

Port	Link	VLAN	IP Address	MAC Address
FastEthernet0/1	Up	1	--	0090.0CC8.9A01
FastEthernet0/2	Up	2	--	0090.0CC8.9A02
FastEthernet0/3	Up	3	--	0090.0CC8.9A03
FastEthernet0/4	Up	3	--	0090.0CC8.9A04
FastEthernet0/5	Down	1	--	0090.0CC8.9A05
FastEthernet0/6	Down	1	--	0090.0CC8.9A06
FastEthernet0/7	Down	1	--	0090.0CC8.9A07
FastEthernet0/8	Down	1	--	0090.0CC8.9A08
FastEthernet0/9	Down	1	--	0090.0CC8.9A09
FastEthernet0/10	Down	1	--	0090.0CC8.9A0A

图 7-16　Switch0 VLAN 信息

步骤 2：观察交换机对广播包的处理，理解划分 VLAN 情况下，广播域的范围

进入 Simulation(模拟)模式。设置 Event List Filters(事件列表过滤器)只显示 ARP 和 ICMP 事件。

单击 Add Simple PDU(添加简单 PDU)按钮，在拓扑图中添加 PC0 向 PC3 发送的数据包。

双击 ARP 右端的色块，弹出 ARP 包的详细封装信息，会观察到其目标 MAC 地址为 FFFF.FFFF.FFFF，是一个广播地址，所以这个 ARP 包是一个广播包。

单击 Auto Capture/Play(自动捕获/播放)按钮，观察数据发送过程。重点观察两台交换机转发该广播包的范围，即哪些 PC 机最终接收到了该广播包，哪些 PC 机最终没有接收到该广播包。结合步骤 1 查看的 VLAN 信息，对结果进行分析。

按照上述步骤，在拓扑图中添加 PC1 向 PC2 发送的数据包，观察其 ARP 广播包发送的情况并记录其结果。

第 8 章　网络层实验

8.1　实验 1：IP 协议

8.1.1　实验目的

- 熟悉 IP 的报文格式以及关键字段的含义。
- 掌握 IP 地址的分配方法。
- 理解路由器转发 IP 数据报的流程。

8.1.2　实验配置说明

本实验对应的练习文件为“8-1 IP 协议分析.pka”，其中 IP 地址配置见表 8-1。

表 8-1　IP 实验的地址分配表

设备	接口	IP 地址	掩码	默认网关
PC0	以太网口	10.1.1.1	255.255.255.0	10.1.1.254
PC1	以太网口	10.1.2.1	255.255.255.0	10.1.2.254
PC2	以太网口	10.1.3.1	255.255.255.0	10.1.3.254
Router0	Fa0/0	10.1.1.254	255.255.255.0	—
Router0	Fa0/1	192.168.1.1	255.255.255.0	—
Router0	Eth0/0/0	192.168.2.1	255.255.255.0	—
Router1	Fa0/0	192.168.1.2	255.255.255.0	—
Router1	Fa0/1	10.1.2.254	255.255.255.0	—
Router2	Fa0/0	192.168.2.2	255.255.255.0	—
Router2	Fa0/1	10.1.3.254	255.255.255.0	—

实验的网络拓扑如图 8-1 所示，三个 PC 分别模拟三个网络，通过三个路由器互连组成一个简单的互联网。

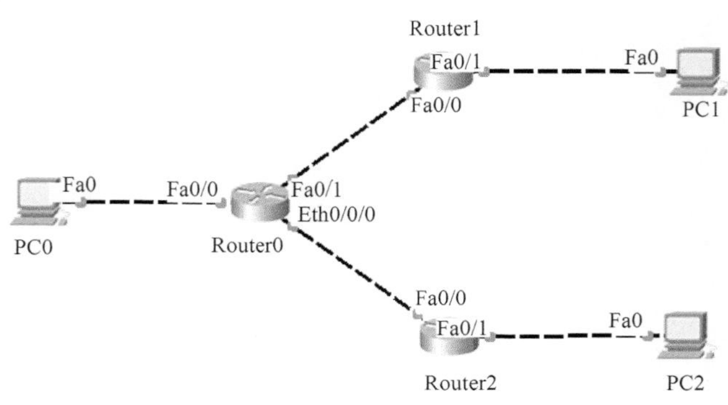

图 8-1　IP 实验的网络拓扑图

三个路由器已经预配置了静态路由，路由表分别如图 8-2 至图 8-4 所示。

Routing Table for Router0

Type	Network	Port	Next Hop IP	Metric
C	10.1.1.0/24	FastEthernet0/0	---	0/0
C	192.168.1.0/24	FastEthernet0/1	---	0/0
C	192.168.2.0/24	Ethernet0/0/0	---	0/0
S	0.0.0.0/0	---	192.168.2.2	1/0
S	10.1.2.0/24	---	192.168.1.2	1/0

图 8-2　Router0 的路由表

Routing Table for Router1

Type	Network	Port	Next Hop IP	Metric
C	10.1.2.0/24	FastEthernet0/1	---	0/0
C	192.168.1.0/24	FastEthernet0/0	---	0/0
S	10.1.1.0/24	---	192.168.1.1	1/0

图 8-3　Router1 的路由表

Routing Table for Router2

Type	Network	Port	Next Hop IP	Metric
C	10.1.3.0/24	FastEthernet0/1	---	0/0
C	192.168.2.0/24	FastEthernet0/0	---	0/0
S	10.1.1.1/32	---	192.168.2.1	1/0
S	10.1.2.0/24	---	192.168.2.1	1/0

图 8-4　Router2 的路由表

8.1.3　实验步骤

任务 1：观察数据包的封装以及字段变化

步骤 1：初始化所有设备的 ARP 表信息

为了便于观察，本实验预设了一个场景 0，其中包含从 PC0 到 PC1 以及 PC0 到 PC2 的预定义数据包。请在实时模式和模拟模式中来回切换 3 次，以便仿真系统填写相关设备的 ARP 表，使后续的路由行为的解释更清晰。

单击场景面板中的 Delete 按钮(或者使用 Ctrl+Shift+D 快捷键)删除所有场景，便于后续实验。

步骤 2：观察 IP 数据报的转发

单击 Simulation 选项卡进入模拟模式。单击 Add Simple PDU 按钮，然后分别单击 PC0(源站点)和 PC2(目的站点)，则 PC0 将向 PC2 发送一个包含 ICMP 报文的 IP 数据报。单击 Auto Capture/Play 或者 Capture/Forward 按钮以运行模拟，并捕获事件和数据包。此时，可观察到 IP 数据报的转发过程。

在 Event List 中找到 At Device 显示为 Router0 的第一个事件，单击其彩色正方形，如图 8-5 所示，单击 Inbound PDU Details 选项卡以查看 IP 数据报的内容。可以观察到：IP 分组中协议类型字段值为 1(PRO：0x1)，这指明 IP 分组中封装了 ICMP 报文。再对比 Inbound PDU 和 Outbound PDU，可以发现在 Outbound PDU 中 IP 分组的 TTL 字段值被减 1 了(由 255 减成 254)。由于 Packet Tracer 没有计算校验和，因此也无法观察到校验和的变化。另外，也可以观察到，源目地址字段在 IP 的转发过程中始终没有发生变化，但是源 MAC 地址和目的 MAC 地址发生了相应的变化。

任务 2：观察路由器转发 IP 数据报的方式

步骤 1：初始化并观察各路由器的路由表

删除所有场景，并使用 Inspect 工具(右端的放大镜)分别打开 Router0、Router1 和 Router2 的路由表，并排列好路由表窗口，以便同时比较三个路由表。

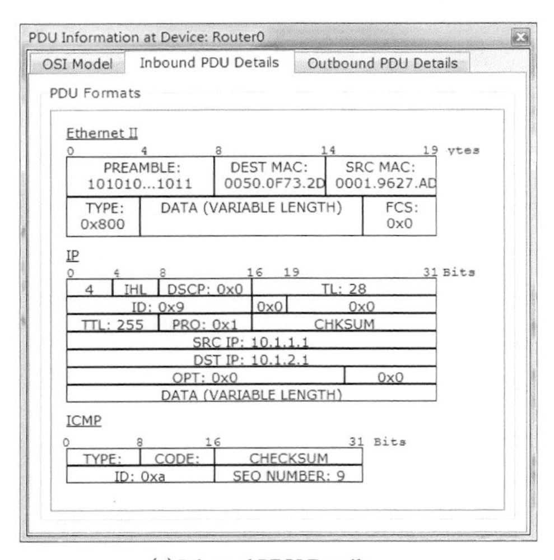

(a) Inbound PDU Details

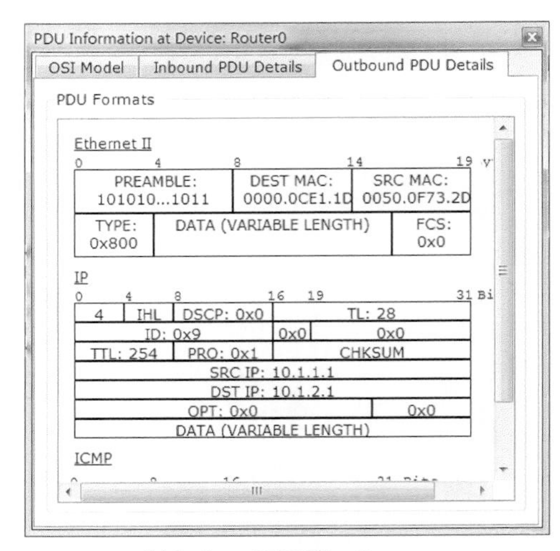

(b) Outbound PDU Details

图 8-5　Router0 设备上的 PDU 信息

步骤 2：观察 PC0 到 PC2 的往返过程

单击 Add Simple PDU 按钮，然后分别单击 PC0 和 PC2。单击 Capture/Forward 按钮传送数据包，通过网络直至其到达 PC2。分别检查在 At Device（在设备）显示为 Router0 和 Router2 的数据包信息。在 Out Layers 中选择第三层，可将 OSI Model 选项卡中数据包的处理说明与显示的路由表进行比较。例如，PDU 信息表明：The routing table finds a routing entry to the destination IP address，这是由于 Router0 具有一个朝向 Router2 的默认路由，并且由于 Router2 也具有到 10.1.1.1 的特定主机路由，因此 PC0 到 PC2 的数据报往返可以顺利完成。

步骤 3：观察 PC2 到 PC1 的往返过程

删除所有场景。单击 Add Simple PDU 按钮，然后分别单击 PC2 和 PC1。单击 Capture/Forward 按钮传送数据包通过网络，直至转发失败，然后检查每个步骤中数据包。由于 Router2 具有到 10.1.2.0/24 的路由，因此来自 PC2 的数据报将会到达 PC1。但 Router1 没有到 10.1.3.0/24 的路由，也没有默认路由，因此 PC2 回复的数据报被 Router1 丢弃，如图 8-6 所示。

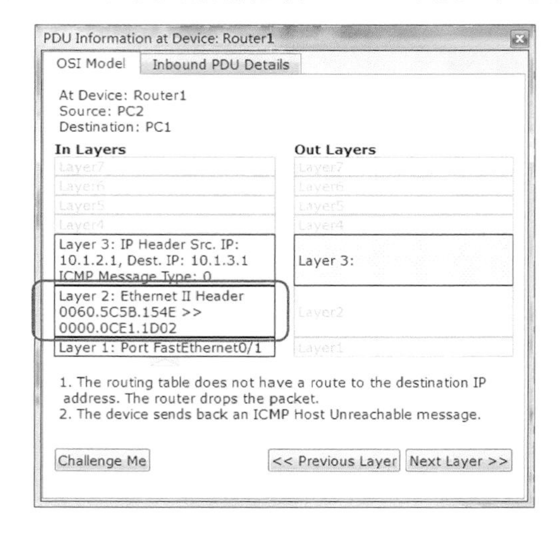

图 8-6　Router2 上的 PDU 信息

任务 3：观察 IP 分片原理

步骤 1：产生需要分片的数据报

删除所有场景，以便执行新任务。在模拟模式下，单击 Add Complex PDU 按钮，然后单击 Router0 作为数据报的源点。模拟器将会打开 Create Complex PDU 对话框。其中，Select Application 按默认值为 Ping，在 Destination IP Address 字段中输入 10.1.3.1(以 PC2 作为目的地址)，将 Size 字段中的值改为 1500(加上首部，将超过以太网的 MTU)，在 Sequence Number 中输入 1。在 Simulation Settings 下选择 One Shot 选项，并设置其 Time 值为 2。单击 Create PDU 按钮。

步骤 2：观察 IP 数据报的分片情况

单击 Capture/Forward 按钮启动模拟，可以观察到 Router1 将产生出两个数据报，如图 8-7 所示。仔细研究这两个数据报，注意观察总长度、标识、标志、片偏移等字段。由于原 ICMP 报文总长度为 1500 字节，封装它的 IP 数据报超出了以太网帧的负载上限，因此该 IP 报文被分拆为两个 ID 一样的分片，一个长度为 1500 字节，另一个为 48 字节，具体分析可以参照图 8-7 框中的文字。

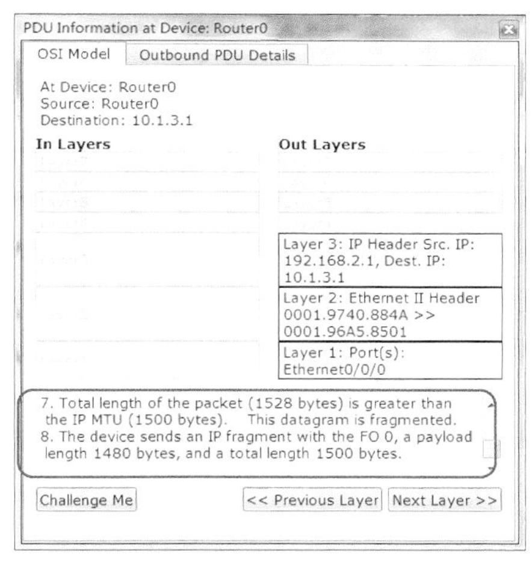

(a) 第一分片

(b) 第二分片

图 8-7　IP 分片

8.2　实验 2：IP 地址分配实验

8.2.1　实验目的

- 掌握主机和路由器的 IP 地址配置。
- 熟悉 CIDR 的 IP 地址编址方法。
- 理解 CIDR 的路由聚合功能。

8.2.2　实验配置说明

本实验对应练习文件为“8-2 IP 地址分配实验.pka”，其中 Router0 和 Router1 运行 RIP，会自动建立路由表；网络 Net0 中包含 170 台主机，Net1 有 300 台主机。

各接口的 IP 地址分配见表 8-2，网络拓扑分别如图 8-8 所示。

表 8-2　IP 地址分配表

设备	接口	IP 地址	掩码	默认网关
Server	Fa0	192.168.2.1	255.255.255.0	192.168.2.254
Router0	Fa0/0	192.168.1.254	255.255.255.0	NULL
Router1	Fa0/0	192.168.2.254	255.255.255.0	NULL
Router1	Se0/0/0	192.168.4.2	255.255.255.0	NULL

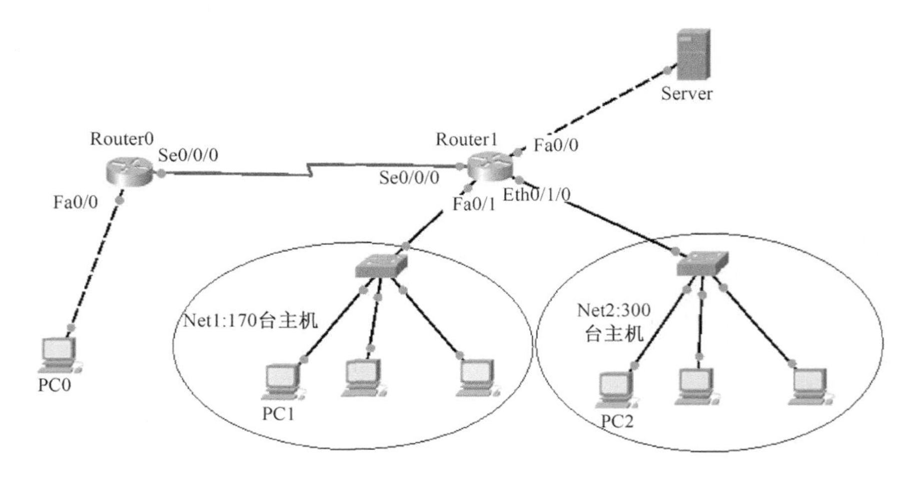

图 8-8　IP 地址分配实验拓扑图

8.2.3　实验步骤

任务 1：练习主机和路由器的 IP 地址配置

步骤 1：选择适当的 IP 地址、掩码和网关

研究网络图(图 8-8)，并从表 8-3 中为 PC0、Router0 的 Se0/0/0 接口选择合理的 IP 地址、子网掩码和默认网关(仅限于 PC)，使得 PC0 能访问 Server。

表 8-3　地址

192.168.1.1
192.168.1.254
192.168.4.1
192.168.2.254
255.255.0.0
255.255.255.0

步骤 2：为主机分配所选的信息

单击 PC0，单击 Config 选项卡。在 GLOBAL Settings(全局设置)窗口中，分配在步骤 1 中选择的网关。再选择 INTERFACE→FastEthernet，并分配在步骤 1 中选择的主机 IP 地址和子网掩码。

步骤 3：为 Router0 的 Se0/0/0 接口分配所选的信息

单击 Router0，单击 Config(配置)选项卡。选择 Serial0/0/0，并分配在步骤 1 中选择的 IP 地址和子网掩码。

步骤 4：测试连通性

单击 Add Simple PDU 按钮，然后分别单击 PC0 和 Server。并切换一次模拟模式和实时模式，以便初始化各设备的 ARP 表。切换到模拟模式，单击 Capture/Forward 按钮传送数据包，通过网络直至其到达 Server 并往返。如果连通失败则说明 IP 地址配置错误。

任务 2：练习 CIDR 地址规划

步骤 1：为 Router1 接口选择适当的 IP 地址和掩码

研究图 8-8，并从表 8-3 中分别为 Router1 的 Fa0/1 和 Eth0/1/0 接口选择满足各网络主机数量要求的 IP 地址和子网掩码，并且要求 IP 地址浪费最少；其中，Net1 要求最多支持 170 台主机，Net2 要求最多支持 300 台主机。

步骤 2：为路由器分配所选的信息

单击 Router1，单击 Config（配置）选项卡。在 INTERFACE 中选择 FastEthernet0/1，并分配在步骤 1 中选择的 IP 地址和子网掩码。以同样的方式将步骤 1 中选择的 IP 地址和子网掩码分配到 Ethernet0/1/0。在 PT Activity 窗口中单击 Check Results（检查结果）按钮检查答案。如图 8-9 所示，如果检查结果为“Congratulations on completing this activity!”，则说明配置正确。

表 8-4　地址

10.0.1.254 / 24
10.0.3.254 / 23
10.0.4.254 / 25
10.0.5.254 / 26

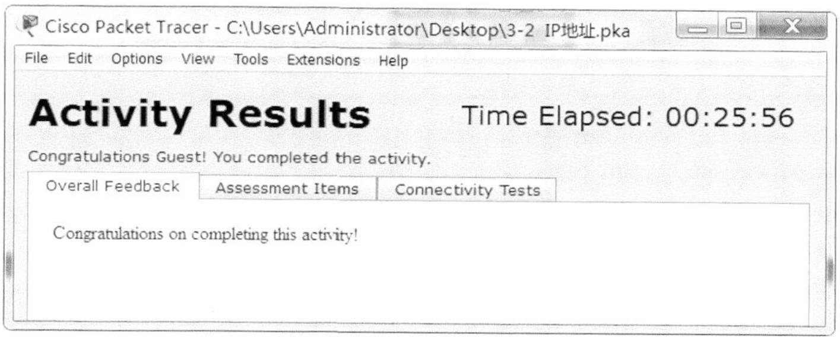

图 8-9　实验结果检查

步骤 3：在路由器上进行路由聚合

在拓扑工作区中单击 Router0 路由器，并进入其 Config 面板；单击 Static 按钮打开静态路由配置区，按表 8-5 所示信息为 Router0 添加一条静态路由。说明：Net1 地址块为 10.0.1.0/24，Net2 的地址块为 10.0.2.0/23，可以聚合为 10.0.0.0/22。

表 8-5　静态路由

Network	Mask	Next Hop
10.0.0.0	255.255.252.0	192.168.4.2

步骤 4：测试连通性

单击 Add Simple PDU 按钮，然后分别单击 PC0 和 PC1。并切换一次模拟模式和实时模式，以便初始化各设备的 ARP 表。再切换到模拟模式，单击 Capture/Forward 按钮传送数据包，通过网络直至其到达 PC0 并往返。

删除场景，单击 Add Simple PDU 按钮，然后分别单击 PC0 和 PC2。并切换一次模拟模式和实时模式，以便初始化各设备的 ARP 表。再切换到模拟模式，单击 Capture/Forward 按钮传送数据包，通过网络直至其到达 PC0 并往返。

上述步骤说明路由聚合成功。在此任务结束时，完成率应为 100%。

8.3　实验 3：ARP 协议

8.3.1　实验目的

- 掌握基本的 ARP 命令。
- 熟悉 ARP 报文格式和数据封装方式。
- 理解 ARP 的工作原理。

8.3.2　实验配置说明

本实验对应的练习文件为“8-3 arp 协议分析.pka”，具体的网络拓扑和地址分配如下。

1. 拓扑图

网络拓扑图如图 8-10 所示。

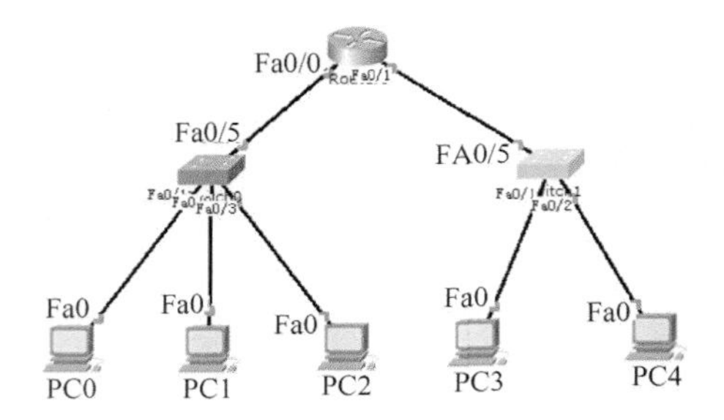

图 8-10　ARP 实验的网络拓扑

2. IP 地址配置

IP 地址配置如表 8-6 所示。

表 8-6　IP 地址配置表

设备	接口	IP 地址	掩码	默认网关
PC0	网卡	192.168.1.1	255.255.255.0	192.168.1.254
PC1	网卡	192.168.1.2	255.255.255.0	192.168.1.254
PC2	网卡	192.168.1.3	255.255.255.0	192.168.1.254
PC3	网卡	192.168.2.1	255.255.255.0	192.168.2.254
PC4	网卡	192.168.2.2	255.255.255.0	192.168.2.254
Router0	Fa0/0	192.168.1.254	255.255.255.0	NULL
Router0	Fa0/1	192.168.2.254	255.255.255.0	NULL

8.3.3 实验步骤

任务 1：在 Packet Tracer 中熟悉 arp 命令

提示：在 Packet Tracer 中，arp 命令只支持两个参数 a 和 b。

- arp：不带参数，显示可用的选项。
- arp -a：用于查看 ARP 缓存中已获取的所有 MAC 地址。
- arp -d：删除 ARP 缓存中的所有项目。

步骤 1：访问主机的命令提示符窗口

在逻辑空间中单击 PC0，在 Desktop 中打开 Command Prompt 按钮，即可进入 PC0 的命令行窗口。

步骤 2：观察 ARP 缓存中条目的动态增减

我们使用 ping 命令在 ARP 缓存中动态添加条目。ping 命令用于测试网络的连通性，通过该命令来访问其他设备，则 ARP 会被自动关联执行，查询目标主机的 MAC 地址，并将获取的 MAC 地址信息添加到 ARP 缓存中。

- 使用 arp–a 命令检查 PC0 的 ARP 缓存，此时为空。
- 在命令行窗口中，输入命令：ping　192.168.1.2(PC1 的 IP 地址)。
- 再次使用 arp -a 命令，可以查看到新获取到的 MAC 地址。
- 使用 arp -d 命令，清空 ARP 缓存。

任务 2：使用 Packet Tracer 观察 ARP 的工作原理

步骤 1：捕获并观察 ARP 数据包的转发

进入 Simulation 模式。设置 Event List Filters 只显示 ARP 和 ICMP 事件。在 PC0 的命令行中，输入 ping　192.168.1.2。

在发出 ping 命令之后，单击 Auto Capture/Play 按钮运行模拟，并捕获事件和数据包。此时可观察到 ARP 的数据包转发过程。当 Buffer Full 窗口打开时，单击 View Previous Events 按钮，可以查看以前的事件，这一系列的事件说明了数据包的传输路径。

单击 Simulation 面板中 Event List 区域的最后一列(彩色框)，可访问事件的详细信息。

步骤 2：研究 ARP 报文格式和封装方式

在 Event List(事件列表)中分别找到 PC0 和 PC1 发送的第一个数据包，即第一条 ARP 查询包和第一条 ARP 回应包；然后单击 Info(信息)列中的彩色正方形，将会打开 PDU Information(PDU 信息)窗口。单击 Outbound PDU Details(出站 PDU 详细数据)选项卡以查看 ARP 报文的内容和封装方式，这有助于我们对数据包做更细致的分析。

请注意，封装 ARP 查询包的数据帧采用广播地址(FF-FF-FF-FF-FF-FF)。

步骤 3：研究不同广播域内主机间互访时的 ARP 执行过程

使用 IP 地址 192.168.2 .1(PC4 的 IP 地址)重复步骤 1，并观察不同广播域间主机互访时的 ARP 执行情况。

8.4　实验 4：路由协议分析

8.4.1　实验目的

- 理解网络路由，学习静态路由配置能力。
- 理解 RIP 动态路由协议的工作原理。
- 理解 OSPF 动态路由协议的工作原理。

8.4.2　实验配置说明

本实验对应三个练习文件，分别为“8-4-1 静态路由实验.pka”、“8-4-2 rip 协议分析.pka”和“8-4-3 ospf 协议分析.pka”。这三个练习文件的网络拓扑相同，其网络拓扑和接口 IP 地址分配分别如图 8-11 和表 8-7 所示。其中 RIP 和 OSPF 的练习文件分别已经启用了 RIP 和 OSPF 协议，静态路由的练习文件没有任何路由配置信息。

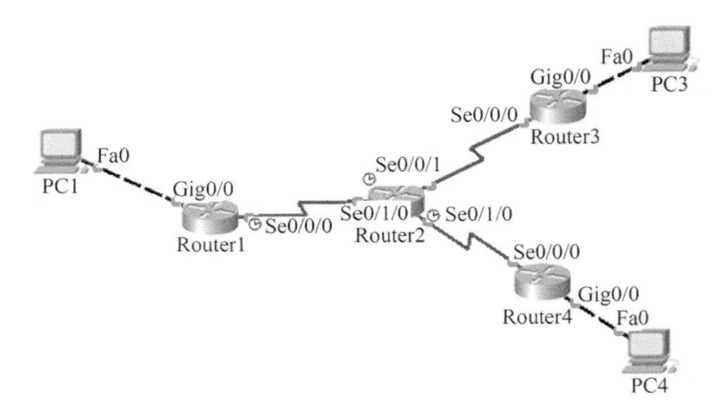

图 8-11　路由协议实验拓扑图

表 8-7　IP 地址分配表

设备	接口	IP 地址	掩码	默认网关
PC1	Fa0	10.0.0.1	255.0.0.0	11.0.0.2
PC2	Fa0	13.0.0.1	255.0.0.0	13.0.0.2
PC3	Fa0	14.0.0.1	255.0.0.0	14.0.0.2
Router1	Gig0/0	10.0.0.2	255.0.0.0	NULL
Router1	Se0/0/0	192.168.1.1	255.255.255.0	NULL
Router2	Se0/0/0	192.168.1.2	255.255.255.0	NULL
Router2	Se0/0/1	192.168.2.1	255.255.255.0	NULL
Router2	Se0/1/0	192.168.3.1	255.255.255.0	
Router3	Gig0/0	13.0.0.2	255.0.0.0	
Router3	Se0/0/0	192.168.2.2	255.255.255.0	
Router4	Gig0/0	14.0.0.2	255.0.0.0	
Router4	Se0/0/0	192.168.3.2	255.255.255.0	

8.4.3 实验步骤

任务 1：静态配置路由

步骤 1：打开“8-4-1 静态路由实验.pka”练习文件，为路由器配置正确的静态路由

观察网络拓扑，尝试为每个路由器设计合理的静态路由信息，使得网络中的任意俩台主机都能连通，表 8-8 为参考答案。

表 8-8 路由器静态路由配置信息

路由器	Network	Mask	Next Hop
Router1	13.0.0.0	255.0.0.0	192.168.1.2
	14.0.0.0	255.0.0.0	192.168.1.2
Router2	10.0.0.0	255.0.0.0	192.168.1.1
	13.0.0.0	255.0.0.0	192.168.2.2
	14.0.0.0	255.0.0.0	192.168.3.2
Router3	10.0.0.0	255.0.0.0	192.168.2.1
	14.0.0.0	255.0.0.0	192.168.2.1
Router4	10.0.0.0	255.0.0.0	192.168.3.1
	13.0.0.0	255.0.0.0	192.168.3.1

步骤 2：为每个路由器配置路由表

在拓扑工作区中单击 Router1 路由器，并进入其 Config 面板；单击 Static 按钮打开静态路由配置区，按表 8-7 所示信息配置 Router1 的静态路由。然后，以同样的方式分别配置 Router2、Router3、Router4 路由器的静态路由。配置完毕后，可使用右侧工具栏中的 Inspect 工具检查每台路由器的路由表是否正确。

步骤 3：检查路由配置是否正确

单击位于 PT Activity 窗口下方的 Check Results(检查结果)按钮检查配置。如果显示为 100%，则说明配置成功，否则使用 ping 程序或者 Add Simple PDU 方法，分别测试任意两个主机的连通性；通过跟踪数据报的转发过程，检查并排除路由配置故障，直到成功为止。

任务 2：观察路由环路问题

步骤 1：在网络中配置出一条路由环路

在 Router3 和 Router4 间增加一条串行线，并启用 Router3 的 Se0/0/1 接口和 Router4 的 Se0/0/1 接口。

修改 Router2 的静态路由，将通往 10.0.0.0 网络的下一跳接口改为 192.168.2.2(即 Router3 的 Se0/0/0 接口)；修改 Router3 的静态路由，将通往 10.0.0.0 网络的下一跳接口改为 192.168.4.2(即 Router4 的 Se0/0/1 接口)。

上述操作实现在 Router2、Router3 和 Router4 之间生成一条通往 10.0.0.0 的路由环路。

步骤 2：观察数据包在环路中的转发情况

进入 Simulation(模拟)模式。设置 Event List Filters(事件列表过滤器)只显示 ICMP 事件。单击 Add Simple PDU(添加简单 PDU)按钮，然后分别单击 PC4 和 PC1(让 PC4 发送一个 ICMP 包给 PC1)。单击 Capture/Forward 观察该数据报文的转发情况。此时可以观察到：发送报文

在 Router2、Router3 和 Router4 三者之间循环转发，像在绕圈，这就是路由环路问题。

任务 3：观察 RIP 路由协议的运行情况

步骤 1：打开“8-4-2 rip 协议分析.pka”练习文件，并进入模拟模式

单击 Simulation 选项卡进入模拟模式。可以使用位于 Packet Tracer 右侧工具栏的 Inspect 工具(放大镜)先观察每台路由器的路由表情况。

步骤 2：观察 RIP 数据报文的转发情况

单击 Auto Capture/Play(自动捕获/播放)按钮，自动运行模拟，此时可观察到许多 RIP 报文在各邻近路由器间周期交互。请注意，RIP 周期性地与邻居交换路由表，因此，即使网络中没有用户数据流量在发送，网络也会“充满”通信业务，使路由器获得如何转发数据包到其目的地的最新情况。

步骤 3：检查路由更新情况和 RIP 数据报文

单击 Reset Simulation 重新进行模拟实验，并且进入每个路由器清空其路由表。操作步骤为：在路由器的 CLI 面板中输入 en，回车；再输入 clear ip route *，回车即可。

单击 Capture/Forward 按钮时，逐步控制模拟进程，当产生第一条 RIP 数据报时，单击数据包信封，或者在 Event List(事件列表)的 Info(信息)列中单击彩色正方形，以打开 PDU 信息窗口，检查这些路由更新数据包。使用 OSI Model(OSI 模型)选项卡视图和 Inbound/Outbound PDU Details(入站/出站 PDU 详细数据)选项卡视图可以更详细了解 RIP 报文格式。

跟踪路由信息的更新过程。当这些更新数据报到达邻居路由器后，使用 Inspect 工具显示这些路由器的路由表，观察其更新情况。

任务 4：观察 OSPF 路由协议的运行情况

打开“8-4-3 ospf 协议分析.pka”练习文件，参照任务 2 的步骤，观察 OSPF 路由协议的运行情况。值得注意的是，OSPF 需要交换两种数据包：一种是 Hello 包，用于周期维护邻居状态；另一种是链路更新的数据包。请注意观察并区别两种数据包的传送范围。

第 9 章　运输层实验

9.1　实验 1：运输层端口观察实验

9.1.1　实验目的

- 理解运输层的端口与应用层的进程之间的关系。
- 了解端口号的划分和分配。

9.1.2　实验配置说明

本实验对应的练习文件为“9-1 运输层端口观察实验.pka”。

1. 网络拓扑图

本实验通过模拟一个简单的 Web 访问来观察运输层协议，网络拓扑如图 9-1 所示。其中 Server 的域名为 port.com，提供 Web 服务和 DNS 域名解析。

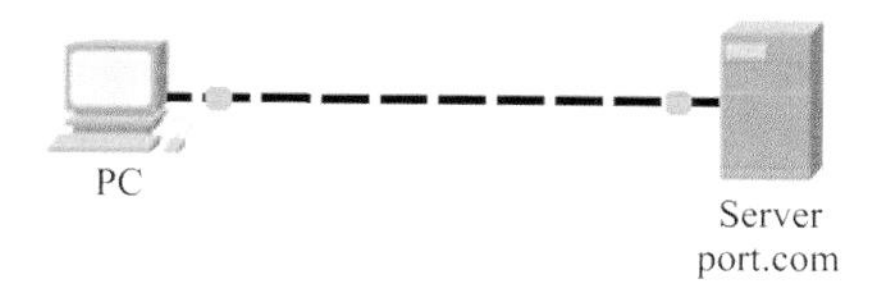

图 9-1　运输层端口观察实验拓扑图

2. IP 地址配置

网络拓扑中各设备的 IP 地址配置如表 9-1 所示。

表 9-1　IP 地址配置表

设备	接口	IP 地址	子网掩码	网关	DNS
PC	Fa0	192.168.1.2	255.255.255.0	192.168.1.254	192.168.1.1
Server	Fa0	192.168.1.1	255.255.255.0	192.168.1.254	--

9.1.3　实验步骤

打开练习文件“9-1 运输层端口观察实验.pka”。

任务 1：通过捕获的 DNS 事件查看并分析 UDP 的端口号

步骤 1：捕获 DNS 事件

进入模拟模式，在 Event List Filters（事件列表过滤器）区域中，单击 Edit Filters（编辑过滤器)按钮，仅选择 DNS 事件。

在 PC 机的 Desktop(桌面)选项卡中打开 Web Browser(Web 浏览器)，在 URL 框中键入 port.com，然后单击 Go(转到)按钮。最小化模拟浏览器窗口。

在 Simulation Panel(模拟面板)中单击 Auto Capture/Play(自动捕获/播放)按钮，捕获 PC 与 Server 之间的 DNS 数据包交换事件。在该过程中，PC 充当 DNS 的客户端，而 Server 充当 DNS 的服务器端。

捕获结束后再次单击 Auto Capture/Play(自动捕获/播放)按钮取消自动捕获。

步骤 2：查看并分析 UDP 用户数据报中的端口号

在 Simulation(模拟)模式下的 Event List(事件列表)区域中，单击 info(信息)列中的单色框，打开 PDU Information(PDU 信息)窗口，该窗口中的 OSI Model(OSI 模型)选项卡中的内容(如图 9-2(a)所示)是与 OSI 模型相关的入站和出站 PDU 信息；该窗口还可能有 Inbound/Outbound PDU Details(入站/出站 PDU 详细数据)选项卡(如图 9-2(b)所示)，可以查看各层的详细 PDU 信息。

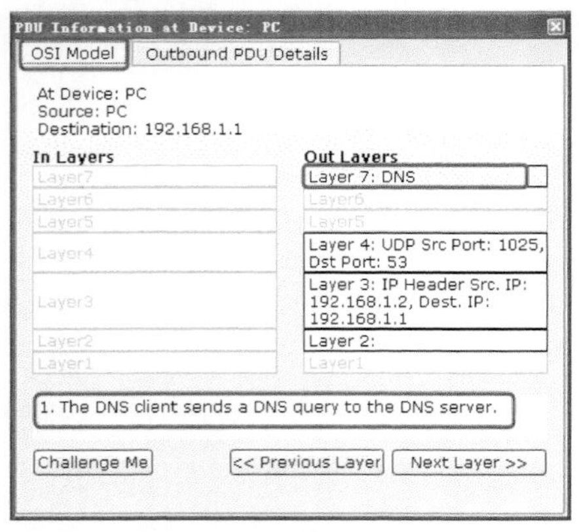

(a) OSI Model(OSI 模型)选项卡

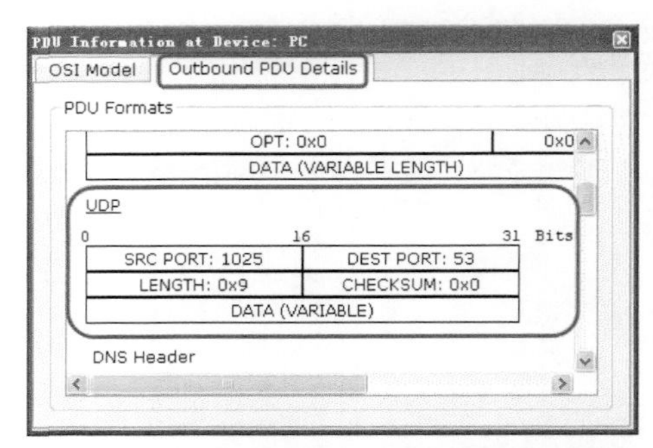

(b) Outbound PDU Details(出站 PDU 详细数据)选项卡

图 9-2　PDU Information(PDU 信息)窗口

本步骤通过 DNS 包交换事件研究 UDP 协议的 PDU，因此仅查看 OSI Model(OSI 模型)选项卡第 4 层以及 Inbound/Outbound PDU Details(入站/出站 PDU 详细数据)选项卡中的 UDP 端口号等内容。

观察第一个及最后一个 DNS 事件中第 4 层使用的协议，以及源端口号和目的端口号并记录。注意分析以下几项内容：

- DNS 请求包和应答包的源、目的端口号是否发生变化；
- 判断 PC 和 Server 的客户端/服务器角色，分析判断依据。

步骤 3：分析端口号的变化规律

重新回到 PC 机的浏览器窗口单击 Go(转到)按钮再次请求相同的网页，此时在 Simulation Panel(模拟面板)中会看到新的数据包交换动画，新的事件也会被添加到 Event List(事件列表)中。

用同样的方法观察 DNS 客户端与 DNS 服务器端的端口号是否发生变化。如果没有，分析其原因；如果有，分析其变化的规律。

特别注意：分析完成后不能单击 Reset Simulation（重置模拟）按钮清空原有的事件，同时也不要关闭 PC 的配置窗口。

任务 2：通过捕获的 HTTP 事件查看并分析 TCP 的端口号

步骤 1：捕获 HTTP 事件

保留原先的捕获结果，但在 Event List Filters（事件列表过滤器）中修改过滤器为仅选择 HTTP 事件。此时事件列表中的事件将会改为 PC 与 Server 之间的 HTTP 网页的包交换事件。在该过程中，PC 充当 HTTP 的客户端，而 Server 充当 HTTP 的服务器端。

步骤 2：查看并分析 TCP 报文中的端口号

本步骤通过 HTTP 包交换事件研究 TCP 协议的 PDU，因此仅查看 OSI Model（OSI 模型）选项卡第 4 层以及 Inbound/Outbound PDU Details（入站/出站 PDU 详细数据）选项卡中的 UDP 端口号等内容。

观察第一个及最后一个 DNS 事件中的 HTTP 数据包，分析其在第 4 层中使用的协议，以及源端口号和目的端口号并记录。

完成后单击 Reset Simulation（重置模拟）按钮，将原有的事件清空。

任务 3：分析运输层端口号

步骤 1：分析运输层端口号与应用进程之间的关系

对比任务 1 中 DNS 服务器端的端口号与任务 2 中服务器端的端口号是否相同，并分析其原因。

步骤 2：分析运输层动态端口号的分配规律

保持 Event List Filters（事件列表过滤器）的设置不变，返回 PC 的配置窗口，仍保持 Web Browser（Web 浏览器）的 URL 框中内容不变，重新单击 Go（转到）按钮。最小化模拟浏览器窗口。

在 Simulation Panel（模拟面板）中单击 Auto Capture/Play（自动捕获/播放）按钮重新捕获 HTTP 事件以分析 TCP 协议的端口号变化情况。具体操作方法参考任务 2 中的步骤 2。

该步骤重点观察 HTTP 客户端的端口号，并与任务 2 中观察到的 HTTP 客户端的端口号进行对比，分析归纳动态端口号的分配规律。

完成后单击 Reset Simulation（重置模拟）按钮，将原有的事件清空。

9.2　实验 2：UDP 协议与 TCP 协议的对比分析

9.2.1　实验目的

- 熟悉 UDP 与 TCP 协议的主要特点及支持的应用协议。
- 理解 UDP 的无连接通信与 TCP 的面向连接通信。
- 熟悉 TCP 报文段和 UDP 报文的数据封装格式。

9.2.2　实验配置说明

本实验对应的练习文件为“9-2 UDP 协议与 TCP 协议的对比分析.pka”。网络拓扑和 IP 地址分配与本章的实验 1 基本相同，其中 Server 的域名改为 udp-tcp.com。

9.2.3 实验步骤

打开练习文件“9-2 UDP 协议与 TCP 协议的对比分析.pka”。

任务 1：观察 UDP 无连接的工作模式

步骤 1：捕获 UDP 事件

在 Simulation（模拟）模式下的 Event List Filters（事件列表过滤器）区域中，单击 Edit Filters（编辑过滤器）按钮，仅选择 UDP 事件。

在 PC 机的 Desktop（桌面）选项卡中打开 Web Browser（Web 浏览器），在 URL 框中键入 udp-tcp.com，然后单击 Go（转到）按钮。最小化模拟浏览器窗口。

在 Simulation Panel（模拟面板）中单击 Auto Capture/Play（自动捕获/播放）按钮，捕获 PC 与 Server 之间的数据包交换事件。捕获结束后再次单击 Auto Capture/Play（自动捕获/播放）按钮取消自动捕获。

由于 DNS 使用的是 UDP 协议，而 UDP 协议是无连接的，它直接将 DNS 数据包封装在 UDP 用户数据报中发送出去。因此本步骤捕获到的事件只有 DNS，而没有 UDP 事件。

步骤 2：分析 UDP 无连接的工作过程

在 Simulation（模拟）模式下的 Event List（事件列表）区域中，单击 info（信息）列中的单色框，打开 PDU Information（PDU 信息）窗口，查看第 4 层中 UDP 报文段的内容。

捕获的第一个事件中，第 7 层的 DNS 协议使用的是第 4 层的 UDP 协议；UDP 协议将 DNS 协议数据封装之后，直接将数据发送出去，表明 UDP 是无连接的。

第一个事件的 Outbound PDU Details（出站 PDU 详细数据）选项卡中，查看 UDP 的用户数据报内容，记录其首部中的 LENGTH 字段的值，分析该报文的首部及数据部分的长度。其他三个 DNS 事件的 PDU 信息也可以进行如上类似的分析。

分析完成后单击 Reset Simulation（重置模拟）按钮，将原有的事件全部清空。

任务 2：观察 TCP 面向连接的工作模式

步骤 1：捕获 TCP 事件

修改 Event List Filters（事件列表过滤器）为 TCP，并参考任务 1 的步骤 1 访问 Server 的主页。

由于 HTTP 使用的是 TCP 协议，而 TCP 协议是面向连接的，它在封装并发送 HTTP 数据包之前必须先建立一条 TCP 连接，且在 PC 收到 Server 的 HTTP 响应后还要释放 TCP 连接。因此本步骤捕获到的事件有：TCP 和 HTTP。

步骤 2：分析 TCP 面向连接的工作过程

具体操作参考任务 1 中的步骤 2，本步骤仅查看第 4 层中 TCP 报文段的内容。

第一个事件是 TCP 事件，在该事件 Out Layeres（出站层）的 Layer 7（第 7 层）中，HTTP 客户端（PC）建立一个到服务器（Server）的连接，在 Layer 4（第 4 层）中，PC 设备尝试与 192.168.1.1 的端口 80 建立一个 TCP 连接。该事件第 7 层的 HTTP 协议使用的是第 4 层的 TCP 协议，PC 机在发送 HTTP 请求之前，首先尝试建立一条 TCP 连接，表明 TCP 是面向连接的。

TCP 连接建立之后，在该 TCP 连接之上传输 HTTP 数据包。观察第一个以及最后一个 HTTP 事件，记录其对应的 TCP 报文的 sequence number（序号）、ACK number（确认号）的值以及它们与 data length（数据长度）的关系，并查看 TCP 报文首部中固定部分的长度。

分析完成后单击 Reset Simulation（重置模拟）按钮，将原有的事件全部清空。

9.3　实验 3：TCP 的连接管理

9.3.1　实验目的

- 熟悉 TCP 通信的三个阶段。
- 理解 TCP 连接建立过程和 TCP 连接释放过程。

9.3.2　实验配置说明

本实验对应的练习文件为“9-3 TCP 的连接管理.pka”。网络拓扑和 IP 地址分配与本章的实验 1 基本相同，其中 Server 的域名改为 tcp-connection.com。

9.3.3　实验步骤

打开练习文件“9-3 TCP 的连接管理.pka”。

任务 1：捕获 TCP 事件

在 Simulation（模拟）模式下的 Event List Filters（事件列表过滤器）区域中，单击 Edit Filters（编辑过滤器）按钮，仅选择 TCP 事件。

在 PC 机的 Desktop（桌面）选项卡中打开 Web Browser（Web 浏览器），在 URL 框中键入 tcp-connection.com，然后单击 Go（转到）按钮。最小化模拟浏览器窗口。

在 Simulation Panel（模拟面板）中单击 Auto Capture/Play（自动捕获/播放）按钮，捕获 PC 与 Server 之间的数据包交换事件。

捕获结束后再次单击 Auto Capture/Play（自动捕获/播放）按钮取消自动捕获。

本任务捕获到的事件有 TCP 和 HTTP；在第一个 HTTP 事件的 TCP 事件是用于建立 TCP 连接的，而最后一个 HTTP 事件之后的 TCP 事件则是用于释放 TCP 连接的。

任务 2：分析 TCP 连接建立阶段的三次握手

在 Simulation（模拟）模式下的 Event List（事件列表）区域中，单击 info（信息）列中的单色框，将会打开 PDU Information（PDU 信息）窗口。本步骤需要查看该窗口 OSI Model（OSI 模型）选项卡中 In Layers（入站）和 Out Layer（出站）的 Layer 4（第 4 层）的信息以及 Inbound/Outbound PDU Details（入站/出站 PDU 详细数据）选项卡中第 4 层的 PDU 信息。

TCP 连接建立阶段的三次握手过程如下。

第一次握手：

- PC 将连接状态设置为 SYN_SENT（同步已发送），TCP 将窗口大小设置为 65535B，并将首部中的选项字段 MSS（最大报文段程度）值设置为 1460B；
- PC 向 Server 发送一个 TCP 同步（SYN）报文段，记录该报文段中的 sequence number（序号）字段、ACK number（确认号）字段的值以及报文段的长度。

第二次握手：

- Server 从端口 80 收到 PC 发来的 TCP 同步报文段，取出首部的选项字段 MSS 的值，同意接收 PC 的连接请求，并将其连接状态设置为 SYN_RECEIVED(同步已接收)，TCP 将窗口大小设置为 16384B，同时将首部中的选项字段 MSS(最大报文段长度)值设置为 536B；
- Server 向 PC 发送一个 TCP 的同步确认(SYN+ACK)报文段，记录该报文段中的 sequence number(序号)字段、ACK number(确认号)字段的值以及报文段的长度。

第三次握手：

- PC 收到 Server 发来的 TCP 同步确认报文段，该报文段中的序号也正是原先期望收到的，连接成功，TCP 将窗口大小重置为 536B，此时，PC 将其连接状态设置为 ESTABLISHED(连接已建立)；
- PC 向 Server 发送一个 TCP 确认(ACK)报文段，记录该报文段中的 sequence number(序号)字段、ACK number(确认号)字段的值以及报文段的长度；
- Server 收到 PC 发来的 TCP 确认(ACK)报文段，该报文段中的序号也正是原先期望收到的，连接成功，于是取出首部的选项字段 MSS 的值，同意接收 PC 的连接请求，并将其连接状态设置为 ESTABLISHED(连接已建立)。

任务 3：分析 TCP 连接释放阶段的四次握手

本任务仍然需要查看 PDU Information(PDU 信息)窗口的信息，包括 OSI Model(OSI 模型)选项卡中 In Layers(入站)和 Out Layer(出站)的 Layer 4(第 4 层)的信息以及 Inbound/Outbound PDU Details(入站/出站 PDU 详细数据)选项卡中第 4 层的 PDU 信息。

TCP 连接释放阶段的四次握手过程如下：

第一次握手：

- PC 关闭与 Server 的 80 端口之间的 TCP 连接，将连接状态设置为 FIN_WAIT_1(关闭等待 1)；
- PC 向 Server 发送一个 TCP 关闭确认(FIN+ACK)报文段，记录该报文段中的 sequence number(序号)字段、ACK number(确认号)字段的值以及报文段的长度。

第二、三次握手：

- Server 收到 PC 的 1025 端口发来的 TCP 关闭确认报文段，该报文段中的序号也正是原先期望收到的，Server 将其连接状态设置为 CLOSE_WAIT(关闭等待)；
- Server 从其缓存中取出最后一个 TCP 关闭确认(FIN+ACK)报文段发送给 PC，记录该报文段中的 sequence number(序号)字段、ACK number(确认号)字段的值以及报文段的长度。
- 此时 Server 将其连接状态设置为 LAST_ACK(最后确认)。

第四次握手：

- PC 收到 Server 从 80 端口发来的 TCP 关闭确认报文段，该报文段中的序号也正是原先期望收到的；
- PC 向 Server 发送一个 TCP 确认(ACK)报文段，记录该报文段中的 sequence number(序号)字段、ACK number(确认号)字段的值以及报文段的长度；
- 此时 PC 进入 CLOSING(正在关闭)连接状态；Server 收到该报文段后，将其连接状态设置为 CLOSED(已关闭)。

第 10 章　应用层实验

10.1　实验 1：DNS 解析实验

10.1.1　实验目的

- 理解 DNS 系统的工作原理。
- 熟悉 DNS 服务器的工作过程。
- 熟悉 DNS 报文格式。
- 理解 DNS 缓存的作用。

10.1.2　实验配置说明

本实验对应的练习文件为“10-1 DNS 解析实验.pka”。

1. 网络拓扑图

本实验的网络拓扑如图 10-1 所示。

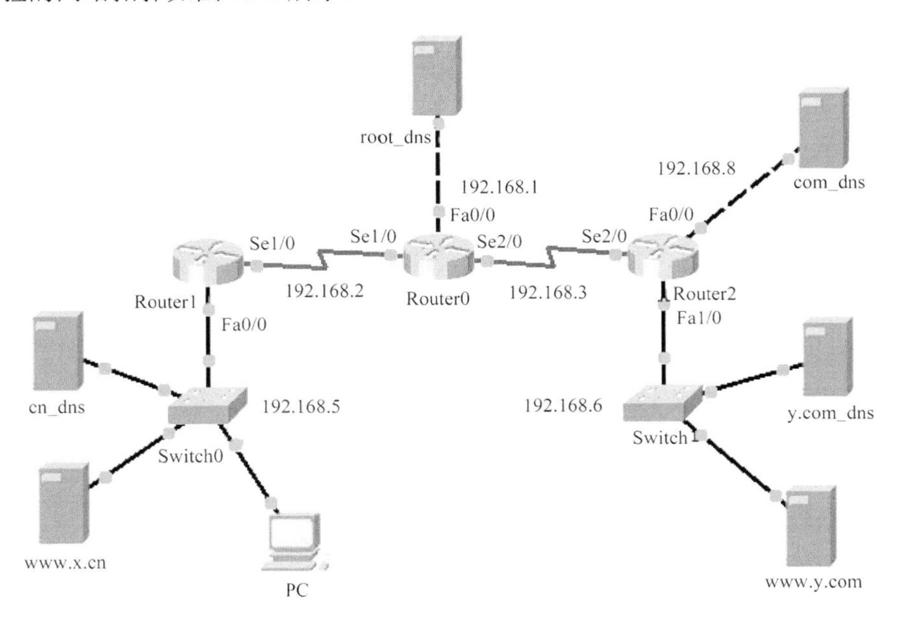

图 10-1　DNS 解析实验拓扑图

2. DNS 域名服务器的层次结构

本实验中 DNS 域名服务器的树状层次结构如图 10-2 所示。

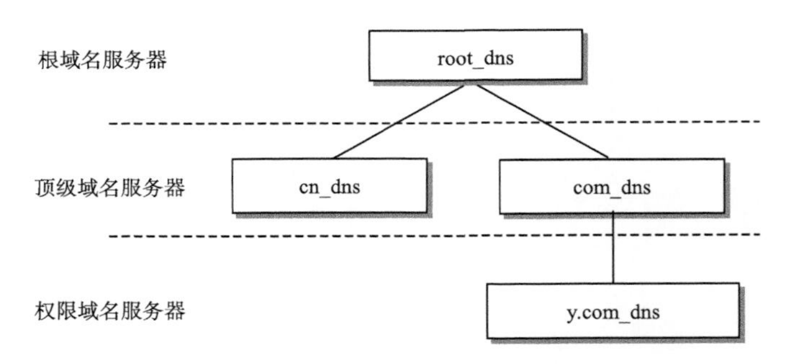

图 10-2　DNS 域名服务器的树状层次结构

3. IP 地址配置

网络拓扑中各设备的 IP 地址配置如表 10-1 所示。

表 10-1　IP 地址配置表

设备	接口	IP 地址	子网掩码	网关	DNS
Router0	Fa0/0	192.168.1.254	255.255.255.0	--	--
	Se1/0	192.168.2.254	255.255.255.0	--	--
	Se2/0	192.168.3.254	255.255.255.0		
Router1	Fa0/0	192.168.5.254	255.255.255.0	--	--
	Se1/0	192.168.2.253	255.255.255.0	--	--
Router2	Fa0/0	192.168.8.254	255.255.255.0	--	--
	Fa1/0	192.168.6.254	255.255.255.0	--	--
	Se2/0	192.168.3.253	255.255.255.0	--	--
root_dns	Fa0	192.168.1.1	255.255.255.0	192.168.1.254	--
cn_dns	Fa0	192.168.5.1	255.255.255.0	192.168.5.254	--
com_dns	Fa0	192.168.8.1	255.255.255.0	192.168.8.254	--
y.com_dns	Fa0	192.168.6.1	255.255.255.0	192.168.6.254	--
www.x.cn	Fa0	192.168.5.2	255.255.255.0	192.168.5.254	192.168.5.1
www.y.com	Fa0	192.168.6.2	255.255.255.0	192.168.6.254	192.168.6.1
PC	Fa0	192.168.1.2	255.255.255.0	192.168.1.254	192.168.5.1

其中，Router0 的 Se1/0 和 Se2/0 端口、Router1 的 Se1/0 端口以及 Router2 的 Se2/0 端口还需要手动开启，并设置时钟频率为 64000。

4. 需要的其他预配置

本实验需要在 Web 服务器设备 www.x.cn 和 www.y.com 中开启 HTTP 服务并设置其内容，关闭其他服务。另外，还需要进行以下几项预配置(已完成)。

(1) 预配置路由器的静态路由

Router0、Router1 及 Router2 预配置的静态路由如图 10-3～图 10-5 所示。

(2) 预先开启并配置域名服务器的 DNS 服务

root_dns 设备添加的资源记录如下图 10-6 所示。

cn_dns 设备添加的资源记录如下图 10-7 所示。

Routing Table for Router0

Type	Network	Port	Next Hop IP	Metric
C	192.168.1.0/24	FastEthernet0/0	---	0/0
C	192.168.2.0/24	Serial1/0	---	0/0
C	192.168.3.0/24	Serial2/0	---	0/0
S	192.168.5.0/24	---	192.168.2.253	1/0
S	192.168.6.0/24	---	192.168.3.253	1/0
S	192.168.8.0/24	---	192.168.3.253	1/0

图 10-3　Router0 的静态路由

Routing Table for Router1

Type	Network	Port	Next Hop IP	Metric
C	192.168.2.0/24	Serial1/0	---	0/0
C	192.168.5.0/24	FastEthernet0/0	---	0/0
S	192.168.1.0/24	---	192.168.2.254	1/0
S	192.168.3.0/24	---	192.168.2.254	1/0
S	192.168.6.0/24	---	192.168.2.254	1/0
S	192.168.8.0/24	---	192.168.2.254	1/0

图 10-4　Router1 的静态路由

Routing Table for Router2

Type	Network	Port	Next Hop IP	Metric
C	192.168.3.0/24	Serial2/0	---	0/0
C	192.168.6.0/24	FastEthernet1/0	---	0/0
C	192.168.8.0/24	FastEthernet0/0	---	0/0
S	192.168.1.0/24	---	192.168.3.254	1/0
S	192.168.2.0/24	---	192.168.3.254	1/0
S	192.168.5.0/24	---	192.168.3.254	1/0

图 10-5　Router2 的静态路由

No.	Name	Type	Details
1	cn	NS	cn_dns
2	cn_dns	A Record	192.168.5.1
3	com	NS	com_dns
4	com_dns	A Record	192.168.8.1

图 10-6　root_dns 中添加的资源记录

com_dns 设备添加的资源记录如下图 10-8 所示。

No.	Name	Type	Details
1	.	NS	root_dns
2	root_dns	A Record	192.168.1.1
3	www.x.cn	A Record	192.168.5.2

图 10-7　cn_dns 中添加的资源记录

No.	Name	Type	Details
1	.	NS	root_dns
2	root_dns	A Record	192.168.1.1
3	y.com	NS	y.com_dns
4	y.com_dns	A Record	192.168.6.1

图 10-8　com_dns 中添加的资源记录

y.com_dns 设备添加的资源记录如下图 10-9 所示。

No.	Name	Type	Details
1	www.y.com	A Record	192.168.6.2

图 10-9　y.com_dns 中添加的资源记录

10.1.3　实验步骤

打开练习文件“10-1 DNS 解析实验.pka”。

首先需要在 Realtime(实时模式)和 Simulation(模拟模式)之间来回切换 3 次以上，以屏蔽交换机在首次模拟时的广播。同时还能使预设的场景成功执行，路由器进入就绪状态，在后续的模拟模式下动画播放时免去其找路的过程。

任务 1：观察本地域名解析过程

步骤 1：在 PC 机的浏览器窗口请求内部 Web 服务器的网页

进入 Simulation(模拟)模式，在 Event List Filters(事件列表过滤器)区域中，单击 Edit Filters(编辑过滤器)按钮，仅选择 DNS 事件。

在 PC 机的 Desktop(桌面)选项卡中打开 Web Browser(Web 浏览器)，在 URL 框中键入 www.x.cn，然后单击 Go(转到)按钮。最小化模拟浏览器窗口。

步骤 2：捕获 DNS 事件并分析本地域名解析过程

在 Simulation Panel(模拟面板)中单击 Auto Capture/Play(自动捕获/播放)按钮，捕获 PC

与 Server 之间的数据包交换事件。捕获结束时将会出现一个“Buff Full(缓冲区满)”的对话框，单击“View Previous Events(查看历史事件)”关闭对话框。

在 Event List(事件列表)区域中，打开相应的 PDU Information(PDU 信息)窗口。本步骤需要查看该窗口 OSI Model(OSI 模型)选项卡中 In Layers(入站)和 Out Layer(出站)的 Layer 7(第 7 层)的信息以及 Inbound/Outbound PDU Details(入站/出站 PDU 详细数据)选项卡中第 7 层的 PDU 信息。

本地 DNS 服务器的解析过程大致如下：

(1)由于 PC 中设置了 DNS 服务器的地址为 192.168.2.1，因此当 PC 输入域名 www.x.cn 请求网页时，它将作为 DNS 客户端向本地域名服务器 cn_dns 发送一个 DNS 查询请求，请求域名 www.x.cn 的 IP 地址；

(2)本地域名服务器 cn_dns 收到 PC 的 DNS 查询请求后，首先尝试在本地区域文件查找，发现确实存在相应的资源记录，于是将域名 www.x.cn 对应的 IP 地址 192.168.5.1 放入 DNS 的应答报文发送给 PC；

(3)PC 收到本地域名服务器 cn_dns 的应答报文后，取出报文中解析出的 IP 地址 192.168.5.1，并对其进行访问，此时在 Web Browser(Web 浏览器)中显示相应的 Web 页面。

注意分析以下几项内容：

- DNS 的响应报文的组成；
- DNS 首部中的查询记录数(QDCOUNT)及应答记录数(ANCOUNT)；
- DNS QUERY(DNS 查询)及 DNS ANSWER(DNS 应答)部分各字段的值及含义。

完成后单击 Reset Simulation(重置模拟)按钮，将原有的事件全部清空；同时关闭 PC 机的 Web Browser(Web 浏览器)窗口。

任务 2：观察外网域名解析过程

步骤 1：在 PC 机的浏览器窗口请求外部 Web 服务器的网页

保持模拟模式中 Event List Filters(事件列表过滤器)区域的选择(仍为仅选择 DNS 事件)不变。

在 PC 机的 Desktop(桌面)选项卡中打开 Web Browser(Web 浏览器)，在 URL 框中键入 www.y.com，然后单击 Go(转到)按钮。最小化模拟浏览器窗口。

步骤 2：捕获 DNS 事件并分析外网域名解析过程

在 Simulation Panel(模拟面板)中单击 Auto Capture/Play(自动捕获/播放)按钮进行捕获，当捕获结束出现 “Buff Full(缓冲区满)”的对话框时，单击“View Previous Events(查看历史事件)”关闭对话框。

应注意重点观察解析外网域名时各级域名服务器的具体解析过程。此处可忽略路由器和交换机的转发过程，仅分析 DNS 的请求和响应报文在 DNS 服务器之间的交互情况。

DNS 服务器之间的解析过程如图 10-10 所示。

(1)PC 向本地域名服务器 cn_dns 发送一个 DNS 查询请求包请求解析域名 www.y.com；

(2)本地域名服务器 cn_dns 收到 PC 的 DNS 查询请求后，在本地区域文件中未找到相应的资源记录，于是 cn_dns 作为 DNS 客户端向根域名服务器 root_dns 发送 DNS 请求包请求解析域名 www.y.com；

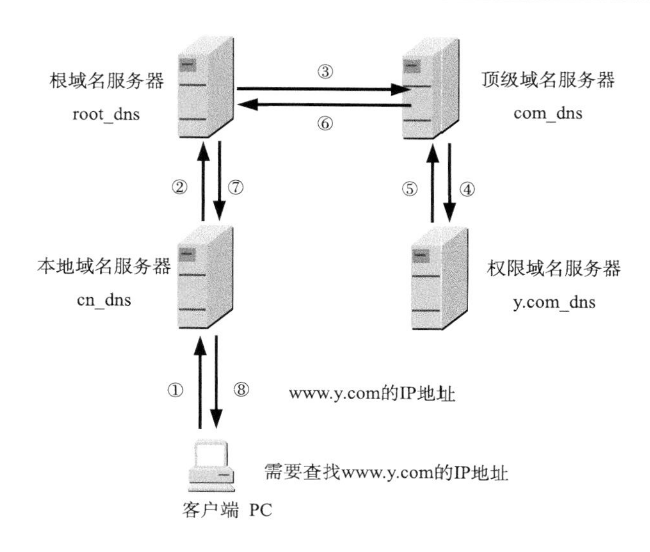

图 10-10　本地域名服务器的递归查询

(3) 根域名服务器 root_dns 收到 cn_dns 发来的 DNS 查询请求后，在本地区域文件中未能直接解析出域名 www.y.com，但找到能解析“.com”后缀的顶级域名服务器 com_dns，于是 root_dns 也作为 DNS 客户端向顶级域名服务器 com_dns 发送 DNS 请求包请求解析域名 www.y.com；

(4) 顶级域名服务器 com_dns 收到 root_dns 发来的 DNS 查询请求后，在本地区域文件中未能直接解析出域名 www.y.com，但找到能解析“y.com”后缀的权限域名服务器 y.com_dns，于是 com_dns 也作为 DNS 客户端向权限域名服务器 y.com_dns 发送 DNS 请求包请求解析域名 www.y.com；

(5) 权限域名服务器 y.com_dns 收到 com_dns 发来的 DNS 查询请求后，在本地区域文件中找到相应的资源记录直接解析出域名 www.y.com，于是将 IP 地址 192.168.6.2 写入 DNS 应答报文中发送给顶级域名服务器 com_dns；

(6) com_dns 作为 DNS 客户端收到 DNS 应答报文后，取出 IP 地址 192.168.6.2，同时作为 DNS 服务器将 IP 地址写入 DNS 应答报文中发送给根域名服务器 root_dns；

(7) root_dns 作为 DNS 客户端收到 DNS 应答报文后，取出 IP 地址 192.168.6.2，同时作为 DNS 服务器将 IP 地址写入 DNS 应答报文中发送给本地域名服务器 cn_dns；

(8) cn_dns 作为 DNS 客户端收到 DNS 应答报文后，取出 IP 地址 192.168.6.2，同时作为 DNS 服务器将 IP 地址写入 DNS 应答报文中发送给 PC；

PC 收到本地域名服务器 cn_dns 的应答报文后，取出 IP 地址 192.168.6.2，并对其进行访问，此时在 Web Browser (Web 浏览器) 中显示相应的 Web 页面。

对比任务 1，注意分析以下几项内容：

(1) 各个 DNS 应答报文的首部中查询记录数 (QDCOUNT) 及应答记录数 (ANCOUNT) 是否一样；

(2) 不同的 DNS ANSWER (DNS 应答) 中各字段的值及含义。

完成后单击 Reset Simulation (重置模拟) 按钮，将原有的事件全部清空；同时关闭 PC 机的 Web Browser (Web 浏览器) 窗口。

任务 3：观察缓存的作用

步骤 1：查看本地域名服务器 cn_dns 的缓存

查看缓存有两种方法：

(1) 单击逻辑工作空间中的本地域名服务器 cn_dns，在 Config（配置）选项卡中选择 DNS 服务，并单击页面下方的 DNS Cache（DNS 缓存）按钮，查看此时本地域名服务器 cn_dns 中的缓存。

(2) 先选择工具栏中的 Inspect（查看）工具，单击逻辑工作空间中的本地域名服务器 cn_dns，在弹出的快捷菜单中选择 DNS Cache Table（DNS 缓存表）即可查看此时本地域名服务器 cn_dns 中的缓存。查看完后重新选择工具栏中的 Select（选取）工具。

步骤 2：在 PC 机的浏览器窗口请求外部 Web 服务器的网页

重复任务 2，再次观察此次解析外网域名的过程。

完成后单击 Reset Simulation（重置模拟）按钮，将原有的事件全部清空；同时关闭 PC 机的 Web Browser（Web 浏览器）窗口。

10.2 实验 2：DHCP 协议分析

10.2.1 实验目的

- 了解 DHCP 协议的作用。
- 熟悉 DHCP 的工作过程。
- 熟悉 DHCP 的报文格式。

10.2.2 实验配置说明

本实验对应的练习文件为“10-2 DHCP 协议分析.pka”。

1. 网络拓扑图

本实验的网络拓扑如图 10-11 所示。

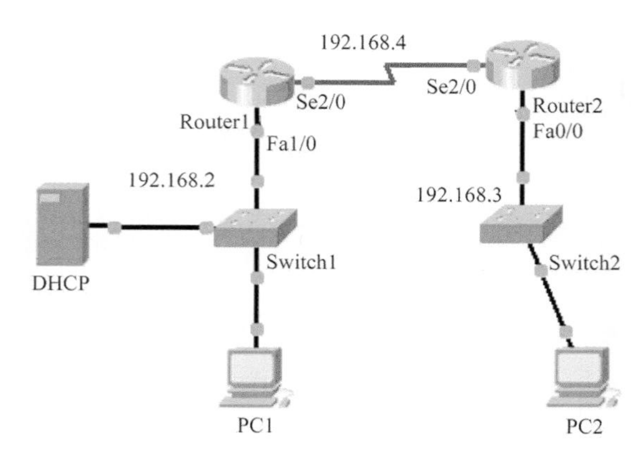

图 10-11　DHCP 协议分析实验拓扑图

2. IP 地址配置

网络拓扑中各设备的 IP 地址配置如表 10-2 所示。

表 10-2　IP 地址配置表

设备	接口	IP 地址	子网掩码	网关
Router1	Fa1/0	192.168.2.254	255.255.255.0	--
	Se2/0	192.168.4.1	255.255.255.0	
Router2	Fa0/0	192.168.3.254	255.255.255.0	--
	Se2/0	192.168.4.2	255.255.255.0	
DHCP	Fa0	192.168.2.1	255.255.255.0	192.168.2.254

其中，Router1 和 Router2 的 Se2/0 端口还需要手动开启，并设置时钟频率为 64000。

另外，PC1 和 PC2 的 IP 地址等无需进行任何设置。

3. 需要的其他预配置

本实验还需要进行以下几项预配置(已完成)。

(1) 预配置路由器的静态路由

Router1 及 Router2 预配置的静态路由如图 10-12、图 10-13 所示。

Routing Table for Router1

Type	Network	Port	Next Hop IP	Metric
C	192.168.2.0/24	FastEthernet1/0	---	0/0
C	192.168.4.0/24	Serial2/0	---	0/0
S	192.168.3.0/24	---	192.168.4.2	1/0

图 10-12　Router1 的静态路由

Routing Table for Router2

Type	Network	Port	Next Hop IP	Metric
C	192.168.3.0/24	FastEthernet0/0	---	0/0
C	192.168.4.0/24	Serial2/0	---	0/0
S	192.168.2.0/24	---	192.168.4.1	1/0

图 10-13　Router2 的静态路由

(2) 预先开启 DHCP 设备的 DHCP 服务并添加地址池

本实验需要开启 DHCP 设备的 DHCP 服务并添加两个地址池。预配置的地址池参数如表 10-3 所示。

表 10-3　DHCP 设备添加的地址池

序号	1	2
Pool Name(地址池名)	serverPool-net1	serverPool-net2
Default Gateway(默认网关)	0.0.0.0	0.0.0.0
DNS Server(DNS 服务器)	192.168.1.1	192.168.1.1
Start IP Address(起始 IP)	192.168.2.5	192.168.3.5
Subnet Mask(子网掩码)	255.255.255.0	255.255.255.0
Maximum number of users(最大用户数)	50	50
TFTP Server(TFTP 服务器)	0.0.0.0	0.0.0.0

每个地址池添加完成后需单击 Add(添加)按钮，此时在下方的列表框中将会显示刚添加的地址池记录，表示添加成功。

10.2.3　实验步骤

打开练习文件“10-2 DHCP 协议分析.pka”。

任务 1：DHCP 服务器为内网主机 PC1 动态分配 IP 地址

步骤 1：捕获 DHCP 事件

在 Simulation（模拟）模式下的 Event List Filters（事件列表过滤器）区域中，单击 Edit Filters（编辑过滤器）按钮，仅选择 DHCP 事件。

在 PC1 的 Desktop（桌面）选项卡中打开 IP Configuration（IP 配置）窗口，选择 DHCP 单选按钮。最小化 PC1 窗口。

在 Simulation Panel（模拟面板）中单击 Auto Capture/Play（自动捕获/播放）按钮进行捕获，当捕获结束出现“Buff Full”（“缓冲区满”）的对话框时，单击“View Previous Events”（“查看历史事件”）关闭对话框。

步骤 2：分析 DHCP 的工作过程及报文格式

注意重点观察 DHCP 服务器为 PC1 动态分配 IP 地址的工作过程。此处可忽略交换机的转发过程，仅分析 DHCP 的请求和响应报文在 DHCP 服务器与 PC1 之间的交互情况。

DHCP 协议的工作过程大致如下：

(1) PC1 首先以广播方式发送一个 DHCP Discover packet（DHCP 发现报文），由于此时 PC1 还未设置 IP 地址信息，该报文的源 IP 为 0.0.0.0。

(2) DHCP 服务器收到 DHCP 发现报文后，发现未与 DHCP 客户端（即 PC1）进行绑定，于是从地址池中找出第一个可用的 IP 地址封装成 DHCP Offer packet（DHCP 提供报文）并以广播方式发送出去。

(3) PC1 收到 DHCP 提供报文后，以广播方式发送一个 DHCP Request packet（DHCP 请求报文），请求使用预分配的 IP 地址。

(4) DHCP 服务器收到 DHCP 请求报文后，将被请求的 IP 地址从其地址池中与 DHCP 客户端（PC1）的 MAC 地址绑定，并以广播方式发送一个 DHCP Ack packet（DHCP 确认报文）。

(5) PC1 收到该报文后，在本机进行 IP 配置。

由于路由器的端口缺省是隔离广播的，因此在上述过程中路由器 Router1 每次收到广播包后，均将其丢弃。

注意观察并分析以下几项内容：

(1) DHCP 报文类型；

(2) 判断 DHCP 报文的发送方式（单播/广播）；

(3) DHCP 报文格式中各字段的值及其含义；

(4) PC1 分配到的 IP 地址。

完成后单击 Reset Simulation（重置模拟）按钮，将原有的事件全部清空；同时关闭 PC1 的配置窗口。

任务 2：DHCP 服务器为外网主机 PC2 动态分配 IP 地址

步骤 1：捕获 DHCP 事件

保持 Simulation（模拟）模式下的 Event List Filters（事件列表过滤器）的设置不变，为 PC2 动态分配 IP 地址并捕获相应的事件。具体操作参考任务 1 中的步骤 1。

从该步骤捕获到的事件可以看出，PC2 尝试多次以广播方式发送 DHCP Discover

packet(DHCP 发现报文)，均被 Router2 丢弃。PC2 的地址分配失败。

步骤 2：配置 DHCP 中继后重新捕获 DHCP 事件

DHCP 报文是以广播方式发出的，而路由器的端口缺省是隔离广播的，若需要路由器转发广播包，则必须在路由器收到广播包的端口配置 ip helper-address，才能转发 ip forward-protocol 中定义的广播包，并以单播方式送出。本步骤需要为路由器 Router2 的 Fa0/0 端口配置 DHCP 中继。

配置 DHCP 中继的命令为：

```
ip helper-address <DHCP 服务器 IP 地址>
```

本实验需要为 Router2 的 Fa0/0 端口配置中继，在 CLI(命令行界面)选项卡中依次执行如下命令：

```
Router>enable
Router#configure terminal
Enter configuration commands, one per line. End with CNTL/Z.
Router(config)#interface FastEthernet0/0
Router(config-if)#ip helper-address 192.168.2.1
Router(config-if)#exit
Router(config)#
```

在 Router2 上配置好 DHCP 中继后，用同样的方法重新捕获 DHCP 事件。

步骤 3：分析 DHCP 的工作过程

注意重点观察 DHCP 服务器为 PC2 动态分配 IP 地址的工作过程以及 Router2 对 DHCP 报文的处理方式。此处可忽略 Router1 以及两台交换机的转发过程。

DHCP 协议的工作过程大致如下：

(1) PC2 首先以广播方式发送一个 DHCP Discover packet(DHCP 发现报文)，由于此时 PC2 还未设置 IP 地址信息，该报文的源 IP 为 0.0.0.0。

(2) Router2 从 Fa0/0 端口收到该报文后，由于该端口配置了 DHCP 中继，且该报文是广播包，符合 helper criteria(助手标准)，可以转发。重新封装的数据包转发给 helper address(助手地址) 192.168.2.1，且将源 IP 设置为 Router2 的 Fa0/0 端口的 IP 地址，之后查找路由表并转发。

(3) DHCP 服务器收到 DHCP 发现报文后，发现未与 DHCP 客户端(即 PC2)进行绑定，从地址池中找出第一个可用的 IP 地址封装成 DHCP Offer packet(DHCP 提供报文)发送出去。

(4) Router2 从 helper address(助手地址)收到报文后，从 Fa0/0 端口转发出去。

(5) PC2 收到 DHCP 提供报文后，再次以广播方式发送一个 DHCP Request packet(DHCP 请求报文)，请求使用预分配的 IP 地址。

(6) Router2 再次转发该报文。

(7) DHCP 服务器收到 DHCP 请求报文后，将被请求的 IP 地址从其地址池中与 DHCP 客户端(PC2)的 MAC 地址绑定，并发送一个 DHCP Ack packet(DHCP 确认报文)。

(8) Router2 从 Fa0/0 端口将该报文转发给 PC2。

(9) PC2 收到该报文后，在本机进行 IP 配置。

注意观察并分析以下几项内容：

(1) 路由器 Router2 对 DHCP 广播包的处理。

(2) DHCP 的工作过程与任务 1 中的区别。

(3) PC2 分配到的 IP 地址。

完成后单击 Reset Simulation（重置模拟）按钮，将原有的事件全部清空；同时关闭 PC2 的配置窗口。

10.3　实验 3：HTTP 协议分析

10.3.1　实验目的

- 熟悉 HTTP 协议的工作过程。
- 理解 HTTP 报文的封装格式。

10.3.2　实验配置说明

本实验对应的练习文件为“10-3 HTTP 协议分析.pka”。

1. 网络拓扑图

本实验的网络拓扑如图 10-14 所示。

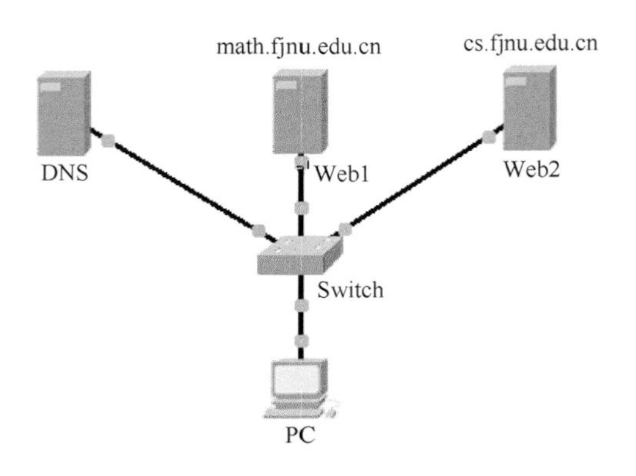

图 10-14　HTTP 协议分析实验拓扑图

2. IP 地址配置

网络拓扑中各设备的 IP 地址配置如表 10-4 所示。

表 10-4　IP 地址配置表

设备	接口	IP 地址	子网掩码	网关	DNS
DNS	Fa0	192.168.1.1	255.255.255.0	192.168.1.254	--
Web1	Fa0	192.168.1.2	255.255.255.0	192.168.1.254	--
Web2	Fa0	192.168.1.3	255.255.255.0	192.168.1.254	--
PC	Fa0	192.168.1.10	255.255.255.0	192.168.1.254	192.168.1.1

3. 需要的其他预配置

本实验需要预先开启 DNS 设备中的 DNS 服务，添加的资源记录如下图 10-15 所示。

同时需要开启 Web1 和 Web2 设备的 HTTP 服务并设置其内容，Web1 的首页页面内容设置少些，而 Web2 的首页页面内容则适当设置多些，以便观察两者的区别。

No.	Name	Type	Details
1	cs.fjnu.edu.cn	A Record	192.168.1.3
2	math.fjnu.edu.cn	A Record	192.168.1.2

图 10-15　DNS 设备添加的资源记录

10.3.3　实验步骤

打开练习文件“10-3 HTTP 协议分析.pka”。

任务 1：PC 请求较小的页面文档

步骤 1：捕获 PC 与 Web1 之间的 HTTP 事件

在 Simulation（模拟）模式下的 Event List Filters（事件列表过滤器）区域中，单击 Edit Filters（编辑过滤器）按钮，仅选择 HTTP 事件。

在 PC 机的 Desktop（桌面）选项卡中打开 Web Browser（Web 浏览器），在 URL 框中键入 math.fjnu.edu.cn，然后单击 Go（转到）按钮。最小化模拟浏览器窗口。

在 Simulation Panel（模拟面板）中单击 Auto Capture/Play（自动捕获/播放）按钮进行捕获，当捕获结束出现“Buff Full（缓冲区满）”的对话框时，单击“View Previous Events（查看历史事件）”关闭对话框。

步骤 2：理解 HTTP 协议的工作过程并分析 HTTP 报文格式

注意重点观察 PC 和 Web1 之间 HTTP 协议的工作过程，此处可忽略交换机的转发过程，仅分析 HTTP 的请求和响应报文在 PC 与 Web1 之间的交互情况。

HTTP 的事务处理过程大致如下：

（1）PC 作为 HTTP 客户端向 Web1 发送一个 HTTP 请求报文；

（2）Web1 收到 HTTP 请求报文后向 PC 回发一个 HTTP 响应报文；

（3）PC 收到 HTTP 响应报文后，在 Web 浏览器上显示网页。

注意观察并分析 HTTP 报文中的以下几项内容：

（1）HTTP 请求报文的组成部分，该请求报文是否包含请求数据部分；

（2）HTTP 请求报文的请求行中所指明的方法、请求资源的 URL、HTTP 的版本等信息；

（3）HTTP 请求报文的首部行中 Connection: close 代表的含义；

（4）HTTP 响应报文的组成部分；

（5）HTTP 响应报文的状态行所指定的版本、状态码及短语等信息，状态码的值代表的含义；

（6）HTTP 响应报文的首部行中指明的文档长度以及文档类型等。

完成后单击 Reset Simulation（重置模拟）按钮，将原有的事件全部清空、同时关闭 PC 的配置窗口。

任务 2：PC 请求较大的页面文档并与任务 1 对比

步骤 1：捕获 PC 与 Web2 之间的 HTTP 事件

保持 Simulation（模拟）模式下的 Event List Filters（事件列表过滤器）的设置不变，在 PC 机的 Desktop（桌面）选项卡中打开 Web Browser（Web 浏览器），在 URL 框中键入 cs.fjnu.edu.cn，然后单击 Go（转到）按钮。最小化模拟浏览器窗口。

用与任务 1 同样的步骤捕获 PC 与 Web2 之间的 HTTP 事件。

步骤 2：与任务 1 进行对比

本步骤重点观察 Web2 的响应过程，查看 Event List（事件列表）中 At Device（所在设备）为 Web2 的事件，必要时可查看其出站 PDU 中运输层 TCP 报文段的 SEQUENCE NUM（序号）字段，并可在 Event List Filters（事件列表过滤器）中添加 TCP 事件。

本任务中 PC 请求的页面文档长度比任务 1 中更大，Web2 回发的 HTTP 响应报文中需要使用多个 TCP 报文段。

注意观察并分析以下几项内容：

(1) HTTP 响应报文的首部行指明的文档长度；

(2) Web2 收到 PC 的 HTTP 请求报文后，其响应报文使用的 TCP 报文段的个数。

10.4 实验 4：电子邮件协议分析

10.4.1 实验目的

- 了解邮件服务器的配置以及邮件客户端账号的设置。
- 熟悉 Packet Tracer 中收发电子邮件的操作方法。
- 观察发送和接收邮件时的报文交换，从而更好地理解发送邮件和接收邮件的工作过程。

10.4.2 实验配置说明

本实验对应的练习文件为“10-4 电子邮件协议分析.pka”。

1. 网络拓扑图

本实验的网络拓扑如图 10-16 所示。

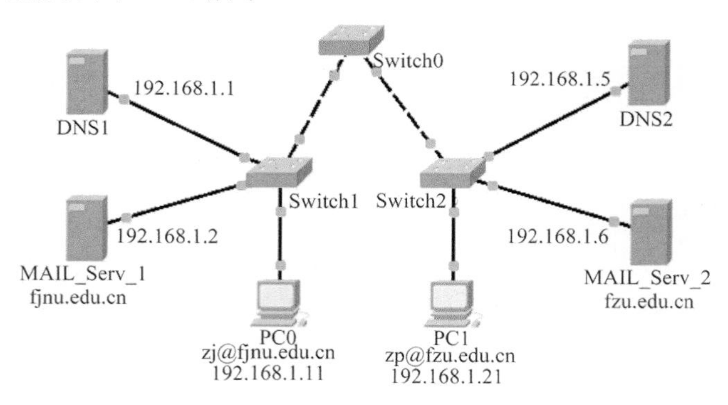

图 10-16　电子邮件协议分析实验拓扑图

上图中设置了两个域：fjnu.edu.cn 和 fzu.edu.cn，分别由域名服务器 DNS1 和 DNS2 进行域名解析，并设置了两个邮件服务器 MAIL_Serv_1 和 MAIL_Serv_1 分别负责两个域内用户的邮件收发工作。

2. IP 地址配置

网络拓扑中各设备的 IP 地址配置如表 10-5 所示。

表 10-5　IP 地址配置表

设备	接口	IP 地址	子网掩码	网关	DNS
DNS1	Fa0	192.168.1.1	255.255.255.0	192.168.1.254	--
DNS2	Fa0	192.168.1.5	255.255.255.0	192.168.1.254	--
MAIL_Serv_1	Fa0	192.168.1.2	255.255.255.0	192.168.1.254	--
MAIL_Serv_2	Fa0	192.168.1.6	255.255.255.0	192.168.1.254	--
PC0	Fa0	192.168.1.11	255.255.255.0	192.168.1.254	192.168.1.1
PC1	Fa0	192.168.1.21	255.255.255.0	192.168.1.254	192.168.1.5

3. 需要的其他预配置

本实验还需要进行以下几项预配置(已完成)，具体内容如下。

(1) 预配置 DNS 服务器

预先开启 DNS1 和 DNS2 设备的 DNS 服务，添加的资源记录如图 10-17、图 10-18 所示。

No.	Name	Type	Details
1	fjnu.edu.cn	A Record	192.168.1.2
2	fzu.edu.cn	A Record	192.168.1.6
3	pop.fjnu.edu.cn	A Record	192.168.1.2
4	smtp.fjnu.edu.cn	A Record	192.168.1.2

图 10-17　DNS1 设备添加的 DNS 资源记录

No.	Name	Type	Details
1	fjnu.edu.cn	A Record	192.168.1.2
2	fzu.edu.cn	A Record	192.168.1.6
3	pop.fzu.edu.cn	A Record	192.168.1.6
4	smtp.fzu.edu.cn	A Record	192.168.1.6

图 10-18　DNS2 设备添加的 DNS 资源记录

关闭 DNS1 和 DNS2 设备的其他服务。

(2) 预配置邮件服务器的域名及账号

预先开启 MAIL_Serv_1 和 MAIL_Serv_2 设备的 EMAIL 服务，相应的配置参数如表 10-6 所示。

表 10-6　邮件服务器的配置参数

设备	Domain Name(设备名)	User(用户名)	Password(用户密码)
MAIL_Serv_1	fjnu.edu.cn	zj	zj
MAIL_Serv_2	fzu.edu.cn	zp	zp

关闭 MAIL_Serv_1 和 MAIL_Serv_2 设备的其他服务。

(3) 预配置主机的邮件账号

预先在 PC0 及 PC1 的 Configure Mail(配置邮件)窗口中分别对其进行邮件账号的设置，配置信息如表 10-7 所示。

表 10-7　PC0 与 PC1 的邮件账号设置

项目		PC0	PC1
User Information(用户信息)	Your name(用户名)	zj	zp
	Email Address(邮箱)	zj@fjnu.edu.cn	zp@fzu.edu.cn
Server Information(服务器信息)	Incoming Mail Server(收件服务器)	pop.fjnu.edu.cn	pop.fzu.edu.cn
	Outcoming Mail Server(发件服务器)	smtp.fjnu.edu.cn	smtp.fzu.edu.cn
Logon Information(登录信息)	User Name(用户名)	zj	zp
	Password(密码)	zj	zp

10.4.3　实验步骤

打开练习文件“10-4 电子邮件协议分析.pka”。

任务 1：分析用 SMTP 发送邮件的工作过程

步骤 1：在 PC0 设备发邮件并捕获 SMTP 事件

在 Simulation（模拟）模式下的 Event List Filters（事件列表过滤器）区域中，单击 Edit Filters（编辑过滤器）按钮，选择 SMTP、POP3 事件。

在 PC0 的 Desktop（桌面）选项卡中的 E Mail（电子邮件）打开 MAIL BROWSER（邮件浏览器）窗口，单击 Compose（撰写）按钮，将会打开 Compose Mail（撰写邮件）窗口。

新邮件的信息如下：

“To:”（收件人）栏填入 zp@fzu.edu.cn；

“Subject:”（主题）栏填入该邮件的主题（如：hello）；

在下方的空白框中撰写邮件内容（如 Hello，ZP！ I am ZJ. I miss you very much！）。

其中，邮件的主题和内容可以自由撰写，但收件人地址须确保为 zp@fzu.edu.cn。

新邮件撰写完成后，单击 Send（发送）按钮后最小化 PC0 窗口。

在 Simulation Panel（模拟面板）中单击 Auto Capture/Play（自动捕获/播放）按钮进行捕获，当捕获结束出现 “Buff Full”（“缓冲区满”）的对话框时，单击“View Previous Events”（“查看历史事件”）关闭对话框。

步骤 2：理解 SMTP 发送邮件的工作过程

注意重点观察 PC0 与 MAIL_Serv_1 之间以及 MAIL_Serv_1 与 MAIL_Serv_2 之间 SMTP 报文的交互过程，而忽略交换机的转发过程。

SMTP 发送邮件的完整过程（含 TCP 的连接及释放过程）大致如下：

（1）PC0 建立一条到 MAIL_Serv_1 的 TCP 连接；

（2）发送邮件：从 PC0 发送到 MAIL_Serv_1。此时 PC0 中的电子邮件客户端软件充当发件人用户代理 MUA，该用户代理充当 SMTP 客户角色，向 MAIL_Serv_1 发送一个 SMTP 请求报文；

（3）MAIL_Serv_1 作为 SMTP 服务器向 PC0 回发一个 SMTP 响应报文；

（4）PC0 收到 SMTP 响应报文后释放与 MAIL_Serv_1 之间的 TCP 连接；

（5）MAIL_Serv_1 建立一条到 MAIL_Serv_2 的 TCP 连接；

（6）发送邮件：从 MAIL_Serv_1 发送到 MAIL_Serv_2。此时 MAIL_Serv_1 充当 SMTP 客户角色，向 MAIL_Serv_2 发送一个 SMTP 请求报文；

（7）MAIL_Serv_2 作为 SMTP 服务器向 MAIL_Serv_1 回发一个 SMTP 响应报文；

（8）MAIL_Serv_1 收到 SMTP 响应报文后释放与 MAIL_Serv_2 之间的 TCP 连接。

至此，SMTP 发送邮件的过程完全结束。

注意观察并分析 SMTP 报文中的以下几项内容：

（1）当 PC0 向本地邮件服务器 MAIL_Serv_1 发送邮件时，PC0 及 MAIL_Serv_1 使用的端口号；

（2）当 MAIL_Serv_1 作为 SMTP 客户端向接收方邮件服务器 MAIL_Serv_2 发送邮件时，

MAIL_Serv_1 及 MAIL_Serv_2 使用的端口号。

完成后单击 Reset Simulation（重置模拟）按钮，将原有的事件全部清空，并关闭 PC0 窗口。

任务 2：分析用 POP3 接收邮件的工作过程

步骤 1：在 PC1 设备收邮件并捕获 POP3 事件

保持 Simulation（模拟）模式下的 Event List Filters（事件列表过滤器）的设置不变，在 PC1 的 Desktop（桌面）选项卡中的 E Mail（电子邮件）打开 MAIL BROWSER（邮件浏览器）窗口，单击 Receive（收邮件）按钮，最小化 PC1 窗口。

在 Simulation Panel（模拟面板）中单击 Auto Capture/Play（自动捕获/播放）按钮进行捕获，当捕获结束出现 “Buff Full”（“缓冲区满”）的对话框时，单击“View Previous Events”（“查看历史事件”）关闭对话框。

步骤 2：理解 POP3 的工作过程

注意重点观察 PC1 与 MAIL_Serv_2 之间 POP3 报文的交互过程，而忽略交换机的转发过程。

POP3 接收邮件的完整过程（含 TCP 的连接及释放过程）大致如下：

（1）PC1 建立一条到 MAIL_Serv_2 的 TCP 连接；

（2）读取邮件：PC1 向 MAIL_Serv_2 发送 POP3 请求报文，希望读取邮件，此时 PC1 中的电子邮件客户端软件充当收件人用户代理，该用户代理充当 POP3 客户角色，而 MAIL_Serv_2 则充当 POP3 服务器角色；

（3）MAIL_Serv_2 收到请求后，将缓存的邮件封装到 POP3 响应报文中发送给 PC1；

（4）PC1 收到 POP3 响应报文后释放与 MAIL_Serv_2 之间的 TCP 连接。

注意观察并分析 POP3 报文中的以下几项内容：

（1）当 PC1 作为 POP3 客户端向接收方邮件服务器 MAIL_Serv_2 读取邮件时，PC1 及 MAIL_Serv_2 使用的端口号。

（2）完成后单击 Reset Simulation（重置模拟）按钮，将原有的事件全部清空，并关闭 PC1 窗口。

参 考 文 献

陈鸣．2013．计算机网络：原理与实践．北京：高等教育出版社．

郭振，曲靖野．2014．计算机网络．北京：中央广播电视大学出版社．

兰少华，杨余旺，吕建勇．2006．TCP/IP 网络与协议．北京：清华大学出版社．

沈鑫剡．2010．计算机网络．2 版．北京：清华大学出版社．

王达．2013．深入理解计算机网络．北京：机械工业出版社．

吴功宜．2007．计算机网络高级教程．北京：清华大学出版社．

吴功宜．2011．计算机网络．3 版．北京：清华大学出版社．

谢希仁．2008．计算机网络．北京：电子工业出版社．

谢希仁．2013．计算机网络．6 版．北京：电子工业出版社．

Kurose J F，Rose K W．2014．计算机网络：自顶向下方法．6 版．陈鸣，译．北京：机械工业出版社．

Peterson L L．2012．计算机网络系统方法．北京：机械工业出版社．

Taenbaum A S．2013．计算机网络．北京：清华大学出版社．